KB198069

2022 개정 교육과정 적용
————— 2025년 고1 적용

매쓰 디렉터의

고1 수학

고1 수학을 해결하는
MD's Solution

개념

EBS 스타강사 강의
손글씨 문제 풀이

끝장내기

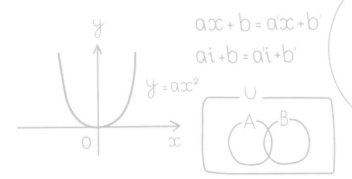

공통수학 1

고1~2, 내신 중점

구분	고교 입문 >	기초 >	기본 >	특화	+ 단기
국어		윤혜정의 개념의 나비효과 입문 편 + 워크북 어휘가 독해다! 수능 국어 어휘	기본서 올림포스	국어 특화 국어 독해의 원리 / 국어 문법의 원리	
영어	고등예비 과정 내 등급은?	정승익의 수능 개념 잡는 대박구문 주혜연의 해석공식 논리 구조편 기초 50일 수학 + 기출 워크북	올림포스 전국연합 학력평가 기출문제집 —— 유형서 올림포스 유형편	영어 특화 Grammar POWER Listening POWER Reading POWER Voca POWER 영어 특화 고급영어독해 고급 올림포스 고난도	단기 특강
수학		매쓰 디렉터의 고1 수학 개념 끝장내기		수학 특화 수학의 왕도	
한국사 사회			기본서 개념완성	고등학생을 위한 多담은 한국사 연표	
과학		50일 과학	개념완성 문항편	인공지능 수학과 함께하는 고교 AI 입문 수학과 함께하는 AI 기초	

과목	시리즈명	특징	난이도	권장 학년
전 과목	고등예비과정	예비 고등학생을 위한 과목별 단기 완성		예비 고1
국/영/수	내 등급은?	고1 첫 학력평가 + 반 배치고사 대비 모의고사		예비 고1
	올림포스	내신과 수능 대비 EBS 대표 국어·수학·영어 기본서		고1~2
	올림포스 전국연합학력평가 기출문제집	전국연합학력평가 문제 + 개념 기본서		고1~2
	단기 특강	단기간에 끝내는 유형별 문항 연습		고1~2
한/사/과	개념완성&개념완성 문항편	개념 한 권 + 문항 한 권으로 끝내는 한국사·탐구 기본서		고1~2
국어	윤혜정의 개념의 나비효과 입문 편 + 워크북	윤혜정 선생님과 함께 시작하는 국어 공부의 첫걸음		예비 고1~고2
	어휘가 독해다! 수능 국어 어휘	학평·모평·수능 출제 필수 어휘 학습		예비 고1~고2
	국어 독해의 원리	내신과 수능 대비 문학·독서(비문학) 특화서		고1~2
	국어 문법의 원리	필수 개념과 필수 문항의 언어(문법) 특화서		고1~2
영어	정승익의 수능 개념 잡는 대박구문	정승익 선생님과 CODE로 이해하는 영어 구문		예비 고1~고2
	주혜연의 해석공식 논리 구조편	주혜연 선생님과 함께하는 유형별 지문 독해		예비 고1~고2
	Grammar POWER	구문 분석 트리로 이해하는 영어 문법 특화서		고1~2
	Reading POWER	수준과 학습 목적에 따라 선택하는 영어 독해 특화서		고1~2
	Listening POWER	유형 연습과 모의고사·수행평가 대비 올인원 듣기 특화서		고1~2
	Voca POWER	영어 교육과정 필수 어휘와 어원별 어휘 학습		고1~2
	고급영어독해	영어 독해력을 높이는 영미 문학/비문학 읽기		고2~3
수학	50일 수학 + 기출 워크북	50일 만에 완성하는 초·중·고 수학의 맥		예비 고1~고2
	매쓰 디렉터의 고1 수학 개념 끝장내기	스타강사 강의, 손글씨 풀이와 함께 고1 수학 개념 정복		예비 고1~고1
	올림포스 유형편	유형별 반복 학습을 통해 실력 잡는 수학 유형서		고1~2
	올림포스 고난도	1등급을 위한 고난도 유형 집중 연습		고1~2
	수학의 왕도	직관적 개념 설명과 세분화된 문항 수록 수학 특화서		고1~2
한국사	고등학생을 위한 多담은 한국사 연표	연표로 흐름을 잡는 한국사 학습		예비 고1~고2
과학	50일 과학	50일 만에 통합과학의 핵심 개념 완벽 이해		예비 고1~고1
기타	수학과 함께하는 고교 AI 입문/AI 기초	파이선 프로그래밍, AI 알고리즘에 필요한 수학 개념 학습		예비 고1~고2

교육의 힘으로
세상의 차이를 좁혀 갑니다
차이가 차별로 이어지지 않는 미래를 위해
EBS가 가장 든든한 친구가 되겠습니다.

모든 교재 정보와 다양한 이벤트가 가득!
EBS 교재사이트 book.ebs.co.kr

본 교재는 EBS 교재사이트에서
eBook으로도 구입하실 수 있습니다.

매쓰 디렉터의 고1 수학 개념 끝장내기

공통수학 1

기획 및 개발

최다인

이소민

본 교재의 강의는 TV와 모바일 APP, EBS*i* 사이트(www.ebsi.co.kr)에서 무료로 제공됩니다.

발행일 2024. 6. 6. **2쇄 인쇄일** 2025. 1. 13. **신고번호** 제2017-000193호 **펴낸곳** 한국교육방송공사 경기도 고양시 일산동구 한류월드로 281
표지디자인 금새컴퍼니 **편집** ㈜글사랑 **인쇄** 팩컴코리아㈜
인쇄 과정 중 잘못된 교재는 구입하신 곳에서 교환하여 드립니다. 신규 사업 및 교재 광고 문의 pub@ebs.co.kr

정답과 풀이 PDF 파일은 EBS*i* 사이트(www.ebsi.co.kr)에서 내려받으실 수 있습니다.

교재 내용 문의	교재 정오표 공지	교재 정정 신청
교재 및 강의 내용 문의는 EBS*i* 사이트(www.ebsi.co.kr)의 학습 Q&A 서비스를 활용하시기 바랍니다.	발행 이후 발견된 정오 사항을 EBS*i* 사이트 정오표 코너에서 알려 드립니다. 교재 → 교재 자료실 → 교재 정오표	공지된 정오 내용 외에 발견된 정오 사항이 있다면 EBS*i* 사이트를 통해 알려 주세요. 교재 → 교재 정정 신청

매쓰 디렉터의
고1 수학
개념 끝장내기

공통수학 1

| 구성과 특징 | 매쓰 디렉터와 함께하는
공통수학1 개념 끝장내기!

 핵심 개념 & 개념CHECK

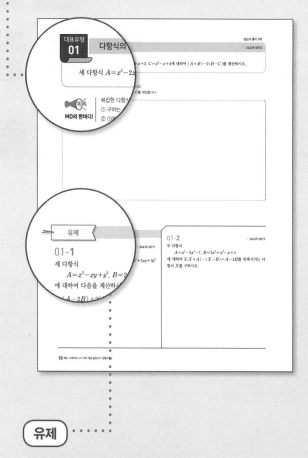 대표 유형 & 유제

핵심 개념

필수 개념을 보다 쉽게 이해할 수 있도록 자세하게 설명하였습니다.

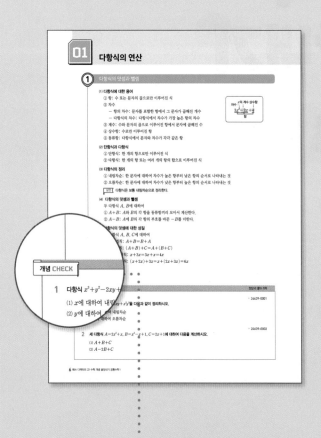

대표유형

단원별로 자주 출제되는 문제를 선별하여 문제의 해결전략이 되는 톡톡 MD의 한마디!와 함께 제시하였습니다.

개념 CHECK

학습한 내용을 바로 적용해보며 점검할 수 있도록 하였습니다.

유제

대표유형과 유사한 문제로 구성하여,
스스로 문제의 구조를 파악하고 연습할 수 있도록 하였습니다.

단원 마무리

단원 마무리

각 중단원을 정리할 수 있는 문제로 구성하였습니다.

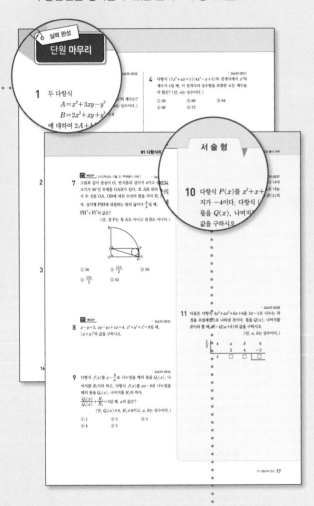

서술형, 내신UP, 기출문제

서술형, 고난도 문제와 학력평가 기출문제를 함께 수록하여
내신 시험을 대비할 수 있도록 하였습니다.

정답과 풀이에도 모든 문제가 실려있습니다.

정답과 풀이

MD's 가이드북(정답과 풀이)

MD's 가이드북만으로도 학습이 가능하도록 모든 문제를
수록하였습니다.

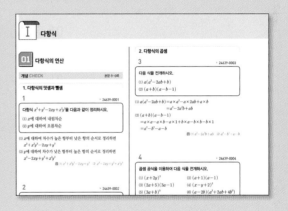

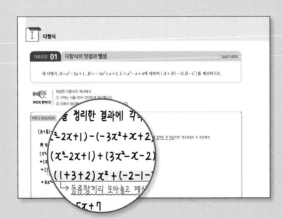

MD's Solution

특히 대표유형 문제는 MD's Solution을 제시하여 MD의 친절한
풀이를 손글씨를 통해 만날 수 있습니다.

차례

대단원	중단원	쪽
Ⅰ. 다항식	01 다항식의 연산	6
	02 나머지정리	18
	03 인수분해	30
Ⅱ. 방정식과 부등식	04 복소수와 이차방정식	42
	05 이차방정식과 이차함수	54
	06 여러 가지 방정식과 부등식	65
Ⅲ. 경우의 수	07 경우의 수, 순열과 조합	92
Ⅳ. 행렬	08 행렬과 그 연산	110

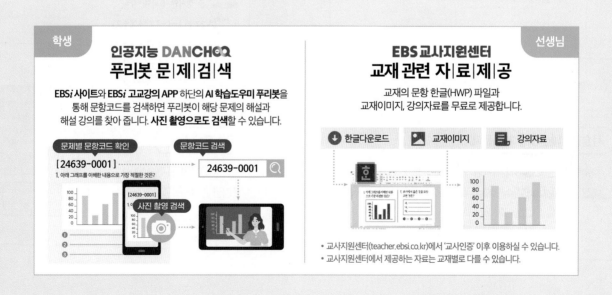

학생

인공지능 DANCHOO
푸리봇 문|제|검|색

EBS*i* 사이트와 EBS*i* 고교강의 APP 하단의 AI 학습도우미 푸리봇을 통해 문항코드를 검색하면 푸리봇이 해당 문제의 해설과 해설 강의를 찾아 줍니다. **사진 촬영으로도 검색**할 수 있습니다.

문제별 문항코드 확인
[24639-0001]
1. 아래 그래프를 이해한 내용으로 가장 적절한 것은?

문항코드 검색
24639-0001

[24639-0001]
사진 촬영 검색

선생님

EBS 교사지원센터
교재 관련 자|료|제|공

교재의 문항 한글(HWP) 파일과 교재이미지, 강의자료를 무료로 제공합니다.

한글다운로드   교재이미지   강의자료

• 교사지원센터(teacher.ebsi.co.kr)에서 '교사인증' 이후 이용하실 수 있습니다.
• 교사지원센터에서 제공하는 자료는 교재별로 다를 수 있습니다.

I 다항식

01 다항식의 연산

02 나머지정리

03 인수분해

01 다항식의 연산

1 다항식의 덧셈과 뺄셈

(1) 다항식에 대한 용어

① 항: 수 또는 문자의 곱으로만 이루어진 식

② 차수

    – 항의 차수: 문자를 포함한 항에서 그 문자가 곱해진 개수

    – 다항식의 차수: 다항식에서 차수가 가장 높은 항의 차수

③ 계수: 수와 문자의 곱으로 이루어진 항에서 문자에 곱해진 수

④ 상수항: 수로만 이루어진 항

⑤ 동류항: 다항식에서 문자와 차수가 각각 같은 항

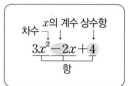

(2) 단항식과 다항식

① 단항식: 한 개의 항으로만 이루어진 식

② 다항식: 한 개의 항 또는 여러 개의 항의 합으로 이루어진 식

(3) 다항식의 정리

① 내림차순: 한 문자에 대하여 차수가 높은 항부터 낮은 항의 순서로 나타내는 것

② 오름차순: 한 문자에 대하여 차수가 낮은 항부터 높은 항의 순서로 나타내는 것

> 설명 〈 다항식은 보통 내림차순으로 정리한다.

(4) 다항식의 덧셈과 뺄셈

두 다항식 A, B에 대하여

① $A+B$: A와 B의 각 항을 동류항끼리 모아서 계산한다.

② $A-B$: A에 B의 각 항의 부호를 바꾼 $-B$를 더한다.

(5) 다항식의 덧셈에 대한 성질

세 다항식 A, B, C에 대하여

① 교환법칙: $A+B=B+A$

② 결합법칙: $(A+B)+C=A+(B+C)$

예 ① 교환법칙: $x+3x=3x+x=4x$

    ② 결합법칙: $(x+2x)+3x=x+(2x+3x)=6x$

개념 CHECK

정답과 풀이 6쪽

▶ 24639-0001

1 다항식 $x^3+y^2-2xy+x^2y^3$을 다음과 같이 정리하시오.

(1) x에 대하여 내림차순

(2) y에 대하여 오름차순

▶ 24639-0002

2 세 다항식 $A=2x^2+x$, $B=x^2-x+1$, $C=2x+1$에 대하여 다음을 계산하시오.

(1) $A+B+C$

(2) $A-2B+C$

② 다항식의 곱셈

(1) 다항식의 곱셈

다항식의 곱셈은 분배법칙을 이용하여 전개한 다음 동류항끼리 모아서 계산한다.

(2) 다항식의 곱셈에 대한 성질

세 다항식 A, B, C에 대하여

① 교환법칙: $AB = BA$

② 결합법칙: $(AB)C = A(BC)$

③ 분배법칙: $A(B+C) = AB + AC$, $(A+B)C = AC + BC$

예 ① 교환법칙: $x \times 2x = 2x \times x = 2x^2$

② 결합법칙: $\{(x+1)(x+2)\}(x-2) = (x^2+3x+2)(x-2) = x^3+x^2-4x-4$

$(x+1)\{(x+2)(x-2)\} = (x+1)(x^2-4) = x^3+x^2-4x-4$

이므로 $\{(x+1)(x+2)\}(x-2) = (x+1)\{(x+2)(x-2)\}$

③ 분배법칙: $x(3x+1) = x \times 3x + x \times 1 = 3x^2 + x$

(3) 곱셈 공식

① $(a+b)^2 = a^2 + 2ab + b^2$, $(a-b)^2 = a^2 - 2ab + b^2$

② $(a+b)(a-b) = a^2 - b^2$

③ $(x+a)(x+b) = x^2 + (a+b)x + ab$

④ $(ax+b)(cx+d) = acx^2 + (ad+bc)x + bd$

⑤ $(a+b+c)^2 = a^2 + b^2 + c^2 + 2ab + 2bc + 2ca$

⑥ $(a+b)^3 = a^3 + 3a^2b + 3ab^2 + b^3$

⑦ $(a-b)^3 = a^3 - 3a^2b + 3ab^2 - b^3$

⑧ $(a+b)(a^2-ab+b^2) = a^3 + b^3$

⑨ $(a-b)(a^2+ab+b^2) = a^3 - b^3$

> 설명 ⑤ $(a+b+c)^2 = \{(a+b)+c\}^2 = (a+b)^2 + 2(a+b)c + c^2$
> $= a^2 + 2ab + b^2 + 2ac + 2bc + c^2 = a^2 + b^2 + c^2 + 2ab + 2bc + 2ca$
> ⑥ $(a+b)^3 = (a+b)(a+b)^2 = (a+b)(a^2+2ab+b^2) = a(a^2+2ab+b^2) + b(a^2+2ab+b^2)$
> $= a^3 + 2a^2b + ab^2 + a^2b + 2ab^2 + b^3 = a^3 + 3a^2b + 3ab^2 + b^3$
> ⑧ $(a+b)(a^2-ab+b^2) = a(a^2-ab+b^2) + b(a^2-ab+b^2)$
> $= a^3 - a^2b + ab^2 + a^2b - ab^2 + b^3 = a^3 + b^3$

개념 CHECK

정답과 풀이 6쪽

▶ 24639-0003

3 다음 식을 전개하시오.

(1) $a(a^2 - 2ab + b)$

(2) $(a+b)(a-b-1)$

▶ 24639-0004

4 곱셈 공식을 이용하여 다음 식을 전개하시오.

(1) $(x+2y)^2$

(2) $(a+1)(a-1)$

(3) $(2a+5)(3a-1)$

(4) $(x-y+2)^2$

(5) $(3a+b)^3$

(6) $(a-2b)(a^2+2ab+4b^2)$

(1) 곱셈 공식의 변형(1)

① $a^2+b^2=(a+b)^2-2ab$, $a^2+b^2=(a-b)^2+2ab$

② $(a+b)^2=(a-b)^2+4ab$

③ $a^3+b^3=(a+b)^3-3ab(a+b)$, $a^3-b^3=(a-b)^3+3ab(a-b)$

④ $a^2+b^2+c^2=(a+b+c)^2-2(ab+bc+ca)$

> **설명** ② ①에서 $a^2+b^2=(a+b)^2-2ab$, $a^2+b^2=(a-b)^2+2ab$이므로
>
> $(a+b)^2-2ab=(a-b)^2+2ab$에서 $(a+b)^2=(a-b)^2+4ab$
>
> ③ $(a+b)^3=a^3+3a^2b+3ab^2+b^3$에서
>
> $a^3+b^3=(a+b)^3-3a^2b-3ab^2=(a+b)^3-3ab(a+b)$
>
> 또 위의 식에서 b 대신 $-b$를 대입하면
>
> $a^3+(-b)^3=\{a+(-b)\}^3-3a(-b)\{a+(-b)\}$
>
> 즉, $a^3-b^3=(a-b)^3+3ab(a-b)$
>
> ④ $(a+b+c)^2=a^2+b^2+c^2+2ab+2bc+2ca$에서
>
> $a^2+b^2+c^2=(a+b+c)^2-2ab-2bc-2ca=(a+b+c)^2-2(ab+bc+ca)$

(2) 곱셈 공식의 변형(2)

① $x^2+\dfrac{1}{x^2}=\left(x+\dfrac{1}{x}\right)^2-2$, $x^2+\dfrac{1}{x^2}=\left(x-\dfrac{1}{x}\right)^2+2$

② $\left(x+\dfrac{1}{x}\right)^2=\left(x-\dfrac{1}{x}\right)^2+4$

③ $x^3+\dfrac{1}{x^3}=\left(x+\dfrac{1}{x}\right)^3-3\left(x+\dfrac{1}{x}\right)$, $x^3-\dfrac{1}{x^3}=\left(x-\dfrac{1}{x}\right)^3+3\left(x-\dfrac{1}{x}\right)$

> **설명** 곱셈 공식의 변형(1)의 ①, ②, ③에서 $a=x$, $b=\dfrac{1}{x}$을 대입하여 전개한 결과와 같다.

개념 CHECK

정답과 풀이 7쪽

▶ 24639-0005

5 $a+b=3$, $ab=1$일 때, 다음 식의 값을 구하시오. (단, $a>b$)

(1) a^2+b^2 (2) $a-b$

▶ 24639-0006

6 $a+b+c=5$, $ab+bc+ca=8$일 때, $a^2+b^2+c^2$의 값을 구하시오.

▶ 24639-0007

7 $x+\dfrac{1}{x}=4$일 때, 다음 식의 값을 구하시오. (단, $x>1$)

(1) $x^2+\dfrac{1}{x^2}$ (2) $x-\dfrac{1}{x}$

④ 다항식의 나눗셈

(1) 다항식의 나눗셈

다항식의 나눗셈은 각 다항식을 내림차순으로 정리한 다음 자연수의 나눗셈과 같은 방법으로 계산한다.

① 다항식 A를 다항식 B $(B \neq 0)$로 나눌 때의 몫을 Q, 나머지를 R이라 하면
$$A = BQ + R \ \text{(단, (R의 차수) < (B의 차수))}$$

② $R = 0$이면 $A = BQ$이고, 다항식 A는 다항식 B로 나누어떨어진다고 한다.

설명 $(2x^3 + x^2 + 5x + 3) \div (x^2 + x + 2)$는 다음과 같이 계산된다.
    $\underbrace{}_{A} \quad \underbrace{}_{B}$

$$
\begin{array}{r}
2x - 1 \quad \leftarrow \text{몫} \\
x^2+x+2 \,\overline{)\, 2x^3 + x^2 + 5x + 3} \\
\underline{2x^3 + 2x^2 + 4x} \quad \leftarrow (x^2+x+2) \times 2x \\
-x^2 + x + 3 \\
\underline{-x^2 - x - 2} \quad \leftarrow (x^2+x+2) \times (-1) \\
2x + 5 \quad \leftarrow \text{나머지}
\end{array}
$$

따라서 $\underbrace{(2x^3+x^2+5x+3)}_{A} = \underbrace{(x^2+x+2)}_{B} \underbrace{(2x-1)}_{\times \ (\text{몫})} + \underbrace{2x+5}_{+ \ (\text{나머지})}$

자연수의 나눗셈

$\dfrac{259}{a} \div \dfrac{12}{b}$

$$
\begin{array}{r}
21 \quad \leftarrow \text{몫} \\
12 \,\overline{)\, 259} \\
\underline{24} \quad \leftarrow 12 \times 2 \\
19 \\
\underline{12} \quad \leftarrow 12 \times 1 \\
7 \quad \leftarrow \text{나머지}
\end{array}
$$

따라서 $\underbrace{259}_{a} = \underbrace{12}_{b} \times \underbrace{21}_{(\text{몫})} + \underbrace{7}_{(\text{나머지})}$

(2) 조립제법

다항식 $f(x)$를 일차식으로 나누었을 때의 몫과 나머지를 계수만을 이용하여 구하는 방법을 조립제법이라 한다.

설명 $(x^3 - 2x + 4) \div (x - 2)$는 다음과 같이 계산된다.
    $\underbrace{}_{A} \quad \underbrace{}_{B}$

$$
\begin{array}{r}
x^2 + 2x + 2 \quad \leftarrow \text{몫} \\
x-2 \,\overline{)\, x^3 - 2x + 4} \\
\underline{x^3 - 2x^2} \quad \leftarrow (x-2) \times x^2 \\
2x^2 - 2x + 4 \\
\underline{2x^2 - 4x} \quad \leftarrow (x-2) \times 2x \\
2x + 4 \\
\underline{2x - 4} \quad \leftarrow (x-2) \times 2 \\
8 \quad \leftarrow \text{나머지}
\end{array}
$$

따라서 $\underbrace{(x^3-2x+4)}_{A} = \underbrace{(x-2)}_{B} \times \underbrace{(x^2+2x+2)}_{(\text{몫})} + \underbrace{8}_{(\text{나머지})}$

조립제법

$\dfrac{(x^3 - 2x + 4)}{A} \div \dfrac{(x - 2)}{B}$

┌ 나누는 식 $x - 2 = 0$을 만족시키는 x의 값
└┌ 다항식 A의 계수를 내림차순으로 모두 적는다.

$$
\begin{array}{c|cccc}
2 & 1 & 0 & -2 & 4 \\
  & \downarrow & 2 & 4 & 4 \\
\hline
  & 1 & 2 & 2 & 8
\end{array}
$$

(그대로) (합) (합) (합) $\times 2 \ \times 2 \ \times 2$

└ $x - 2$로 나눈 몫의 계수(내림차순)

따라서 $\underbrace{(x^3-2x+4)}_{A} = \underbrace{(x-2)}_{B} \times \underbrace{(x^2+2x+2)}_{(\text{몫})} + \underbrace{8}_{(\text{나머지})}$

개념 CHECK

정답과 풀이 7쪽

▶ 24639-0008

8 다항식 $3x^3 - 4x^2 - 7$을 다항식 $x^2 + 2$로 나눈 몫을 Q, 나머지를 R이라 할 때, $Q + R$을 구하시오.

▶ 24639-0009

9 조립제법을 이용하여 다항식 $x^3 + 5x^2 - x - 2$를 일차식 $x + 1$로 나눈 몫과 나머지를 각각 구하시오.

대표유형 01 다항식의 덧셈과 뺄셈

▶ 24639-0010

세 다항식 $A=x^2-2x+1$, $B=-3x^2+x+2$, $C=x^2-x+4$에 대하여 $(A+B)-2(B-C)$를 계산하시오.

MD의 한마디!

복잡한 다항식의 계산에서
① 구하는 식을 먼저 간단하게 정리합니다.
② ①에서 정리한 식에 다항식 A, B, C를 대입합니다.

Solution

유제

01-1

▶ 24639-0011

세 다항식
$$A=x^2-xy+y^2, \ B=2x^2+5xy-y^2, \ C=x^2+2xy+3y^2$$
에 대하여 다음을 계산하시오.

(1) $(A-2B)+2(B+C)$

(2) $(3A-B)-2(A-C)$

01-2

▶ 24639-0012

두 다항식
$$A=x^3-3x^2-7, \ B=2x^3+x^2-x+1$$
에 대하여 $2(X+A)-(X-B)=A-2B$를 만족시키는 다항식 X를 구하시오.

대표유형 02 다항식의 곱셈

다항식 $(x^2-3x-5)(2x^2-x+1)$의 전개식에서 x^2의 계수를 구하시오.

MD의 한마디!

다항식의 전개식에서 특정한 항의 계수를 찾을 때에는 해당되는 항을 전개합니다. 이차항은 다음 경우에서 나타납니다.
① (이차항)＝(이차항)×(상수항)
② (이차항)＝(일차항)×(일차항)

Solution

유제

02-1
▶ 24639-0014

x에 대한 다항식 $(x+3)(x^2-2x+k)$의 전개식에서 x의 계수가 -2일 때, 상수 k의 값은?

① 1   ② 2   ③ 3
④ 4   ⑤ 5

02-2
▶ 24639-0015

다항식 $(x+1)(x-2)(x^2+ax+b)$의 전개식에서 x^3의 계수가 4이고 x의 계수가 1일 때, $a+b$의 값을 구하시오.

(단, a, b는 상수이다.)

대표유형 03 곱셈 공식

▶ 24639-0016

세 양수 x, y, z에 대하여 $x^2+4y^2+z^2=11$, $2xy+2yz+zx=7$일 때, $x+2y+z$의 값을 구하시오.

MD의 한마디! 곱셈 공식 $(a+b+c)^2=a^2+b^2+c^2+2ab+2bc+2ca$를 이용하여 주어진 식의 값을 구합니다.

Solution

 유제

03-1

▶ 24639-0017

다항식 $(3x-ay)^3$의 전개식에서 x^2y의 계수가 54일 때, 상수 a의 값은?

① -1 ② -2 ③ -3

④ -4 ⑤ -5

03-2

▶ 24639-0018

$x^3=10$일 때, $(x+2)(x-2)(x^2-2x+4)(x^2+2x+4)$의 값을 구하시오.

대표유형 04 곱셈 공식의 활용

▶ 24639-0019

$x+y=3$, $x^3+y^3=9$일 때, xy의 값을 구하시오.

MD의 한마디!

곱셈 공식 $(x+y)^3=x^3+y^3+3xy(x+y)$를 이용하여 xy의 값을 구합니다.

Solution

유제

04-1 ▶ 24639-0020

세 실수 a, b, c에 대하여
$$a+3b-c=-8, \ 3ab-3bc-ca=5$$
일 때, $a^2+9b^2+c^2$의 값을 구하시오.

04-2 ▶ 24639-0021

$x^2+\dfrac{1}{x^2}=7$일 때, $x^3+\dfrac{1}{x^3}$의 값은? (단, $x>0$)

① 12   ② 14   ③ 16

④ 18   ⑤ 20

대표유형 05 다항식의 나눗셈

다항식 $x^4-x^3-2x^2+x-4$를 x^2+x+1로 나눈 몫을 Q, 나머지를 R이라 할 때, $Q+R$을 구하시오.

MD의 한마디! 다항식의 나눗셈은
① 각 다항식을 내림차순으로 정리한 후 자연수의 나눗셈과 같은 방법으로 계산합니다.
② 이때 나머지의 차수가 나누는 식의 차수보다 낮을 때까지 계산합니다.

Solution

유제

05-1
▶ 24639-0023

두 상수 a, b에 대하여 다항식 x^3+x^2+7x+4를 x^2+3x+a로 나눈 나머지가 $9x+b$일 때, $a+b$의 값을 구하시오.

05-2
▶ 24639-0024

다항식 $x^3-5x^2+2x+15$를 다항식 A로 나누었을 때의 몫이 $x-3$이고 나머지가 $3x-6$일 때, 다항식 A를 구하시오.

대표유형 06 조립제법
▶ 24639-0025

다음은 조립제법을 이용하여 다항식 x^3+2x^2-3x-1을 일차식 $x+1$로 나눈 몫과 나머지를 구하는 과정이다. $\square$ 안에 알맞은 값을 넣고 몫과 나머지를 구하시오.

$\square$	1	2	$\square$	-1
		$\square$	$\square$	$\square$
	1	$\square$	$\square$	$\square$

MD의 한마디!

조립제법을 이용하여 다항식을 일차식으로 나눈 몫과 나머지를 구할 때
① 나누는 일차식의 값을 0이 되도록 하는 x의 값을 찾습니다.
② ①에서 찾은 값으로 조립제법을 실행합니다.

Solution

유제

06-1
▶ 24639-0026

다항식 $2x^3+4x^2+x+5$를 $x+2$로 나눈 몫이 $Q(x)$일 때, $Q(3)$의 값은?

① 17   ② 18   ③ 19
④ 20   ⑤ 21

06-2
▶ 24639-0027

다항식 $f(x)$는 $x+4$로 나누어떨어지고 그때의 몫이 x^2-3x+1이다. 다항식 $f(x)$를 $x-2$로 나눈 몫과 나머지를 각각 $Q(x)$, R이라 할 때, $Q(1)+R$의 값을 구하시오.

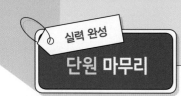

▶ 24639-0028

1 두 다항식
$$A = x^2 + 3xy - y^2$$
$$B = 2x^2 + xy + y^2$$
에 대하여 $2A + kB$의 xy의 계수가 9일 때, x^2의 계수는?
(단, k는 상수이다.)

① 4   ② 5   ③ 6

④ 7   ⑤ 8

▶ 24639-0029

2 두 다항식 A, B에 대하여
$$A - 2B = 2x^3 - x + 5$$
$$A + 3B = x^3 + 4x^2 + x$$
일 때, $X + B = 2(X - A)$를 만족시키는 다항식 X를 구하시오.

▶ 24639-0030

3 $(1 - x + x^2 - x^3)^2$을 전개하면
$$a_0 + a_1 x + a_2 x^2 + a_3 x^3 + a_4 x^4 + a_5 x^5 + a_6 x^6$$
이다. 이때 $a_4 + a_5$의 값은?
(단, a_0, a_1, $\cdots$, a_6은 상수이다.)

① 1   ② 2   ③ 3

④ 4   ⑤ 5

▶ 24639-0031

4 다항식 $(7x^2 + ax + 1)(4x^2 - x + 3)$의 전개식에서 x^3의 계수가 1일 때, 이 전개식의 상수항을 포함한 모든 계수들의 합은? (단, a는 상수이다.)

① 56   ② 60   ③ 64

④ 68   ⑤ 72

| 2022학년도 3월 고2 학력평가 9번 | ▶ 24639-0032

5 $x + y = \sqrt{2}$, $xy = -2$일 때, $\dfrac{x^2}{y} + \dfrac{y^2}{x}$의 값은?

① $-5\sqrt{2}$ ② $-4\sqrt{2}$ ③ $-3\sqrt{2}$

④ $-2\sqrt{2}$ ⑤ $-\sqrt{2}$

| 2019학년도 11월 고1 학력평가 12번 | ▶ 24639-0033

6 $x^2 - 4x + 1 = 0$일 때, $\dfrac{x^6 + 1}{x^3} - \dfrac{x^4 + 1}{x^2}$의 값을 구하시오.

7 내신UP | 2020학년도 11월 고1 학력평가 19번 | ▶ 24639-0034

그림과 같이 중심이 O, 반지름의 길이가 4이고 중심각의 크기가 $90°$인 부채꼴 OAB가 있다. 호 AB 위의 점 P에서 두 선분 OA, OB에 내린 수선의 발을 각각 H, I라 하자. 삼각형 PIH에 내접하는 원의 넓이가 $\dfrac{\pi}{4}$일 때, $\overline{\text{PH}}^3 + \overline{\text{PI}}^3$의 값은?

(단, 점 P는 점 A도 아니고 점 B도 아니다.)

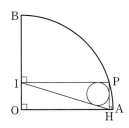

① 56   ② $\dfrac{115}{2}$ ③ 59

④ $\dfrac{121}{2}$ ⑤ 62

8 내신UP ▶ 24639-0035

$x-y=3$, $xy-yz+zx=4$, $x^2+y^2+z^2=9$일 때, $(x+y)^2$의 값을 구하시오.

9 ▶ 24639-0036

다항식 $f(x)$를 $x-\dfrac{b}{a}$로 나누었을 때의 몫을 $Q_1(x)$, 나머지를 R_1이라 하고, 다항식 $f(x)$를 $ax-b$로 나누었을 때의 몫을 $Q_2(x)$, 나머지를 R_2라 하자.

$\dfrac{Q_1(x)}{Q_2(x)} + \dfrac{R_1}{R_2} = 3$일 때, a의 값은?

(단, $Q_2(x) \neq 0$, $R_2 \neq 0$이고, a, b는 상수이다.)

① 1   ② 2   ③ 3

④ 4   ⑤ 5

10 ▶ 24639-0037

다항식 $P(x)$를 x^2+x+1로 나눈 몫이 $3x-5$이고 나머지가 -4이다. 다항식 $(x-1)P(x)$를 x^2+x+1로 나눈 몫을 $Q(x)$, 나머지를 $R(x)$라 할 때, $Q(2)+R(3)$의 값을 구하시오.

11 ▶ 24639-0038

다음은 다항식 $4x^3+ax^2+bx+6$을 $2x-1$로 나누는 과정을 조립제법으로 나타낸 것이다. 몫을 $Q(x)$, 나머지를 R이라 할 때, $R-Q(a+b)$의 값을 구하시오.

(단, a, b는 상수이다.)

$\frac{1}{2}$	4	a	b	6
		2	4	-2
	4	□	□	□

나머지정리

 항등식의 성질

(1) 항등식

문자를 포함하는 등식에서 그 문자에 어떤 값을 대입해도 항상 성립하는 등식을 항등식이라고 한다.

> 참고 주어진 등식이 x에 대한 항등식임을 확인할 수 있는 표현들은 다음과 같다.
>
> ① 모든 x에 대하여 항상 성립한다.
> ② 임의의 x에 대하여 항상 성립한다.
> ③ x의 값에 관계없이 항상 성립한다.
> ④ x가 어떤 값을 갖더라도 항상 성립한다.

(2) 항등식의 성질

① 등식 $ax^2+bx+c=0$이 x에 대한 항등식이면 $a=b=c=0$이다.
② 등식 $ax^2+bx+c=a'x^2+b'x+c'$이 x에 대한 항등식이면 $a=a'$, $b=b'$, $c=c'$이다.

> 설명 ① 등식 $ax^2+bx+c=0$이 x에 대한 항등식이면 x에 어떤 값을 대입해도 성립하므로 $x=0$을 대입하면
> $c=0$, $x=1$을 대입하면 $a+b+c=0$, $x=-1$을 대입하면 $a-b+c=0$이므로 $a=b=c=0$이다.
> ② $ax^2+bx+c=a'x^2+b'x+c'$이 x에 대한 항등식이면 우변을 좌변으로 이항하여 얻은 식
> $(a-a')x^2+(b-b')x+(c-c')=0$도 항등식이므로 $a=a'$, $b=b'$, $c=c'$이 성립한다.

(3) 미정계수법

항등식의 성질을 이용하여 주어진 등식의 미지의 계수를 정하는 방법을 미정계수법이라고 한다.
① 계수비교법: 등식의 양변의 동류항의 계수를 비교하는 방법
② 수치대입법: 등식의 문자에 적당한 수를 대입하는 방법

> 설명 양변의 식의 전개가 쉽거나 동류항의 계수를 비교하기 쉬운 경우 계수비교법이 편리하고, 식의 전개가 복잡
> 하거나 각 항이 0이 되도록 하는 x의 값을 쉽게 찾을 수 있는 경우 수치대입법이 편리하다.

> 예 $ax^2+bx+3=2x^2+5x+c$가 x에 대한 항등식일 때, 상수 a, b, c의 값을 다음과 같이 구할 수 있다.
> ① 계수비교법: $ax^2+bx+3=2x^2+5x+c$ ⇨ $a=2$, $b=5$, $c=3$
> ② 수치대입법: $x=0$을 대입하면 $c=3$
> $x=1$을 대입하면 $a+b+3=2+5+3$에서 $a+b=7$
> $x=-1$을 대입하면 $a-b+3=2-5+3$에서 $a-b=-3$
> 따라서 $a=2$, $b=5$, $c=3$

개념 CHECK

정답과 풀이 17쪽

▶ 24639-0039

1 다음 등식이 x에 대한 항등식일 때, 상수 a, b, c의 값을 구하시오.

(1) $(a-2)x^2+bx+c+1=0$
(2) $3x^2+bx+c=ax^2-5x+2$
(3) $a(x-1)^2+b(x-1)+c=x^2+x-5$

나머지정리

(1) 나머지정리

① 다항식 $P(x)$를 $x-a$로 나눈 나머지를 R이라 할 때, $R=P(a)$이다.

설명 ‹ 다항식 $P(x)$를 $x-a$로 나누었을 때의 몫을 $Q(x)$, 나머지를 R이라 하면
$$P(x)=(x-a)Q(x)+R$$
이고, 이 식은 x에 대한 항등식이므로 양변에 $x=a$를 대입하면
$$P(a)=(a-a)Q(a)+R=R$$
즉, $P(a)=R$이다.

예 다항식 $P(x)=x^3+x^2-3x+7$을 $x-1$로 나눈 나머지는 다음과 같이 구할 수 있다.

• 다항식을 직접 나누는 방법

$$\begin{array}{r}
x^2+2x-1 \quad \leftarrow 몫 \\
x-1 \overline{)\ x^3+x^2-3x+7} \\
\underline{x^3-x^2} \qquad \leftarrow (x-1)\times x^2 \\
2x^2-3x+7 \\
\underline{2x^2-2x} \qquad \leftarrow (x-1)\times 2x \\
-x+7 \\
\underline{-x+1} \qquad \leftarrow (x-1)\times(-1) \\
6 \qquad \leftarrow 나머지
\end{array}$$

• 나머지정리를 이용하는 방법

다항식 $P(x)=x^3+x^2-3x+7$을 $x-1$로 나눈 나머지를 R이라 하면 나머지정리에 의하여 $R=P(1)$이다.

$P(1)=1^3+1^2-3\times1+7=6$이므로

$R=6$

② 다항식 $P(x)$를 $ax+b$로 나눈 나머지를 R이라 할 때, $R=P\left(-\dfrac{b}{a}\right)$이다.

설명 ‹ 다항식 $P(x)$를 $ax+b$로 나누었을 때의 몫을 $Q(x)$, 나머지를 R이라 하면
$$P(x)=(ax+b)Q(x)+R$$
이고, 이 식은 x에 대한 항등식이므로 양변에 $x=-\dfrac{b}{a}$를 대입하면
$$P\left(-\dfrac{b}{a}\right)=\left\{a\times\left(-\dfrac{b}{a}\right)+b\right\}Q\left(-\dfrac{b}{a}\right)+R=R$$
즉, $R=P\left(-\dfrac{b}{a}\right)$이다.

참고 ‹ 나머지정리는 다항식을 일차식으로 나누었을 때의 나머지를 직접 나눗셈을 하지 않고 간단하게 구하는 방법이다.

개념 CHECK

정답과 풀이 17쪽

▶ 24639-0040

2 다항식 $3x^3-4x+1$을 다음 일차식으로 나누었을 때의 나머지를 구하시오.

(1) $x+1$　　　　　　　　(2) $2x-1$　　　　　　　　(3) $x-2$

▶ 24639-0041

3 다항식 x^3+2x^2-kx+3을 다음 일차식으로 나눈 나머지가 5일 때, 상수 k의 값을 구하시오.

(1) $x+1$　　　　　　　　(2) $x-2$

(1) 인수정리

다항식 $P(x)$에 대하여

① $P(a)=0$이면 $P(x)$는 일차식 $x-a$로 나누어떨어진다.

② $P(x)$가 일차식 $x-a$로 나누어떨어지면 $P(a)=0$이다.

> 설명 ① 다항식 $P(x)$를 $x-a$로 나누었을 때, 나머지는 $P(a)$이다. 이때 $P(a)=0$이면 나머지가 0이므로 $P(x)$는 $x-a$로 나누어떨어진다.
>
> ② $P(x)$가 $x-a$로 나누어떨어지면 나머지가 0이므로 $P(a)=0$이다.
>
> 예 다항식 $P(x)=x^3-x^2+3x-3$에서 $P(1)=0$이므로 다항식 $P(x)$는 $x-1$로 나누어떨어진다.

(2) 인수정리의 활용

다항식 $P(x)$에 대하여 다음은 '다항식 $P(x)$는 $x-a$로 나누어떨어진다.'와 같은 표현이다.

① 다항식 $P(x)$를 $x-a$로 나누었을 때의 나머지가 0이다.

② $x-a$는 다항식 $P(x)$의 인수이다.

③ $P(a)=0$

④ $P(x)=(x-a)Q(x)$ ($Q(x)$는 다항식)

> 설명 다항식 $P(x)$가 일차식 $x-a$로 나누어떨어지면 $x-a$를 인수로 가지며 다항식 $Q(x)$에 대하여
>
> $$P(x)=(x-a)Q(x)$$
>
> 로 나타낼 수 있다. 이처럼 인수정리를 이용하면 다항식의 나눗셈을 하지 않아도 다항식이 어떤 일차식을 인수로 갖는지 쉽게 알 수 있다.
>
> 예를 들어, 다항식 $P(x)=x^3-7x+6$에서 $P(1)=1^3-7\times 1+6=0$이므로 인수정리에 의하여 $P(x)$는 $x-1$로 나누어떨어지고 $x-1$을 인수로 갖는다. 즉, 다항식 $Q(x)$에 대하여 $P(x)=(x-1)Q(x)$로 나타낼 수 있다.

개념 CHECK

정답과 풀이 17쪽

▶ 24639-0042

4 x에 대한 다항식 x^3-kx^2+12가 $x+2$로 나누어떨어질 때, 상수 k의 값을 구하시오.

▶ 24639-0043

5 다음 보기 중 다항식 x^3-4x^2+x+6의 인수인 것만을 있는 대로 고르시오.

> 보기
> ㄱ. $x+1$ ㄴ. $x-2$ ㄷ. $x+2$ ㄹ. $x-3$

대표유형 01 항등식의 성질

모든 실수 x에 대하여 $(a+2)x^2+(7a+2b-c)x+a+b+2c=0$이 항상 성립할 때, $a+b+c$의 값은?

(단, a, b, c는 상수이다.)

① 1   ② 2   ③ 3   ④ 4   ⑤ 5

MD의 한마디!

등식 $ax^2+bx+c=0$이 x에 대한 항등식이면 $a=b=c=0$임을 이용합니다.

① 각 항의 계수를 0으로 놓고 연립방정식을 세웁니다.

② 연립방정식을 풀 때 가감법과 대입법을 적절히 활용합니다.

Solution

유제

01-1
▶ 24639-0045

등식 $(x+2)k+(k-x)y+3k-1=0$이 k에 대한 항등식일 때, 두 상수 x, y에 대하여 x^2+y^2의 값을 구하시오.

01-2
▶ 24639-0046

x에 대한 이차방정식 $x^2+(k-10)x+(3-k)p+q=0$이 k의 값에 관계없이 항상 2를 근으로 가질 때, 두 상수 p, q에 대하여 pq의 값을 구하시오.

대표유형 02 항등식에서 미정계수 구하기(계수비교법)

등식 $x^3+4x^2+c=(x+1)(x^2+ax+b)$가 x의 값에 관계없이 성립할 때, abc의 값은? (단, a, b, c는 상수이다.)

① 24　　　② 25　　　③ 26　　　④ 27　　　⑤ 28

MD의 한마디!

주어진 식이 전개하기 쉽거나 동류항의 계수를 비교하기 쉬운 경우 계수비교법을 이용합니다.
① 등식의 우변을 전개한 후 내림차순으로 정리합니다.
② 좌변과 우변에서 동류항의 계수를 비교하여 미정계수를 구합니다.

Solution

유제

02-1

▶ 24639-0048

임의의 실수 x에 대하여 등식
$$(2a-3)(x+1)+b=(b-1)(x+1)+a$$
가 항상 성립할 때, a^2+b^2의 값을 구하시오.

(단, a, b는 상수이다.)

02-2

▶ 24639-0049

다항식 $ax^3+(b+c)x^2+(b-c)x+11$을 x^2+3x+7로 나눈 몫이 $x-1$이고 나머지가 18일 때, $a^2+b^2+c^2$의 값을 구하시오. (단, a, b, c는 상수이다.)

대표유형 03 항등식에서 미정계수 구하기(수치대입법)

▶ 24639-0050

등식 $a(x-1)(x-2)+5(x-2)=4x^2-bx+c$가 x에 대한 항등식일 때, 세 상수 a, b, c에 대하여 $a+b+c$의 값을 구하시오.

MD의 한마디!

주어진 식이 전개하기 복잡하거나 적당한 수를 대입하면 식이 간단해지는 경우 수치대입법을 이용합니다.

① 미정계수의 개수만큼 어떤 항이 0이 되도록 하는 x의 값을 찾습니다.

② ①에서 구한 x의 값을 주어진 항등식에 대입하여 미정계수를 구합니다.

Solution

유제

03-1

▶ 24639-0051

등식 $ax^2+11x-7=(x-1)^2+b(x+1)+c$가 x에 대한 항등식이 되도록 하는 세 상수 a, b, c에 대하여 $a+b-c$의 값을 구하시오.

03-2

▶ 24639-0052

모든 실수 x에 대하여 등식
$$4x^2-x+9=a(x-1)(x+1)+b(x-1)(x+2)$$
$$+c(x+1)(x+2)$$
가 성립할 때, 세 상수 a, b, c에 대하여 $a+2b+3c$의 값은?

① 1   ② 3   ③ 5

④ 7   ⑤ 9

대표유형 04 나머지정리(일차식으로 나누는 경우)

▶ 24639-0053

다항식 $P(x)=5x^3+x^2-11x+a$를 $x-1$로 나눈 나머지가 3일 때, 다항식 $P(x)$를 $x+2$로 나눈 나머지는?

(단, a는 상수이다.)

① -10　　　② -8　　　③ -6　　　④ -4　　　⑤ -2

MD의 한마디!

다항식을 일차식으로 나눈 나머지를 구할 때에는 다항식 $P(x)$를 $x-a$로 나눈 나머지가 $P(a)$임을 이용합니다.

Solution

유제

04-1
▶ 24639-0054

다항식 x^3-3x^2+ax+4를 $x+3$으로 나눈 나머지와 $x-2$로 나눈 나머지가 같을 때, 상수 a의 값을 구하시오.

04-2
▶ 24639-0055

다항식 $P(x)$를 $x+1$로 나눈 나머지가 4이고, 다항식 $Q(x)$를 $x+1$로 나눈 나머지가 -2이다. 다항식 $P(x)Q(x)$를 $x+1$로 나눈 나머지를 구하시오.

대표유형 05 나머지정리(이차식으로 나누는 경우)

▶ 24639-0056

다항식 $f(x)$를 $x-1$로 나눈 나머지가 5이고, $x-2$로 나눈 나머지가 -2일 때, 다항식 $f(x)$를 $(x-1)(x-2)$로 나눈 나머지를 구하시오.

MD의 한마디!

다항식 $P(x)$를 $(x-\alpha)(x-\beta)$로 나눈 나머지를 구할 때

① 몫을 $Q(x)$라 하면 $P(x)=(x-\alpha)(x-\beta)Q(x)+ax+b$는 x에 대한 항등식입니다.

② ①의 식에 $x=\alpha$, $x=\beta$를 각각 대입하여 얻은 두 식을 연립하여 나머지를 구합니다.

Solution

유제

05-1

▶ 24639-0057

다항식 $P(x)$를 $x-2$로 나눈 나머지가 1이고 $x+2$로 나눈 나머지가 -11이다. 다항식 $(x+1)P(x)$를 x^2-4로 나눈 나머지를 $R(x)$라 할 때, $R(2)$의 값을 구하시오.

05-2

▶ 24639-0058

다항식 $P(x)=3x^3-x^2+ax+b$를 $x-2$로 나눈 나머지와 $x+1$로 나눈 나머지가 같고 다항식 $P(x)$를 x^2-x-2로 나눈 나머지가 8일 때, $a+b$의 값을 구하시오.

(단, a, b는 상수이다.)

대표유형 06 인수정리(일차식으로 나누는 경우)

▶ 24639-0059

다항식 $2x^3+ax^2+bx+6$이 $x+2$, $x-3$으로 각각 나누어떨어질 때, 두 상수 a, b에 대하여 ab의 값을 구하시오.

MD의 한마디!

주어진 다항식을 $P(x)$라 하면
① 인수정리에 의하여 $P(-2)=0$, $P(3)=0$입니다.
② ①에서 구한 두 식을 연립하여 a, b의 값을 구합니다.

Solution

유제

06-1

▶ 24639-0060

다항식 $P(x)=x^3-ax^2+4x-2$가 $x-2$를 인수로 가질 때, 상수 a에 대하여 $2a$의 값은?

① 5　　　　② 6　　　　③ 7

④ 8　　　　⑤ 9

06-2

▶ 24639-0061

다항식 $P(x)=x^3+x^2-15x+a$에 대하여 다항식 $P(x-1)$이 $x-4$로 나누어떨어질 때, $P(x+1)$을 $x+4$로 나눈 나머지를 구하시오. (단, a는 상수이다.)

대표유형 07 인수정리(이차식으로 나누는 경우)

▸ 24639-0062

다항식 $f(x)=x^3+ax^2+bx+4$가 $(x-1)(x+4)$로 나누어떨어질 때, 두 상수 a, b에 대하여 $a-2b$의 값을 구하시오.

MD의 한마디!

다항식 $f(x)$가 $(x-\alpha)(x-\beta)$로 나누어떨어질 때
① 인수정리에 의하여 $f(\alpha)=0$, $f(\beta)=0$이 성립합니다.
② ①에서 구한 두 식을 연립하여 미정계수를 구합니다.

Solution

유제

07-1

▸ 24639-0063

다항식 $P(x)=4x^3+7x^2+ax+b$는 $x+2$로 나누어떨어지고 몫은 $Q(x)$이다. $Q(x)$가 $x-1$로 나누어떨어질 때, 두 상수 a, b에 대하여 $a-b$의 값을 구하시오.

07-2

▸ 24639-0064

다항식 $P(x)=x^3+ax^2+bx-4$에 대하여 $P(2x+5)$가 $(x+2)(x+3)$으로 나누어떨어질 때, 다항식 $P(x)$를 $x+2$로 나눈 나머지를 구하시오. (단, a, b는 상수이다.)

1 ▸ 24639-0065

다항식
$$f(x)=ax^2-b(k+3)x+a(k-2)-8$$
에 대하여 등식 $f(1)=0$이 k에 대한 항등식일 때, a^2+b^2의 값은? (단, a, b는 상수이다.)

① 4 　　　② 5 　　　③ 6

④ 7 　　　⑤ 8

2 ▸ 24639-0066

$x-y=-3$을 만족시키는 모든 실수 x, y에 대하여 등식 $(a+4)x+(2b-3)y+7a=0$이 항상 성립한다. 두 상수 a, b에 대하여 ab의 값은?

① -9 　　　② -8 　　　③ -7

④ -6 　　　⑤ -5

3 ▸ 24639-0067

다항식 $f(x)$를 $x-2$로 나눈 나머지가 4, $x+3$으로 나눈 나머지가 7이다. 다항식 $f(x-2)f(x+3)$을 $x+1$로 나눈 나머지는?

① 28 　　　② 30 　　　③ 32

④ 34 　　　⑤ 36

4 ▸ 24639-0068

다항식 $P(x)$를 x^2+x로 나누었을 때의 몫은 $Q(x)$, 나머지가 $2x-5$이고, 다항식 $Q(x)$를 $x-2$로 나누었을 때의 나머지가 -3이다. 다항식 $P(x)$를 $x-2$로 나누었을 때의 나머지는?

① -20 　　　② -19 　　　③ -18

④ -17 　　　⑤ -16

5 ✓ 내신UP | 2023학년도 9월 고1 학력평가 27번 | ▸ 24639-0069

다항식 $P(x)$에 대하여 $(x-2)P(x)-x^2$을 $P(x)-x$로 나누었을 때의 몫은 $Q(x)$, 나머지는 $P(x)-3x$이다. $P(x)$를 $Q(x)$로 나눈 나머지가 10일 때, $P(30)$의 값을 구하시오. (단, 다항식 $P(x)-x$는 0이 아니다.)

6 ▸ 24639-0070

10^{25}을 9×11로 나눈 나머지는?

① 2 　　　② 4 　　　③ 6

④ 8 　　　⑤ 10

▸ 24639-0071

7 다항식 $P(x)=-x^4+ax^2+x-6$에 대하여 다항식 $P(x-1)P(x+3)$이 $x+1$로 나누어떨어질 때, 모든 상수 a의 값의 합은?

① 11 　　② 12 　　③ 13

④ 14 　　⑤ 15

▸ 24639-0074

10 등식 $(x^3+x^2-5)^3=a_0+a_1x+a_2x^2+\cdots+a_9x^9$이 x에 대한 항등식일 때, $a_1+a_3+a_5+a_7+a_9$의 값을 구하시오. (단, $a_0,\ a_1,\ \cdots,\ a_9$는 상수이다.)

▸ 24639-0072

8 다항식 $P(x-2)$가 x^2-4x+3으로 나누어떨어질 때, 다항식 $P(x)+x^2+x$를 x^2-1로 나눈 나머지를 $R(x)$라 하자. $R(4)$의 값은?

① 3 　　② 5 　　③ 7

④ 9 　　⑤ 11

▸ 24639-0075

11 다항식 $f(x)$를 $(x+1)(x+2)$로 나눈 나머지가 $2x+3$이고, 다항식 $f(x)$를 $(x-1)(x-2)$로 나눈 나머지가 5이다. 다항식 $f(x)$를 $(x+2)(x-1)$로 나눈 나머지를 $R(x)$라 할 때, $R(5)$의 값을 구하시오.

✔️ 내신UP | 2022학년도 11월 고1 학력평가 18번 | ▸ 24639-0073

9 최고차항의 계수가 1인 삼차다항식 $f(x)$가 다음 조건을 만족시킬 때, $f(0)$의 값은?

> (가) 다항식 $f(x+3)-f(x)$는 $(x-1)(x+2)$로 나누어떨어진다.
> (나) 다항식 $f(x)$를 $x-2$로 나누었을 때의 나머지는 -3이다.

① 13 　　② 14 　　③ 15

④ 16 　　⑤ 17

03 인수분해

1 인수분해

(1) 인수분해

하나의 다항식을 두 개 이상의 다항식의 곱으로 나타내는 것을 인수분해라고 한다.

> 참고 ① $x^2+5x+4=(x+2)(x+3)-2$와 같이 다항식을 곱만이 아닌 합으로 나타낸 것은 인수분해라고 하지 않는다.
>
> ② 인수분해는 특별한 조건이 없으면 인수분해된 식의 계수를 유리수 범위로 한정하여 더 이상 인수분해할 수 없을 때까지 한다. 예를 들어 x^4-4는 계수가 무리수인 $(x^2+2)(x+\sqrt{2})(x-\sqrt{2})$로 인수분해하는 것이 아니라 $(x^2+2)(x^2-2)$로 인수분해한다.

(2) 인수분해 공식

① $a^2+b^2+c^2+2ab+2bc+2ca=(a+b+c)^2$
② $a^3+3a^2b+3ab^2+b^3=(a+b)^3$
③ $a^3-3a^2b+3ab^2-b^3=(a-b)^3$
④ $a^3+b^3=(a+b)(a^2-ab+b^2)$
⑤ $a^3-b^3=(a-b)(a^2+ab+b^2)$

> 설명 곱셈 공식에서 좌변과 우변을 서로 바꾸면 인수분해 공식을 얻을 수 있다.

> 참고 중학교에서 다음 인수분해 공식을 배웠다.
>
> $a^2+2ab+b^2=(a+b)^2$
> $a^2-2ab+b^2=(a-b)^2$
> $a^2-b^2=(a+b)(a-b)$
> $x^2+(a+b)x+ab=(x+a)(x+b)$
> $acx^2+(ad+bc)x+bd=(ax+b)(cx+d)$

개념 CHECK

정답과 풀이 28쪽

▶ 24639-0076

1 인수분해 공식을 이용하여 다음 식을 인수분해하시오.

(1) $a^2+b^2+9c^2+2ab+6bc+6ca$
(2) $a^3+9a^2+27a+27$
(3) a^3-8b^3

2 복잡한 식의 인수분해(1)

(1) 공통부분이 있는 식의 인수분해

공통부분이 있는 식을 인수분해할 때에는 공통부분을 치환하여 다음과 같이 인수분해한다.

① 공통부분을 한 문자로 치환하여 그 문자에 대한 식으로 나타낸다.

② ①에서 얻은 식을 인수분해한다.

③ 치환한 문자에 원래의 식을 대입하여 다시 인수분해한다.

    예 다항식 $(x+1)^2-6(x+1)+8$을 인수분해해 보자.

    $x+1=X$라 하면

    $X^2-6X+8=(X-2)(X-4)=(x+1-2)(x+1-4)=(x-1)(x-3)$

> **참고** 공통부분이 드러나지 않는 식의 경우는 공통부분이 나타나도록 식을 적절히 변형한 후 공통부분을 치환하여 인수분해한다.

(2) x^4+ax^2+b 꼴의 인수분해

x^4+ax^2+b(a, b는 상수)와 같이 차수가 짝수인 항과 상수항으로 이루어진 식은 다음과 같이 인수분해한다.

① $x^2=X$로 치환하여 X^2+aX+b가 인수분해되는 경우에는 이 이차식을 인수분해한 후에 X에 x^2을 대입한다.

    예 다항식 x^4-2x^2-3을 인수분해해 보자.

    $x^2=X$라 하면

    $X^2-2X-3=(X+1)(X-3)=(x^2+1)(x^2-3)$

② $x^2=X$로 치환하여 X^2+aX+b가 인수분해되지 않는 경우에는 원래 식의 이차항 ax^2을 분리하여 A^2-B^2꼴로 나타낸 후 인수분해한다.

    예 다항식 x^4+5x^2+9를 인수분해해 보자.

    주어진 식에서 $x^2=X$라 하면 X^2+5X+9이고 이 식은 인수분해가 되지 않는다.

    $5x^2=6x^2-x^2$이므로 $x^4+5x^2+9=(x^4+6x^2+9)-x^2$으로 변형하여 인수분해한다.

    $(x^4+6x^2+9)-x^2=(x^2+3)^2-x^2=\{(x^2+3)+x\}\{(x^2+3)-x\}=(x^2+x+3)(x^2-x+3)$

개념 CHECK

정답과 풀이 28쪽

▶ 24639-0077

2 다음 식을 인수분해하시오.

(1) $(x+1)^2+4(x+1)+3$

(2) $(x-3)^3-1$

(3) $(x^2-4x)^2-2x^2+8x-15$

▶ 24639-0078

3 다음 식을 인수분해하시오.

(1) x^4-x^2-6

(2) $x^4+2x^2y^2-8y^4$

(3) x^4+4x^2+16

(1) 여러 개의 문자를 포함한 식의 인수분해

두 개 이상의 문자를 포함한 다항식은 다음과 같이 인수분해한다.

① 문자의 차수가 다른 경우에는 차수가 가장 낮은 문자에 대하여 내림차순으로 정리한 후 인수분해한다.

   ⟪예⟫ $x^2y+xz-xy^2-yz$를 인수분해해 보자.

      세 문자 중 z의 차수가 가장 낮으므로 z에 대하여 내림차순으로 정리하면

$$(x-y)z+x^2y-xy^2=(x-y)z+xy(x-y)=(x-y)(xy+z)$$

② 문자의 차수가 같은 경우에는 어느 한 문자에 대하여 내림차순으로 정리한 후 인수분해한다.

   ⟪예⟫ $a^2+2b^2+c^2-3ab+3bc-2ca$를 인수분해해 보자.

      주어진 식을 a에 대하여 내림차순으로 정리하면 $a^2-(3b+2c)a+2b^2+3bc+c^2$이고

$$\begin{aligned} a^2-(3b+2c)a+2b^2+3bc+c^2&=a^2-(3b+2c)a+(2b+c)(b+c)\\ &=\{a-(2b+c)\}\{a-(b+c)\}\\ &=(a-2b-c)(a-b-c) \end{aligned}$$

(2) 인수정리를 이용한 인수분해

삼차 이상의 다항식 $P(x)$에 대하여 $P(a)=0$이면 인수정리와 조립제법을 이용하여 인수분해한다.

① $P(a)=0$인 상수 a의 값을 구한다.

② 조립제법을 이용하여 $P(x)$를 $x-a$로 나누었을 때의 몫 $Q(x)$를 구하여 $P(x)=(x-a)Q(x)$로 나타낸다.

③ 다항식 $Q(x)$가 더 이상 인수분해가 되지 않을 때까지 인수분해한다.

  ⟨설명⟩ 인수정리와 조립제법을 이용하여 x^3-2x-4를 인수분해해 보자.

      $P(x)=x^3-2x-4$라 하면 $P(2)=0$이므로 $x-2$를 인수로 갖는다.

$$\begin{array}{r|rrrr} 2 & 1 & 0 & -2 & -4 \\ & & 2 & 4 & 4 \\ \hline & 1 & 2 & 2 & 0 \end{array}$$

      따라서 $x^3-2x-4=(x-2)(x^2+2x+2)$

  ⟨참고⟩ 다항식 $P(x)$의 계수가 정수일 때, $P(a)=0$이 되게 하는 a의 값은

$$\pm\frac{(P(x)\text{의 상수항의 약수})}{(P(x)\text{의 최고차항의 계수의 약수})}\ \text{중에서 찾을 수 있다.}$$

개념 CHECK

정답과 풀이 29쪽

▸ 24639-0079

4 다음 식을 인수분해하시오.

  (1) $x^2+xy+yz+zx$

  (2) x^2-y^2+x-y

▸ 24639-0080

5 다항식 $x^3-5x^2-2x+24$를 인수분해하시오.

공식을 이용한 인수분해

▸ 24639-0081

다항식 $8x^3+27$이 $(2x+a)(4x^2+bx+c)$로 인수분해될 때, 세 정수 a, b, c에 대하여 $a-b+c$의 값을 구하시오.

MD의 한마디!

주어진 다항식을 인수분해하기 위해서 어떤 공식을 사용해야 하는지 판단해야 합니다.
① $(2x)^3=8x^3$, $3^3=27$이므로 주어진 식을 $(2x)^3+3^3$으로 변형합니다.
② 인수분해 공식 $a^3+b^3=(a+b)(a^2-ab+b^2)$을 이용하여 인수분해합니다.

Solution

유제

01-1

▸ 24639-0082

다항식 $x^2+4y^2+z^2+4xy-4yz-2zx$가 $(x+ay+bz)^2$으로 인수분해될 때, 두 상수 a, b에 대하여 $a+b$의 값은?

① 1   ② 2   ③ 3
④ 4   ⑤ 5

01-2

▸ 24639-0083

다항식 $2x^3-16y^3-12x^2y+24xy^2$을 인수분해하시오.

대표유형 02 공통부분이 있는 식의 인수분해

▶ 24639-0084

다항식 $(x+2)^3+3(x+2)^2+3x+7$이 $(x+a)^3$으로 인수분해될 때, 상수 a의 값을 구하시오.

MD의 한마디!

공통부분이 있는 복잡한 식을 인수분해할 때
① 공통부분을 한 문자로 치환하여 그 문자에 대한 식으로 나타냅니다.
② ①에서 얻은 식을 인수분해합니다.
③ 치환한 문자에 원래의 식을 대입하여 다시 인수분해합니다.

Solution

유제

02-1
▶ 24639-0085

다항식
$(x^2-3x)(x^2-3x+3)+2$가 $(x+a)(x+b)(x^2-3x+1)$
로 인수분해될 때, 두 상수 a, b에 대하여 a^2+b^2의 값을 구하시오. (단, $a<b$)

02-2
▶ 24639-0086

다항식 $(x-1)(x-3)(x+2)(x+4)+24$를 인수분해하면 $(x+3)(x-2)P(x)$이다. 이차식 $P(x)$에 대하여 $P(2)$의 값을 구하시오.

| 대표유형 03 | x^4+ax^2+b 꼴의 인수분해 | ▶ 24639-0087 |

다음 중 다항식 x^4-5x^2+4의 인수가 <u>아닌</u> 것은?

① $x-1$ ② $x-4$ ③ x^2-1 ④ x^2-4 ⑤ x^2-3x+2

MD의 한마디!

x^4+ax^2+b 꼴의 다항식은 다음과 같이 인수분해할 수 있습니다.
① $x^2=X$로 치환하여 주어진 식을 X에 대한 이차식 X^2+aX+b로 나타냅니다.
② X^2+aX+b가 인수분해되는 경우 이 이차식을 인수분해한 후에 X에 x^2을 대입하여 다시 인수분해합니다.

Solution

유제

03-1   ▶ 24639-0088

다항식 $x^4+5x^2y^2-6y^4$이

$$(x+ay)(x-by)(x^2+cy^2)$$

으로 인수분해될 때, 세 자연수 a, b, c에 대하여 $a+b+c$의 값은?

① 4   ② 5   ③ 6

④ 7   ⑤ 8

03-2   ▶ 24639-0089

상수항과 계수가 모두 자연수인 이차식 $P(x)$에 대하여 다항식 x^4-14x^2+1이 $P(x)P(-x)$로 인수분해될 때, $P(5)$의 값을 구하시오.

대표유형 04 여러 가지 문자로 표현된 식의 인수분해

▶ 24639-0090

다항식 $x^2+3xy+2y^2-x-3y-2$가 $(x+ay+b)(x+cy-2)$로 인수분해될 때, $a+b+c$의 값은?

(단, a, b, c는 상수이다.)

① 1　　　　　② 2　　　　　③ 3　　　　　④ 4　　　　　⑤ 5

MD의 한마디!

여러 가지 문자로 표현된 식은 다음과 같이 인수분해할 수 있습니다.
① 문자의 차수가 다른 경우 ⇨ 차수가 가장 낮은 문자에 대하여 내림차순으로 정리한 후 인수분해합니다.
② 문자의 차수가 같은 경우 ⇨ 어느 한 문자에 대하여 내림차순으로 정리한 후 인수분해합니다.

Solution

유제

04-1
▶ 24639-0091

다음 중 $ab(a-b)+bc(b-c)+ca(c-a)$를 인수분해한 것은?

① $(a+b)(b-c)(c-a)$　② $(a-b)(b+c)(c-a)$
③ $(a-b)(b-c)(c+a)$　④ $(a-b)(b-c)(c-a)$
⑤ $(a-b)(b-c)(a-c)$

04-2
▶ 24639-0092

다항식 $x^3+(y-3)x^2+(2-3y)x+2y$가
$(x+a)(x+b)(x+cy)$로 인수분해될 때, 세 상수 a, b, c에 대하여 $a^2+b^2+c^2$의 값을 구하시오. (단, $a<b$)

대표유형 05 인수정리와 조립제법을 이용한 인수분해

▶ 24639-0093

다항식 $x^3+5x^2-8x-12$가 x의 계수가 1인 세 일차식의 곱으로 인수분해될 때, 세 일차식의 합은?

① $3x+4$ ② $3x+5$ ③ $3x+6$ ④ $3x+7$ ⑤ $3x+8$

MD의 한마디!

다항식 $P(x)$가 $x-a$로 나누어떨어지면 인수정리에 의하여 $P(a)=0$인 것을 이용합니다.

① $P(a)=0$인 상수 a의 값을 구합니다.

② 조립제법을 이용하여 $P(x)$를 $x-a$로 나누었을 때의 몫 $Q(x)$를 구하여 $P(x)=(x-a)Q(x)$로 나타냅니다.

③ 다항식 $Q(x)$가 더 이상 인수분해가 되지 않을 때까지 인수분해합니다.

Solution

유제

05-1
▶ 24639-0094

다음 중 다항식 $x^4+x^3-6x^2-4x+8$의 인수가 <u>아닌</u> 것은?

① $x-1$ ② $x-2$ ③ $x+2$
④ x^2-2x+1 ⑤ x^2+4x+4

05-2
▶ 24639-0095

다항식 $P(x)=x^3+3x^2+ax+4$가 $x+2$를 인수로 가질 때, $P(x)=(x+2)Q(x)$를 만족시키는 다항식 $Q(x)$에 대하여 $Q(3)$의 값을 구하시오. (단, a는 상수이다.)

대표유형 **06** **인수분해의 활용** ▸ 24639-0096

$x=3+\sqrt{2},\ y=3-\sqrt{2}$일 때, x^2y+xy^2-x-y의 값은?

① 32　　　　② 36　　　　③ 40　　　　④ 48　　　　⑤ 52

MD의 한마디! 구하는 식이 복잡하게 주어진 경우의 식의 값은 다음과 같은 과정으로 구합니다.

① 값을 구하려는 식이 복잡한 경우는 주어진 식을 인수분해 공식, 곱셈 공식 등을 이용하여 간단히 합니다.

② $x+y,\ xy$의 값을 구하고 이를 이용하여 주어진 식의 값을 구합니다.

Solution

 유제

06-1 ▸ 24639-0097

$a-b=1,\ ab=4$일 때, $ab(a^2+b^2)-2ab(ab+2)+2a^2+2b^2$의 값은?

① 6　　　　② 8　　　　③ 10

④ 12　　　　⑤ 14

06-2 ▸ 24639-0098

$\dfrac{100^3+1}{99\times100+1}$의 값을 구하시오.

1 ▸ 24639-0099

다음 중 다항식 x^6-y^6의 인수가 <u>아닌</u> 것은?

① $x-y$　　　　② $x+y$　　　　③ x^2-y^2

④ x^2-xy+y^2　　⑤ $x^2+2xy+y^2$

2 ▸ 24639-0100

다항식 $(x^2-2x)^2-2x^2+4x-3$을 인수분해하면 $(x+a)^2(x+b)(x+c)$이다. 세 상수 a, b, c에 대하여 $a^2+b^2+c^2$의 값을 구하시오.

3 ▸ 24639-0101

다항식 $(x-y+6)(x^2+y^2-2xy+11)-60$의 인수인 것을 **보기** 중에서 있는 대로 고른 것은?

┌─ 보기 ●─────────────────────┐

ㄱ. $x-y-1$　　　　ㄴ. $x-y+1$

ㄷ. $x-y+2$　　　　ㄹ. $x+y+2$

└──────────────────────────┘

① ㄱ, ㄴ　　② ㄱ, ㄷ　　③ ㄴ, ㄷ

④ ㄴ, ㄹ　　⑤ ㄷ, ㄹ

✔ 내신UP

4 ▸ 24639-0102

다항식 $x^4+4x^3+5x^2+4x+1$이 $(x^2+x+a)(x^2+bx+c)$로 인수분해될 때, 세 정수 a, b, c에 대하여 $a+b+c$의 값은?

① 1　　　　② 2　　　　③ 3

④ 4　　　　⑤ 5

5 ▸ 24639-0103

정삼각형이 아닌 삼각형의 세 변의 길이 a, b, c에 대하여
$$a^2+b^2-2ab-bc+ca=0$$
이 성립할 때, 이 삼각형은 어떤 삼각형인가?

① $a=b$인 이등변삼각형

② $b=c$인 이등변삼각형

③ $c=a$인 이등변삼각형

④ 빗변의 길이가 a인 직각삼각형

⑤ 빗변의 길이가 b인 직각삼각형

6 ▸ 24639-0104

다항식 $x^4-3x^3+x^2+ax+b$가 $(x-1)^2P(x)$로 인수분해될 때, $P(a-b)$의 값은? (단, a, b는 상수이다.)

① 12　　　　② 14　　　　③ 16

④ 18　　　　⑤ 20

| 2020학년도 11월 고1 학력평가 10번 | ▸ 24639-0105

7 그림과 같이 세 모서리의 길이가 각각 x, x, $x+3$인 직육면체 모양에 한 모서리의 길이가 1인 정육면체 모양의 구멍이 두 개 있는 나무 블록이 있다. 세 정수 a, b, c에 대하여 이 나무 블록의 부피를 $(x+a)(x^2+bx+c)$로 나타낼 때, $a \times b \times c$의 값은? (단, $x>1$)

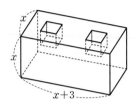

① -5 ② -4 ③ -3

④ -2 ⑤ -1

✔️ 내신UP | 2021학년도 11월 고1 학력평가 16번 | ▸ 24639-0106

8 2 이상의 네 자연수 a, b, c, d에 대하여
$(14^2+2 \times 14)^2 - 18 \times (14^2+2 \times 14)+45 = a \times b \times c \times d$
일 때, $a+b+c+d$의 값은?

① 56   ② 58   ③ 60

④ 62   ⑤ 64

▸ 24639-0107

9 등식 $9 \times 11 \times 13 \times 15+16 = n^2$을 만족시키는 자연수 n의 값을 구하시오.

▸ 24639-0108

10 최고차항의 계수가 1인 다항식 $P(x)$에 대하여 다항식 x^4+4가 $P(x)P(x-2)$로 인수분해될 때, $P(4)$의 값을 구하시오.

▸ 24639-0109

11 다항식 $x^3+2x^2-21x+k$의 서로 다른 세 인수가 $x-1$, $x-a$, $x+b$일 때, 세 자연수 k, a, b에 대하여 $k+a+b$의 값을 구하시오.

방정식과 부등식

04 복소수와 이차방정식

05 이차방정식과 이차함수

06 여러 가지 방정식과 부등식

복소수와 이차방정식

1 복소수

(1) 복소수

① 제곱하여 -1이 되는 새로운 수를 생각하고 이 수를 기호 i로 나타내기로 한다. 즉, $i^2=-1$이며 이 때 i를 허수단위라고 한다.

② a, b가 실수일 때, $a+bi$의 꼴로 나타내어지는 수를 복소수라고 한다. 이때 a를 이 복소수의 실수부분, b를 허수부분이라고 한다.

$$\text{복소수 } a+bi \begin{cases} \text{실수 } (b=0) \\ \text{허수 } (b\neq0) \end{cases} \text{(단, } a, b\text{는 실수)}$$

> 설명 i는 허수를 뜻하는 영어 단어 imaginary number의 첫 문자이고, i를 $\sqrt{-1}$로 나타내기도 한다.

(2) 서로 같은 복소수

a, b, c, d가 실수일 때
① $a=c$, $b=d$이면 $a+bi=c+di$이다.
② $a+bi=c+di$이면 $a=c$, $b=d$이다.
특히, $a+bi=0$이면 $a=0$, $b=0$이다.

> 주의 두 실수 a, b는 $a\neq b$이면 $a>b$ 또는 $a<b$와 같이 대소 관계를 생각할 수 있지만 실수가 아닌 두 복소수의 대소 관계는 정의하지 않는다.

(3) 켤레복소수

복소수 $a+bi$ $(a, b$는 실수)의 허수부분의 부호를 바꾼 복소수 $a-bi$를 $a+bi$의 켤레복소수라 하고, 이것을 기호로 $\overline{a+bi}$와 같이 나타낸다. 즉, $\overline{a+bi}=a-bi$이다.

> 참고 ① $\overline{a-bi}=a+bi$이므로 복소수 $a+bi$와 $a-bi$는 서로 켤레복소수이다.
> ② $z=a+bi$일 때, $z=\bar{z}$이면 $a+bi=a-bi$이고, 복소수가 서로 같기 위해서는 $b=-b$이어야 하므로 $b=0$이다. 즉, $z=\bar{z}$를 만족시키는 복소수 z는 실수이다.

개념 CHECK

정답과 풀이 39쪽

▶ 24639-0110

1 다음 복소수의 실수부분과 허수부분을 각각 구하시오.

(1) $4+5i$ (2) $2-\sqrt{2}i$ (3) $3i$

▶ 24639-0111

2 다음 등식을 만족시키는 두 실수 a, b의 곱 ab의 값을 구하시오.

(1) $(2a-6)+(b-2)i=0$ (2) $(a-1)+(b+2)i=3+7i$

▶ 24639-0112

3 다음 복소수의 켤레복소수를 $a+bi$ $(a, b$는 실수)의 꼴로 나타내시오.

(1) $3+2i$ (2) $2i$ (3) -3

2 복소수의 사칙연산

(1) 복소수의 사칙연산

a, b, c, d가 실수일 때, 두 복소수 $a+bi$, $c+di$에 대하여

① $(a+bi)+(c+di)=(a+c)+(b+d)i$

② $(a+bi)-(c+di)=(a-c)+(b-d)i$

③ $(a+bi)(c+di)=(ac-bd)+(ad+bc)i$

④ $\dfrac{a+bi}{c+di}=\dfrac{ac+bd}{c^2+d^2}+\dfrac{bc-ad}{c^2+d^2}i$ (단, $c+di\neq0$)

> **설명** ③ 허수단위 i를 문자처럼 생각하여 전개하고 $i^2=-1$로 계산한다.
>
> $$(a+bi)(c+di)=ac+adi+bci+bdi^2=ac+adi+bci-bd=(ac-bd)+(ad+bc)i$$
>
> 특히, 허수 i를 거듭제곱하면 $i^2=-1$, $i^3=-i$, $i^4=1$이므로 자연수 n에 대하여 $i^{4n-3}=i$, $i^{4n-2}=-1$,
>
> $i^{4n-1}=-i$, $i^{4n}=1$이다.
>
> ④ 분모의 켤레복소수를 분모, 분자에 각각 곱하여 계산한다.
>
> $$\frac{a+bi}{c+di}=\frac{(a+bi)(c-di)}{(c+di)(c-di)}=\frac{(ac+bd)+(bc-ad)i}{c^2+d^2}=\frac{ac+bd}{c^2+d^2}+\frac{bc-ad}{c^2+d^2}i$$

(2) 음수의 제곱근

$a>0$일 때,

① $-a$의 제곱근은 $\pm\sqrt{a}i$ 　　　　　　　　② $\sqrt{-a}=\sqrt{a}i$

> **설명** $(\sqrt{3}i)^2=3i^2=-3$, $(-\sqrt{3}i)^2=3i^2=-3$이므로 -3의 제곱근은 $\sqrt{3}i$, $-\sqrt{3}i$이며,
>
> $\sqrt{-3}=\sqrt{3}i$, $-\sqrt{-3}=-\sqrt{3}i$와 같이 나타낸다.

(3) 음수의 제곱근의 성질

① $a<0$, $b<0$일 때, $\sqrt{a}\sqrt{b}=-\sqrt{ab}$ 　　　　② $a>0$, $b<0$일 때, $\dfrac{\sqrt{a}}{\sqrt{b}}=-\sqrt{\dfrac{a}{b}}$

> **설명** ① $-a>0$, $-b>0$이므로 $\sqrt{a}\sqrt{b}=\sqrt{-a}i\sqrt{-b}i=\sqrt{(-a)(-b)}i^2=-\sqrt{ab}$
>
> ② $-b>0$이므로 $\dfrac{\sqrt{a}}{\sqrt{b}}=\dfrac{\sqrt{a}}{\sqrt{-b}i}=\dfrac{\sqrt{a}i}{\sqrt{-b}i^2}=-\sqrt{\dfrac{a}{-b}}i=-\sqrt{\dfrac{a}{b}}$

개념 CHECK

정답과 풀이 39쪽

▶ 24639-0113

4 다음을 계산하여 $a+bi$ (a, b는 실수)의 꼴로 나타내시오.

(1) $(2+i)+(1+2i)$ 　　　　　　　　　　(2) $(2\sqrt{2}-3i)-(\sqrt{2}+i)$

(3) $(1+i)(2+i)$ 　　　　　　　　　　　(4) $(2+i)(2-i)$

▶ 24639-0114

5 다음을 계산하여 $a+bi$ (a, b는 실수)의 꼴로 나타내시오.

(1) $\dfrac{1}{1+i}$ 　　　　　　　　　　　　(2) $\dfrac{1-2i}{2+i}$

▶ 24639-0115

6 다음을 계산하여 $a+bi$ (a, b는 실수)의 꼴로 나타내시오.

(1) $\sqrt{-4}+\sqrt{-9}$ 　　　(2) $\sqrt{-3}\sqrt{-12}$ 　　　(3) $\dfrac{8}{\sqrt{-2}}$

(1) **이차방정식의 근**

① 이차방정식은 복소수의 범위에서 반드시 근을 갖는다. 이때 실수인 근을 실근이라 하고, 허수인 근을 허근이라고 한다.

② 이차방정식을 (x에 대한 이차식)$=0$의 꼴로 정리한 후 인수분해 또는 근의 공식을 이용하여 근을 구한다.

(2) **이차방정식의 판별식**

이차방정식 $ax^2+bx+c=0$ $(a\neq0)$에서

① $b^2-4ac>0$이면 서로 다른 두 실근을 갖는다. ⎤ 실근
② $b^2-4ac=0$이면 중근을 갖는다. ⎦

③ $b^2-4ac<0$이면 서로 다른 두 허근을 갖는다. — 허근

이와 같이 b^2-4ac의 값의 부호에 따라 이차방정식 $ax^2+bx+c=0$의 근을 판별할 수 있으므로 b^2-4ac를 이차방정식 $ax^2+bx+c=0$의 판별식이라 하고, 기호 D로 나타낸다.

즉, $D=b^2-4ac$이다.

> 설명 〈 (1) 이차방정식 $ax^2+bx+c=0$ $(a\neq0)$의 근은
>
> $$x=\frac{-b\pm\sqrt{b^2-4ac}}{2a} \quad \cdots\cdots (*)$$
>
> 이고, $b^2-4ac\geq0$이면 x의 값은 실수이고 $b^2-4ac<0$이면 x의 값은 허수이므로 복소수 범위에서 모든 이차방정식의 근은 근의 공식을 이용하여 구할 수 있다.
>
> 특히, 한 근이 $p+qi$ (p, q는 실수)이면 다른 한 근은 $p-qi$이다.
>
> (2) $(*)$에서 근호 안에 있는 b^2-4ac의 값의 부호에 따라 이차방정식 $ax^2+bx+c=0$의 근을 판별할 수 있으므로 b^2-4ac를 이차방정식 $ax^2+bx+c=0$의 판별식이라고 하며, 기호 D로 나타낸다.
>
> 특히, $b=2b'$인 경우는 $(*)$에서 $x=\dfrac{-2b'\pm\sqrt{(2b')^2-4ac}}{2a}$이므로 $x=\dfrac{-b'\pm\sqrt{b'^2-ac}}{a}$이다.
>
> 따라서 $\dfrac{D}{4}=b'^2-ac$의 부호로 이차방정식 $ax^2+2b'x+c=0$의 근을 판별할 수 있다.

> 참고 〈 판별식의 기호 D는 Discriminant(판별식)의 첫 글자이다.

개념 CHECK

정답과 풀이 40쪽

▶ 24639-0116

7 다음 이차방정식의 근을 구하고, 그 근이 실근인지 허근인지 말하시오.

(1) $x^2-6x+5=0$

(2) $x^2+12x+36=0$

(3) $3x^2-x+1=0$

▶ 24639-0117

8 다음 이차방정식의 근을 판별하시오.

(1) $x^2-5x+2=0$

(2) $4x^2+4x+1=0$

(3) $x^2+x+1=0$

(1) 이차방정식의 근과 계수의 관계

이차방정식 $ax^2+bx+c=0$ $(a\neq0)$의 두 근을 α, β라 하면

$$\alpha+\beta=-\frac{b}{a},\ \alpha\beta=\frac{c}{a}$$

설명〉 이차방정식 $ax^2+bx+c=0$ $(a\neq0)$의 두 근을 α, β라 하고

$$\alpha=\frac{-b+\sqrt{b^2-4ac}}{2a},\ \beta=\frac{-b-\sqrt{b^2-4ac}}{2a}$$

로 놓으면 두 근의 합과 곱은 다음과 같다.

$$\alpha+\beta=\frac{-b+\sqrt{b^2-4ac}}{2a}+\frac{-b-\sqrt{b^2-4ac}}{2a}=\frac{-2b}{2a}=-\frac{b}{a}$$

$$\alpha\beta=\frac{-b+\sqrt{b^2-4ac}}{2a}\times\frac{-b-\sqrt{b^2-4ac}}{2a}=\frac{b^2-(b^2-4ac)}{4a^2}=\frac{c}{a}$$

즉, 이차방정식의 근과 계수의 관계를 이용하면 이차방정식의 근을 직접 구하지 않고도 두 근의 합과 곱을 구할 수 있다.

(2) 두 수를 근으로 하는 이차방정식

두 수 α, β를 근으로 하고 x^2의 계수가 1인 이차방정식은

$$x^2-(\alpha+\beta)x+\alpha\beta=0$$

설명〉 x^2의 계수가 1이고, 두 수 α, β를 근으로 하는 이차방정식은 $(x-\alpha)(x-\beta)=0$이므로

$x^2-(\alpha+\beta)x+\alpha\beta=0$이다.

참고〉 이차방정식 $ax^2+bx+c=0$의 두 근을 α, β라 하면

$ax^2+bx+c=a(x-\alpha)(x-\beta)$로 인수분해된다.

개념 CHECK

정답과 풀이 40쪽

▶ 24639-0118

9 다음 이차방정식의 두 근의 합과 곱을 각각 구하시오.

(1) $x^2-x-12=0$ (2) $x^2+x+3=0$ (3) $9x^2-6x+1=0$

▶ 24639-0119

10 이차방정식 $x^2-4x+2=0$의 두 근을 α, β라 할 때, 다음 식의 값을 구하시오.

(1) $\alpha+\beta$ (2) $\alpha\beta$ (3) $\dfrac{1}{\alpha}+\dfrac{1}{\beta}$

(4) $\alpha^2+\beta^2$ (5) $(\alpha-\beta)^2$ (6) $(\alpha+1)(\beta+1)$

▶ 24639-0120

11 다음 두 수를 근으로 하고 x^2의 계수가 1인 이차방정식을 구하시오.

(1) 2, -3 (2) $2-i$, $2+i$

대표유형 01 복소수가 서로 같을 조건

▸ 24639-0121

두 실수 a, b에 대하여 $\dfrac{ai}{1-i}+\dfrac{2}{1+i}=b+i$일 때, $a+b$의 값을 구하시오. (단, $i=\sqrt{-1}$)

MD의 한마디!

① 주어진 식의 좌변을 $p+qi$ (p, q는 실수) 꼴로 정리한 뒤,

② 실수부분은 실수부분끼리, 허수부분은 허수부분끼리 서로 같음을 이용합니다.

Solution

유제

01-1

▸ 24639-0122

실수 a에 대하여 $(1-i)a^2+2a+3i=3+2i$일 때, a의 값을 구하시오. (단, $i=\sqrt{-1}$)

01-2

▸ 24639-0123

두 실수 a, b에 대하여 $(a+b)-(a-b)i=1+3i$일 때, ab의 값을 구하시오. (단, $i=\sqrt{-1}$)

대표유형 02 복소수의 사칙연산

▸ 24639-0124

복소수 $(7+3i)+\dfrac{1+i}{1-i}$의 실수부분을 a, 허수부분을 b라 할 때, $a+b$의 값을 구하시오. (단, $i=\sqrt{-1}$)

MD의 한마디!

① 분모의 켤레복소수인 $1+i$를 분모와 분자에 곱합니다.

② 거듭제곱을 계산할 때, $i^2=-1$임에 유의하여 다항식의 곱셈과 같이 계산합니다.

③ 실수부분은 실수부분끼리 허수부분은 허수부분끼리 계산합니다.

Solution

유제

02-1

▸ 24639-0125

복소수 $\dfrac{(3+2i)(4-i)}{1+i}$의 실수부분을 a, 허수부분을 b라 할 때, $a+b$의 값은? (단, $i=\sqrt{-1}$)

① 1　　　② 2　　　③ 3

④ 4　　　⑤ 5

02-2

▸ 24639-0126

복소수 $(1+2i)(a+3i)$의 실수부분과 허수부분의 합이 9일 때, 실수 a의 값을 구하시오. (단, $i=\sqrt{-1}$)

대표유형 03 켤레복소수

▶ 24639-0127

> 복소수 $z=2+3i$와 그 켤레복소수 $\bar{z}$에 대하여 $z\bar{z}+z+\bar{z}$의 값을 구하시오. (단, $i=\sqrt{-1}$)

MD의 한마디! 복소수 $a+bi$(a, b는 실수)의 켤레복소수는 $a-bi$임을 이용하여 계산합니다.

Solution

유제

03-1

▶ 24639-0128

복소수 $z=3+\sqrt{2}i$와 그 켤레복소수 $\bar{z}$에 대하여 $z^2+(\bar{z})^2+z\bar{z}$의 값을 구하시오. (단, $i=\sqrt{-1}$)

03-2

▶ 24639-0129

복소수 $a=\dfrac{2}{1+i}$와 그 켤레복소수 $\bar{a}$에 대하여 $a^3+(\bar{a})^3$의 값은? (단, $i=\sqrt{-1}$)

① -2 ② -4 ③ -6
④ -8 ⑤ -10

대표유형 04 음수의 제곱근

▶ 24639-0130

등식 $\sqrt{-3}\sqrt{-27}+\dfrac{\sqrt{18}}{\sqrt{-2}}=a+bi$를 만족시키는 두 실수 a, b에 대하여 ab의 값을 구하시오. (단, $i=\sqrt{-1}$)

MD의 한마디!

음수의 제곱근은 다음의 성질을 이용하여 계산합니다.

① $a>0$일 때, $\sqrt{-a}=\sqrt{a}\,i$

② $a<0$, $b<0$일 때 $\sqrt{a}\sqrt{b}=-\sqrt{ab}$, $a>0$, $b<0$일 때 $\dfrac{\sqrt{a}}{\sqrt{b}}=-\sqrt{\dfrac{a}{b}}$

Solution

유제

04-1

▶ 24639-0131

등식 $\sqrt{-2}\sqrt{-8}+\sqrt{2}\sqrt{-8}=a+bi$를 만족시키는 두 실수 a, b에 대하여 $a+b$의 값을 구하시오. (단, $i=\sqrt{-1}$)

04-2

▶ 24639-0132

등식 $\sqrt{2}\left(\sqrt{a}\,i-\dfrac{2}{\sqrt{-2}}\right)=-2+2i$를 만족시키는 음수 a의 값을 구하시오. (단, $i=\sqrt{-1}$)

대표유형 05 이차방정식의 판별식

▶ 24639-0133

x에 대한 이차방정식 $x^2-2x+k+9=0$이 서로 다른 두 실근을 갖도록 하는 정수 k의 최댓값은?

① -10　　　② -9　　　③ -8　　　④ -7　　　⑤ -6

MD의 한마디! 이차방정식 $ax^2+bx+c=0$의 판별식을 $D=b^2-4ac$라고 하면 $D>0$일 때 서로 다른 두 실근을 가짐을 이용하여 정수 k의 값을 구합니다.

Solution

유제

05-1

▶ 24639-0134

x에 대한 이차방정식 $x^2+5x-a+11=0$이 서로 다른 두 허근을 갖도록 하는 모든 자연수 a의 값의 합을 구하시오.

05-2

▶ 24639-0135

x에 대한 이차방정식 $kx^2-2(2k-1)x+4k-3=0$이 실근을 갖도록 하는 실수 k의 최댓값은?

① 1　　　② 2　　　③ 3

④ 4　　　⑤ 5

대표유형 06 이차방정식의 근과 계수의 관계

▶ 24639-0136

이차방정식 $2x^2+3x+4=0$의 두 근을 α, β라 할 때, $\dfrac{1}{\alpha}+\dfrac{1}{\beta}$의 값을 구하시오.

MD의 한마디!

이차방정식 $2x^2+3x+4=0$의 두 근이 α, β이므로 근과 계수의 관계에 의하여 $\alpha+\beta=-\dfrac{3}{2}$, $\alpha\beta=2$입니다.

Solution

유제

06-1

▶ 24639-0137

이차방정식 $3x^2+4x-2=0$의 두 근을 α, β라 할 때, $(\alpha-\beta)^2$의 값을 구하시오.

06-2

▶ 24639-0138

x에 대한 이차방정식 $(a+1)x^2-3x+a-8=0$의 두 실근이 a, $a-3$일 때, 상수 a의 값을 구하시오. (단, $a\neq-1$)

1 ▶ 24639-0139
등식 $(2+i)a+(1-i)b=4-i$를 만족시키는 두 실수 a, b의 합 $a+b$의 값은? (단, $i=\sqrt{-1}$)

① 1 ② 2 ③ 3

④ 4 ⑤ 5

2 | 2023학년도 11월 고1 학력평가 8번 | ▶ 24639-0140
실수부분이 1인 복소수 z에 대하여 $\dfrac{z}{2+i}+\dfrac{\bar{z}}{2-i}=2$일 때, $z\bar{z}$의 값은? (단, $i=\sqrt{-1}$)

① 2 ② 4 ③ 6

④ 8 ⑤ 10

3 ✓ 내신UP ▶ 24639-0141
$z=\dfrac{1+i}{\sqrt{2}}$라 할 때, $z^2+z^4+z^6+\cdots+z^{20}$의 값은?

(단, $i=\sqrt{-1}$)

① $-1-i$ ② $-1+i$ ③ $1-i$

④ $1+i$ ⑤ $2i$

4 ▶ 24639-0142
$z_n=i^n+(-i)^n$이라 할 때, 다음 **보기**의 설명 중 옳은 것만을 있는 대로 고른 것은? (단, n은 자연수이고, $i=\sqrt{-1}$)

> ● 보기 ●
> ㄱ. $z_2=-2$
> ㄴ. $z_2 \times z_4 \times z_6 = 8$
> ㄷ. $z_1+z_2+z_3+\cdots+z_{10}=-2$

① ㄱ ② ㄱ, ㄴ ③ ㄱ, ㄷ

④ ㄴ, ㄷ ⑤ ㄱ, ㄴ, ㄷ

5 ▶ 24639-0143
$0<a<b$일 때,
$$\frac{\sqrt{a}}{\sqrt{-a}}-\frac{\sqrt{b-a}}{\sqrt{a-b}}$$
를 간단히 하면?

① -2 ② -1 ③ 0

④ $-i$ ⑤ $-2i$

6 ▶ 24639-0144
x에 대한 이차방정식 $ax^2+ax+a-3=0$의 두 근의 곱이 -2이고, x에 대한 이차방정식 $2bx^2-(a+5)x+6b=0$의 두 근의 합이 1일 때, $a+b$의 값은?

(단, a, b는 0이 아닌 상수이다.)

① 2 ② 3 ③ 4

④ 5 ⑤ 6

> 24639-0145

| 2023학년도 9월 고1 학력평가 25번 |

7 x에 대한 이차방정식 $x^2-px+p+19=0$이 서로 다른 두 허근을 갖는다. 한 허근의 허수부분이 2일 때, 양의 실수 p의 값을 구하시오.

> 24639-0146

8 x에 대한 이차방정식 $x^2+ax+9=0$은 중근을 갖고, x에 대한 이차방정식 $x^2+9x+4a=0$은 서로 다른 두 허근을 갖도록 하는 실수 a의 값을 구하시오.

✔ 내신UP

> 24639-0147

9 이차식 $f(x)$에 대하여 이차방정식 $f(2x-5)=0$의 두 근을 α, β라 할 때, $\alpha+\beta=3$, $\alpha\beta=-7$을 만족시킨다. 이차방정식 $f(x)-2x+9=0$의 두 근의 합이 2일 때, $f(x)$를 $x+1$로 나눈 나머지는?

① -12 ② -11 ③ -10

④ -9 ⑤ -8

서 술 형

> 24639-0148

10 등식 $\sqrt{a}\sqrt{-3}+\dfrac{\sqrt{27}}{\sqrt{a}}=-3+bi$를 만족시키는 두 실수 a, b의 곱 ab의 값을 구하시오. (단, $ab\neq0$이고, $i=\sqrt{-1}$)

> 24639-0149

11 x에 대한 이차방정식 $x^2-(k+1)x+3k=0$의 두 근의 차가 1일 때, 양수 k의 값을 구하시오.

05 이차방정식과 이차함수

1 이차방정식과 이차함수의 관계

(1) 이차방정식의 실근

이차함수 $y=ax^2+bx+c$의 그래프와 x축이 만나는 점의 x좌표는
이차방정식 $ax^2+bx+c=0$의 실근과 같다.

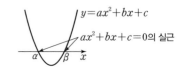

(2) 이차방정식과 이차함수의 관계

이차방정식 $ax^2+bx+c=0$의 판별식 $D=b^2-4ac$의 부호에 따라 실근의 개수가 결정되고, 이차함수
$y=ax^2+bx+c$의 그래프와 x축의 위치 관계는 다음과 같다.

		$D>0$	$D=0$	$D<0$
$ax^2+bx+c=0$의 근 (실근의 개수)		서로 다른 두 실근	중근	서로 다른 두 허근 (실근은 없다.)
$y=ax^2+bx+c$의 그래프	$a>0$			
	$a<0$			
x축과의 위치 관계		서로 다른 두 점에서 만난다.	한 점에서 만난다. (접한다.)	만나지 않는다.

　　◉ 이차방정식 $2x^2-x-1=0$의 판별식을 D라 하면
$$D=(-1)^2-4\times2\times(-1)=9>0$$
이므로 이차함수 $y=2x^2-x-1$의 그래프와 x축은 서로 다른 두 점에서 만난다.

개념 CHECK

정답과 풀이 50쪽

▶ 24639-0150

1 다음 이차함수의 그래프와 x축의 위치 관계를 말하시오.

(1) $y=x^2-4x-5$

(2) $y=x^2-2x+1$

(3) $y=-x^2+3x-10$

▶ 24639-0151

2 이차함수 $y=x^2-4x+k$의 그래프와 x축의 위치 관계가 다음과 같을 때, 실수 k의 값 또는 범위를 구하시오.

(1) 서로 다른 두 점에서 만난다.

(2) 한 점에서 만난다.

(3) 만나지 않는다.

2 이차함수의 그래프와 직선의 위치 관계

(1) 이차함수의 그래프와 직선의 교점

이차함수 $y=ax^2+bx+c$의 그래프와 직선 $y=mx+n$의 교점의 x좌표는 이차방정식
$ax^2+(b-m)x+(c-n)=0$의 실근과 같다.

> 설명 두 함수 $y=f(x)$, $y=g(x)$의 그래프의 교점의 x좌표는 방정식 $f(x)=g(x)$의 실근과 같으므로 이차함수
> $y=ax^2+bx+c$의 그래프와 직선 $y=mx+n$의 교점의 x좌표는 방정식 $ax^2+bx+c=mx+n$의 실근이다.

(2) 이차함수의 그래프와 직선의 위치 관계

이차함수 $y=ax^2+bx+c$의 그래프와 직선 $y=mx+n$의 위치 관계는 이차방정식
$ax^2+(b-m)x+(c-n)=0$의 판별식 $D=(b-m)^2-4a(c-n)$의 부호에 따라 다음과 같이 결정
된다.

	$D>0$	$D=0$	$D<0$
$ax^2+(b-m)x+(c-n)=0$의 근 (실근의 개수)	서로 다른 두 실근	중근	서로 다른 두 허근 (실근은 없다.)
$y=ax^2+bx+c$의 그래프와 직선 $y=mx+n$의 위치 관계 $(a>0, m>0)$	서로 다른 두 점에서 만난다.	한 점에서 만난다. (접한다.)	만나지 않는다.

> 참고 이차함수의 그래프와 y축에 평행하지 않은 직선이 한 점에서 만날 때 직선은 이차함수의 그래프에 접한다고
> 하며, 이 직선을 이차함수의 그래프의 접선, 그 교점을 접점이라고 한다.

개념 CHECK

정답과 풀이 50쪽

▸ 24639-0152

3 이차함수 $y=x^2+3x+1$의 그래프와 다음 직선의 위치 관계를 말하시오.

(1) $y=2x+1$

(2) $y=x-3$

▸ 24639-0153

4 이차함수 $y=x^2-3x+k$의 그래프와 직선 $y=x+1$의 위치 관계가 다음과 같을 때, 실수 k의 값 또는 범위를 구하시오.

(1) 서로 다른 두 점에서 만난다.

(2) 한 점에서 만난다.

(3) 만나지 않는다.

③ 이차함수의 최대 · 최소

(1) 이차함수의 최대 · 최소

함수의 함숫값 중에서 가장 큰 값을 그 함수의 최댓값이라 하고, 가장 작은 값을 그 함수의 최솟값이라고 한다. 이차함수 $y=ax^2+bx+c$의 최댓값 또는 최솟값은 이차함수의 식을 $y=a(x-p)^2+q$의 꼴로 고친 후 구한다.

① $a>0$일 때

$x=p$일 때 최솟값 q를 갖고, 최댓값은 없다.

② $a<0$일 때

$x=p$일 때 최댓값 q를 갖고, 최솟값은 없다.

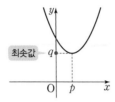
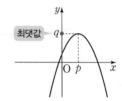

(2) 제한된 범위에서의 이차함수의 최대 · 최소

x의 값의 범위가 $\alpha \leq x \leq \beta$일 때, 이차함수 $f(x)=a(x-p)^2+q \ (a>0)$의 최댓값과 최솟값은 꼭짓점의 x좌표인 p가 x의 값의 범위 $\alpha \leq x \leq \beta$에 속하는지 여부에 따라 다음과 같이 나누어 생각할 수 있다.

① $\alpha \leq p \leq \beta$일 때

$f(p)$가 최솟값이고, $f(\alpha)$, $f(\beta)$ 중 큰 값이 최댓값이다.

② $p<\alpha$ 또는 $p>\beta$일 때

$f(\alpha)$, $f(\beta)$ 중 큰 값이 최댓값이고, 작은 값이 최솟값이다.

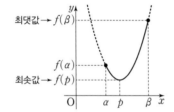
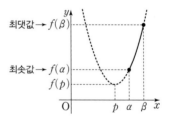

> 참고 ⟩ $a<0$인 경우에는 다음과 같이 구한다.
>
> ① $\alpha \leq p \leq \beta$일 때, $f(p)$가 최댓값이고, $f(\alpha)$, $f(\beta)$ 중 작은 값이 최솟값이다.
>
> ② $p<\alpha$ 또는 $p>\beta$일 때, $f(\alpha)$, $f(\beta)$ 중 큰 값이 최댓값이고, 작은 값이 최솟값이다.

개념 CHECK

정답과 풀이 51쪽

▶ 24639-0154

5 다음 이차함수의 최댓값 또는 최솟값을 구하시오.

(1) $y=x^2-4x+5$

(2) $y=-2x^2+4x+1$

▶ 24639-0155

6 다음 주어진 범위에서 이차함수의 최댓값과 최솟값을 구하시오.

(1) $y=x^2+3 \ (-1 \leq x \leq 2)$

(2) $y=x^2-5x+3 \ (-2 \leq x \leq 1)$

(3) $y=-x^2+2x+1 \ (0 \leq x \leq 3)$

▶ 24639-0156

대표유형 01 이차방정식과 이차함수의 관계

이차함수 $y=2x^2+ax-2$의 그래프가 x축과 만나는 두 점의 x좌표가 α, $\alpha+2$일 때, 상수 a의 값을 구하시오.

톡톡 MD의 한마디! | 이차함수 $y=2x^2+ax-2$의 그래프가 x축과 만나는 두 점의 x좌표 α, $\alpha+2$는 이차방정식 $2x^2+ax-2=0$의 두 실근과 같습니다.

Solution

유제

01-1
▶ 24639-0157

이차함수 $y=x^2-ax+2a-8$의 그래프가 x축과 만나는 두 점의 x좌표의 차가 4일 때, 실수 a의 값을 구하시오.

01-2
▶ 24639-0158

이차함수 $y=-x^2+4x+a$의 그래프가 x축과 만나는 서로 다른 두 점의 x좌표는 1, b이다. 이때 $b-a$의 값을 구하시오.
(단, a, b는 상수이다.)

대표유형 02 이차함수의 그래프와 x축의 위치 관계

▶ 24639-0159

이차함수 $y=x^2-4x+a$의 그래프가 x축에 접하고 이차함수 $y=2x^2-3bx+b^2+a$의 그래프가 x축과 만나지 않도록 하는 실수 a와 자연수 b에 대하여 $a+b$의 최댓값을 구하시오.

톡톡 MD의 한마디! 이차함수 $y=ax^2+bx+c$의 그래프가 x축과 만나는 점의 개수는 이차방정식 $ax^2+bx+c=0$의 서로 다른 실근의 개수와 같습니다.

Solution

유제

02-1
▶ 24639-0160

이차함수 $y=2x^2-5x+k$의 그래프와 x축이 만나지 않도록 하는 자연수 k의 최솟값을 구하시오.

02-2
▶ 24639-0161

이차함수 $y=x^2-(2a+1)x+b+3$의 그래프가 점 $(1, 4)$를 지나고 x축과 접할 때, 실수 a, b에 대하여 $2a+b$의 최댓값을 구하시오.

▶ 24639-0162

대표유형 03 이차함수의 그래프와 직선의 위치 관계

이차함수 $y=2x^2-4x-12$의 그래프와 직선 $y=2x-a$가 서로 다른 두 점에서 만나도록 하는 정수 a의 최댓값을 구하시오.

톡톡 MD의 한마디!

이차함수 $y=2x^2-4x-12$의 그래프와 직선 $y=2x-a$가 서로 다른 두 점에서 만나려면 이차방정식 $2x^2-4x-12=2x-a$는 서로 다른 두 실근을 가져야 합니다.

Solution

유제

03-1
▶ 24639-0163

이차함수 $y=-2x^2+4x$의 그래프와 직선 $y=x+k$가 만나지 않도록 하는 정수 k의 최솟값을 구하시오.

03-2
▶ 24639-0164

이차함수 $y=x^2-4x+a$의 그래프가 x축과 직선 $y=2x+b$에 동시에 접하도록 하는 두 실수 a, b에 대하여 $a+b$의 값을 구하시오.

대표유형 04 이차함수의 최대·최소
▸ 24639-0165

이차함수 $f(x)=-x^2+ax+b-2$가 $x=2$에서 최댓값 10을 가질 때, 두 상수 a, b의 합 $a+b$의 값을 구하시오.

MD의 한마디!

$f(x)=a(x-p)^2+q$ $(a<0)$일 때, 이차함수 $f(x)$는 $x=p$에서 최댓값 q를 갖습니다.

Solution

유제

04-1
▸ 24639-0166

이차함수 $f(x)=-x^2-4x+16$은 $x=a$에서 최댓값 b를 갖는다. $a+b$의 값을 구하시오.

04-2
▸ 24639-0167

이차함수 $y=x^2-8x+11$이 $x=a$에서 최솟값 b를 가질 때, 이차함수 $y=-x^2+ax+b$의 최댓값은?

① -1 ② -2 ③ -3
④ -4 ⑤ -5

대표유형 05
제한된 범위에서 이차함수의 최대·최소

▶ 24639-0168

$0 \leq x \leq 3$에서 이차함수 $f(x) = 3x^2 - 6x + 2a^2 - 3a$의 최댓값과 최솟값의 합이 24일 때, 양수 a의 값을 구하시오.

MD의 한마디!

함수 $f(x) = 3(x-1)^2 + 2a^2 - 3a - 3$이고 함수 $y = f(x)$의 그래프의 꼭짓점의 x좌표 1은 $0 \leq x \leq 3$에 속하므로 최솟값은 $f(1)$이고 최댓값은 $f(0)$, $f(3)$ 중 큰 값입니다.

Solution

유제

05-1

▶ 24639-0169

$-2 \leq x \leq 2$에서 이차함수 $y = -x^2 + 2x - 4$의 최댓값을 구하시오.

05-2

▶ 24639-0170

등식 $\sqrt{x-4}\sqrt{1-x} = -\sqrt{(x-4)(1-x)}$를 만족시키는 모든 실수 x에 대하여 이차함수 $y = x^2 - 6x + 11$의 최댓값을 M, 최솟값을 m이라 할 때, $M + m$의 값은?

① 2   ② 4   ③ 6
④ 8   ⑤ 10

▶ 24639-0171

대표유형 06 이차함수의 최대·최소의 활용

그림과 같이 한 변의 길이가 10인 정삼각형 ABC에 대하여 선분 AB 위의 점 P, 선분 AC 위의 점 Q, 선분 BC 위의 두 점 R, S를 꼭짓점으로 하는 직사각형 PRSQ의 넓이가 최대가 되도록 하는 선분 PQ의 길이를 구하시오.

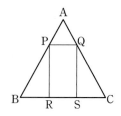

MD의 한마디!

이차함수의 최대 · 최소의 활용문제는 다음과 같은 순서로 해결합니다.
① 미지수로 설정할 것을 x로 정하고 x의 값의 범위를 구합니다.
② 최댓값과 최솟값을 구하려는 식을 x에 대한 함수로 나타냅니다.
③ ①에서 구한 x의 값의 범위에서 최댓값과 최솟값을 구합니다.

Solution

유제

06-1

▶ 24639-0172

어느 문구점에서 가격이 1,000원인 볼펜은 한 달 동안 200개 판매된다고 한다. 볼펜의 가격을 100원씩 올릴 때마다 한 달 동안 판매되는 볼펜의 개수는 10개씩 줄어든다고 할 때, 이 문구점에서 한 달 동안 볼펜이 판매된 금액의 합의 최댓값을 구하시오.

06-2

▶ 24639-0173

그림과 같이 직각삼각형 ABC의 변 CA 위의 점 D에서 두 변 AB, BC에 내린 수선의 발을 각각 E, F라 하자. 직사각형 EBFD의 넓이의 최댓값은 $\overline{EB}=a$일 때, b이다. 두 상수 a, b에 대하여 $a+b$의 값을 구하시오.

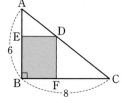

▶ 24639-0174

1 이차함수 $y=3x^2-6x+1$의 그래프가 x축과 서로 다른 두 점에서 만날 때, 두 점의 x좌표의 합은?

① 1   ② 2   ③ 3
④ 4   ⑤ 5

▶ 24639-0175

2 이차함수 $y=-2x^2+6x-k$의 그래프가 x축과 서로 다른 두 점에서 만나도록 하는 정수 k의 최댓값을 M, x축과 만나지 않도록 하는 정수 k의 최솟값을 m이라 할 때, $M+m$의 값은?

① 6   ② 7   ③ 8
④ 9   ⑤ 10

▶ 24639-0176

3 x에 대한 이차함수 $y=x^2-(2a-k)x+\dfrac{k^2}{4}-4k+a^2$의 그래프가 실수 k의 값에 관계없이 항상 x축과 접할 때, 상수 a의 값은?

① 1   ② 2   ③ 3
④ 4   ⑤ 5

▶ 24639-0177

4 이차함수 $y=-x^2+x+k$의 그래프가 직선 $y=2x+1$과 서로 다른 두 점에서 만나고 직선 $y=-x+6$과는 만나지 않도록 하는 모든 정수 k의 값의 합은?

① 6   ② 7   ③ 8
④ 9   ⑤ 10

✓ 내신UP | 2022학년도 9월 고1 학력평가 | ▶ 24639-0178

5 이차함수 $y=\dfrac{1}{2}(x-k)^2$의 그래프와 직선 $y=x$가 서로 다른 두 점 A, B에서 만난다. 두 점 A, B에서 x축에 내린 수선의 발을 각각 C, D라 하자. 선분 CD의 길이가 6일 때, 상수 k의 값은?

① $\dfrac{7}{2}$ ② 4   ③ $\dfrac{9}{2}$
④ 5   ⑤ $\dfrac{11}{2}$

▶ 24639-0179

6 실수 a에 대하여 이차함수 $y=x^2-ax+a^2+3a-4$의 최솟값을 $f(a)$라 하자. 함수 $f(a)$의 최솟값은?

① -1 ② -3 ③ -5
④ -7 ⑤ -9

✔️ 내신UP
▶ 24639-0180

7 최고차항의 계수가 양수인 이차함수 $f(x)$가 다음 조건을 만족시킬 때, 모든 실수 a의 값의 합은?

> (가) 이차방정식 $f(x)=0$의 서로 다른 두 실근은 0과 6이다.
> (나) $-1 \le x \le a$에서 함수 $f(x)$의 최댓값과 최솟값의 합은 0이다. (단, $a > -1$)

① $3+\sqrt{2}$ ② $3+2\sqrt{2}$ ③ $6+\sqrt{2}$
④ $6+2\sqrt{2}$ ⑤ $6+3\sqrt{2}$

| 2023학년도 고1 11월 학력평가 17번 |
▶ 24639-0181

8 양수 k에 대하여 이차함수 $f(x)=-x^2+4x+k+3$의 그래프와 직선 $y=2x+3$이 서로 다른 두 점 $(\alpha, f(\alpha))$, $(\beta, f(\beta))$에서 만난다. $\alpha \le x \le \beta$에서 함수 $f(x)$의 최댓값이 10일 때, $\alpha \le x \le \beta$에서 함수 $f(x)$의 최솟값은?

① 1   ② 2   ③ 3
④ 4   ⑤ 5

▶ 24639-0182

9 그림과 같이 길이가 64 m인 철망을 사용하여 바닥이 직사각형 모양인 울타리를 만들려고 한다. 바닥의 넓이의 최댓값을 구하시오. (단, 벽면에는 철망을 설치하지 않으며 철망의 두께는 무시한다.)

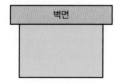

벽면

▶ 24639-0183

10 이차함수 $y=x^2$의 그래프를 x축의 방향으로 $m+3$만큼, y축의 방향으로 2만큼 평행이동한 그래프가 직선 $y=2x+1$과 접할 때, 실수 m의 값을 구하시오.

▶ 24639-0184

11 $x \le a$일 때, 이차함수 $f(x)=2x^2-8x+2a$의 최솟값이 8이 되도록 하는 모든 실수 a의 값의 합을 구하시오.

삼차방정식과 사차방정식

(1) 삼차방정식과 사차방정식

x에 대한 다항식 $P(x)$가 삼차식일 때 방정식 $P(x)=0$을 삼차방정식, $P(x)$가 사차식일 때 방정식 $P(x)=0$을 사차방정식이라고 한다.

> 참고 $x^3+x^2-4x+2=0$은 x에 대한 삼차방정식이고, $x^4-4x^3-x^2+16x-12=0$은 x에 대한 사차방정식이다.

(2) 삼차방정식과 사차방정식의 풀이

① 인수분해 공식을 이용한 풀이

주어진 방정식을 $P(x)=0$의 꼴로 정리하고 $P(x)$를 인수분해하여 근을 구한다.

> 예 $x^3-8=0$에서 $x^3-8=(x-2)(x^2+2x+4)$이므로
> $x-2=0$ 또는 $x^2+2x+4=0$
> 따라서 구하는 해는 $x=2$ 또는 $x=-1+\sqrt{3}i$ 또는 $x=-1-\sqrt{3}i$

② 공통부분을 한 문자로 놓은 후 인수분해를 이용한 풀이

방정식에 공통부분이 있으면 공통부분을 한 문자로 놓고 그 문자에 대한 방정식으로 변형한 후 인수분해하여 근을 구한다.

> 예 $x^4-4x^2+3=0$에서 $x^2=X$라 하면
> $x^4-4x^2+3=X^2-4X+3=(X-1)(X-3)=0$이므로
> $X=1$ 또는 $X=3$
> 따라서 $x^2=1$ 또는 $x^2=3$이므로 구하는 해는 $x=\pm1$ 또는 $x=\pm\sqrt{3}$

③ 인수정리와 조립제법을 이용한 풀이

방정식 $P(x)=0$에서 $P(a)=0$을 만족시키는 a의 값을 찾고, 인수정리와 조립제법을 이용하여 $P(x)=(x-a)Q(x)$의 꼴로 인수분해하여 근을 구한다.

> 예 $x^3-2x^2-5x+6=0$에서 $f(x)=x^3-2x^2-5x+6$이라 하면
> $f(1)=1-2-5+6=0$이므로 인수정리에 의하여 $f(x)$는 $x-1$을 인수로 갖는다.
> 조립제법을 이용하여 $f(x)$를 인수분해하면
> $f(x)=(x-1)(x^2-x-6)=(x-1)(x+2)(x-3)$
> 따라서 방정식 $(x-1)(x+2)(x-3)=0$에서 구하는 해는
> $x=-2$ 또는 $x=1$ 또는 $x=3$

1	1	-2	-5	6
		1	-1	-6
	1	-1	-6	0

> 참고 ① 특별한 언급이 없는 경우 삼차방정식과 사차방정식의 해는 복소수의 범위에서 구한다.
> ② 다항식 $P(x)$의 계수가 모두 정수일 때, $P(a)=0$을 만족시키는 유리수 a가 존재한다면 a의 값은
> $$\pm\frac{(P(x)\text{의 상수항의 양의 약수})}{(P(x)\text{의 최고차항의 계수의 양의 약수})}$$ 중에서 찾을 수 있다.

개념 CHECK

정답과 풀이 61쪽

▶ 24639-0185

1 다음 방정식을 푸시오.

(1) $x^3-64x=0$

(2) $x^4-6x^2-27=0$

(3) $x^3+x^2-3x+1=0$

② 연립이차방정식

(1) 연립이차방정식

미지수가 2개인 연립방정식에서 하나가 이차방정식이고, 다른 하나가 일차방정식 또는 이차방정식일 때, 이 연립방정식을 연립이차방정식이라고 한다.

(2) 미지수가 2개인 $\begin{cases}(일차식)=0\\(이차식)=0\end{cases}$ **꼴의 연립이차방정식의 풀이**

① 일차방정식을 한 문자에 대하여 정리한다.

② ①에서 얻은 식을 이차방정식에 대입하여 푼다.

예 연립방정식 $\begin{cases}x+y=1 & \cdots\cdots ㉠\\x^2+y^2=5 & \cdots\cdots ㉡\end{cases}$ 를 풀어 보자.

㉠에서 $y=-x+1$이고 이 식을 ㉡에 대입하면

$x^2+(-x+1)^2=5$, $2x^2-2x-4=0$, $2(x+1)(x-2)=0$이므로

$x=-1$ 또는 $x=2$

이때 $x=-1$을 ㉠에 대입하면 $y=2$, $x=2$를 ㉠에 대입하면 $y=-1$이므로 구하는 연립방정식의 해는

$\begin{cases}x=-1\\y=2\end{cases}$ 또는 $\begin{cases}x=2\\y=-1\end{cases}$

(3) 미지수가 2개인 $\begin{cases}(이차식)=0\\(이차식)=0\end{cases}$ **꼴의 연립이차방정식의 풀이**

① 한 이차방정식을 인수분해하여 두 개의 일차방정식을 얻는다.

② ①에서 얻은 일차방정식과 다른 이차방정식을 (2)의 방법을 이용하여 푼다.

예 연립방정식 $\begin{cases}2x^2-xy-y^2=0 & \cdots\cdots ㉠\\x^2+2y^2=9 & \cdots\cdots ㉡\end{cases}$ 를 풀어 보자.

㉠의 좌변을 인수분해하면 $(x-y)(2x+y)=0$이므로

$y=x$ 또는 $y=-2x$

(i) $y=x$를 ㉡에 대입하면 $x^2+2x^2=9$, $x^2=3$이므로 $x=-\sqrt{3}$ 또는 $x=\sqrt{3}$

    즉, $x=-\sqrt{3}$일 때 $y=-\sqrt{3}$, $x=\sqrt{3}$일 때 $y=\sqrt{3}$

(ii) $y=-2x$를 ㉡에 대입하면 $x^2+2(-2x)^2=9$, $x^2=1$이므로 $x=-1$ 또는 $x=1$

    즉, $x=-1$일 때 $y=2$, $x=1$일 때 $y=-2$

따라서 (i), (ii)에서 구하는 연립방정식의 해는

$\begin{cases}x=-\sqrt{3}\\y=-\sqrt{3}\end{cases}$ 또는 $\begin{cases}x=\sqrt{3}\\y=\sqrt{3}\end{cases}$ 또는 $\begin{cases}x=-1\\y=2\end{cases}$ 또는 $\begin{cases}x=1\\y=-2\end{cases}$

개념 CHECK

정답과 풀이 61쪽

▶ 24639-0186

2 다음 연립이차방정식을 푸시오.

(1) $\begin{cases}x-y=2\\x^2+y^2=10\end{cases}$

(2) $\begin{cases}x^2-y^2=0\\x^2-xy+2y^2=8\end{cases}$

(1) 연립부등식

두 개 이상의 부등식을 한 쌍으로 묶어서 나타낸 것을 연립부등식이라고 하며 각각의 부등식이 일차부등식인 연립부등식을 연립일차부등식이라고 한다.

(2) 연립일차부등식의 풀이

① 연립일차부등식은 각 일차부등식의 해를 구하여 공통부분에 해당하는 범위(또는 값)을 구한다.

② ①에서 구한 공통부분이 없으면 이 연립부등식의 해는 없다고 한다.

예 연립일차부등식 $\begin{cases} 3x-2<1 \quad \cdots\cdots \ \textcircled{\scriptsize ㄱ} \\ 4x+6>x \quad \cdots\cdots \ \textcircled{\scriptsize ㄴ} \end{cases}$ 를 풀어 보자.

㉠에서 $3x<3$, $x<1$이고, ㉡에서 $3x>-6$, $x>-2$이다.

이때 ㉠, ㉡의 해를 수직선 위에 나타내어 공통부분을 구하면 다음과 같다.

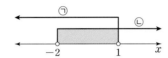

따라서 이 연립일차부등식의 해는 $-2<x<1$이다.

(3) $A<B<C$ 꼴의 연립일차부등식

$A<B<C$ 꼴의 연립일차부등식은 두 개의 일차부등식 $A<B$, $B<C$를 하나의 식으로 나타낸 것이므로 연립일차부등식 $\begin{cases} A<B \\ B<C \end{cases}$ 를 푼다.

예 연립부등식 $5x-4 \leq 2x+5 \leq 3x+5$를 풀어 보자.

연립일차부등식 $\begin{cases} 5x-4 \leq 2x+5 \quad \cdots\cdots \ \textcircled{\scriptsize ㄱ} \\ 2x+5 \leq 3x+5 \quad \cdots\cdots \ \textcircled{\scriptsize ㄴ} \end{cases}$ 를 풀면 되므로

㉠에서 $3x \leq 9$, $x \leq 3$이고, ㉡에서 $x \geq 0$이다.

이때 ㉠, ㉡의 해를 수직선 위에 나타내어 공통부분을 구하면 다음과 같다.

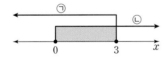

따라서 이 연립일차부등식의 해는 $0 \leq x \leq 3$이다.

개념 CHECK

정답과 풀이 62쪽

▶ 24639-0187

3 다음 연립일차부등식을 푸시오.

(1) $\begin{cases} 2x<8 \\ x+3>4 \end{cases}$

(2) $\begin{cases} 3x+7>4 \\ x+4<5 \end{cases}$

(3) $3x+2<2x+5<4x+1$

(1) 절댓값을 포함한 일차부등식

$a>0$일 때,

① $|x|<a$의 해는 $-a<x<a$이다.

② $|x|>a$의 해는 $x<-a$ 또는 $x>a$이다.

> 설명 $\rangle$ 실수 x의 절댓값 $|x|$는 수직선 위에서 원점과 x를 나타내는 점 사이의 거리이다.
>
> 예 부등식 $|x-1|<4$의 해를 구하기 위해서는
>
> $-4<x-1<4$이므로 연립일차부등식 $\begin{cases} -4<x-1 & \cdots\cdots ㉠ \\ x-1<4 & \cdots\cdots ㉡ \end{cases}$의 해를 구하면 된다.
>
> ㉠에서 $x>-3$이고, ㉡에서 $x<5$이므로 ㉠, ㉡의 해를 수직선 위에 나타내어 공통부분을 구하면 다음과 같다.

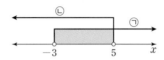

> 따라서 구하는 부등식의 해는 $-3<x<5$이다.

(2) 절댓값을 두 개 포함한 일차부등식

절댓값을 두 개 포함한 부등식은 다음과 같이 절댓값 기호 안의 식의 값이 0이 되게 하는 미지수의 값을 경계로 범위를 나누어 절댓값 기호를 없애고 푼다.

$$|x-a| = \begin{cases} x-a & (x \ge a) \\ -(x-a) & (x<a) \end{cases}$$

> 설명 $\rangle$ 부등식 $|x|+|x-1| \le 2$의 해를 구하기 위해서는
>
> $$|x| = \begin{cases} x & (x \ge 0) \\ -x & (x<0) \end{cases}, \quad |x-1| = \begin{cases} x-1 & (x \ge 1) \\ -(x-1) & (x<1) \end{cases}$$
>
> 이므로 x의 값의 범위를 $x<0$, $0 \le x<1$, $x \ge 1$의 세 경우로 나누어 풀어야 한다.
>
> (i) $x<0$일 때, $|x|=-x$, $|x-1|=-(x-1)$이므로 $-x-(x-1) \le 2$에서 $-2x \le 1$, $x \ge -\dfrac{1}{2}$
>
> 이때 $x<0$이므로 $-\dfrac{1}{2} \le x<0$이다.
>
> (ii) $0 \le x<1$일 때, $|x|=x$, $|x-1|=-(x-1)$이므로 $x-(x-1) \le 2$에서 $1 \le 2$
>
> 이고, x의 값에 관계없이 성립하므로 $0 \le x<1$이다.
>
> (iii) $x \ge 1$일 때, $|x|=x$, $|x-1|=x-1$이므로 $x+(x-1) \le 2$에서 $2x \le 3$, $x \le \dfrac{3}{2}$
>
> 이때 $x \ge 1$이므로 $1 \le x \le \dfrac{3}{2}$이다.
>
> (i), (ii), (iii)에서 구하는 부등식의 해는 $-\dfrac{1}{2} \le x \le \dfrac{3}{2}$이다.

개념 CHECK

정답과 풀이 62쪽

▶ 24639-0188

4 다음 부등식을 푸시오.

(1) $|2x+3| \ge 1$

(2) $|3x-2|<7$

▶ 24639-0189

5 부등식 $|x+1|+|x-3| \le 7$을 푸시오.

(1) 이차부등식

부등식에서 모든 항을 좌변으로 이항하여 정리했을 때 좌변이 x에 대한 이차식으로 나타내어지는 부등식을 x에 대한 이차부등식이라고 한다.

> 참고 $3x+4 \leq -x^2$도 우변을 좌변으로 이항하면 좌변이 x에 대한 이차식이므로 이차부등식이다.

(2) 이차부등식의 해와 이차함수의 그래프 사이의 관계

이차부등식 $ax^2+bx+c>0$의 해	이차부등식 $ax^2+bx+c<0$의 해
이차함수 $y=ax^2+bx+c$에서 $y>0$인 x의 값의 범위	이차함수 $y=ax^2+bx+c$에서 $y<0$인 x의 값의 범위
이차함수 $y=ax^2+bx+c$의 그래프가 x축보다 위쪽에 있는 x의 값의 범위	이차함수 $y=ax^2+bx+c$의 그래프가 x축보다 아래쪽에 있는 x의 값의 범위

> 참고 $ax^2+bx+c \geq 0$과 $ax^2+bx+c \leq 0$의 해는 $y=ax^2+bx+c$의 그래프가 x축과 만나는 부분을 포함하여 생각한다.

(3) 이차부등식의 해: 이차함수의 그래프가 x축과 두 점에서 만나는 경우

이차함수 $y=ax^2+bx+c$ $(a>0)$의 그래프가 x축과 만나는 서로 다른 두 점의 x좌표를 α, β $(\alpha<\beta)$라 하면 $ax^2+bx+c=a(x-\alpha)(x-\beta)$이므로

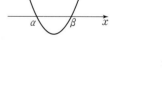

① $ax^2+bx+c>0$의 해는 $x<\alpha$ 또는 $x>\beta$이다.

② $ax^2+bx+c<0$의 해는 $\alpha<x<\beta$이다.

③ $ax^2+bx+c \geq 0$의 해는 $x \leq \alpha$ 또는 $x \geq \beta$이다.

④ $ax^2+bx+c \leq 0$의 해는 $\alpha \leq x \leq \beta$이다.

예 이차함수 $y=x^2-2x-3$에서 $y=(x+1)(x-3)$이고 그 그래프는 오른쪽 그림과 같으므로

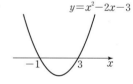

① $x^2-2x-3>0$의 해는 $x<-1$ 또는 $x>3$이다.

② $x^2-2x-3<0$의 해는 $-1<x<3$이다.

③ $x^2-2x-3 \geq 0$의 해는 $x \leq -1$ 또는 $x \geq 3$이다.

④ $x^2-2x-3 \leq 0$의 해는 $-1 \leq x \leq 3$이다.

> 주의 $a<0$인 경우에는 부등식 $ax^2+bx+c>0$의 양변에 -1을 곱하여 x^2의 계수를 양수가 되도록 고쳐서 풀면 된다. 이때 부등호의 방향에 주의한다.

개념 CHECK

정답과 풀이 63쪽

▶ 24639-0190

6 다음 이차부등식을 푸시오.

(1) $x^2-2x-3>0$

(2) $x^2+x-6<0$

(3) $2x^2-x-1 \leq 0$

(4) $-x^2-x+6 \leq 0$

(1) **이차부등식의 해:** 이차함수의 그래프가 x축과 한 점에서 만나는 경우

이차함수 $y=ax^2+bx+c\ (a>0)$의 그래프가 x축과 만나는 한 점의

x좌표를 α라 하면 $ax^2+bx+c=a(x-\alpha)^2$이므로

① $ax^2+bx+c>0$의 해는 $x\ne\alpha$인 모든 실수이다.

② $ax^2+bx+c<0$의 해는 없다.

③ $ax^2+bx+c\ge0$의 해는 모든 실수이다.

④ $ax^2+bx+c\le0$의 해는 $x=\alpha$이다.

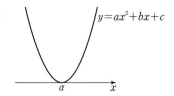

(2) **이차부등식의 해:** 이차함수의 그래프가 x축과 만나지 않는 경우

이차함수 $y=ax^2+bx+c\ (a>0)$의 그래프가 x축과 만나지 않으면

① $ax^2+bx+c>0$의 해는 모든 실수이다.

② $ax^2+bx+c<0$의 해는 없다.

③ $ax^2+bx+c\ge0$의 해는 모든 실수이다.

④ $ax^2+bx+c\le0$의 해는 없다.

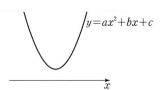

(3) **이차방정식의 판별식과 이차부등식의 해**

이차방정식 $ax^2+bx+c=0\ (a>0)$의 판별식의 부호를 이용하여 이차함수 $y=ax^2+bx+c\ (a>0)$

의 그래프가 x축과 만나는지 확인할 수 있다. 판별식을 $D=b^2-4ac$라 하면 D의 부호에 따라 이차부

등식의 해는 다음과 같다.

$a>0$	$D>0$	$D=0$	$D<0$
$y=ax^2+bx+c$의 그래프	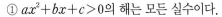	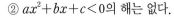	
$ax^2+bx+c>0$의 해	$x<\alpha$ 또는 $x>\beta$	$x\ne\alpha$인 모든 실수	모든 실수
$ax^2+bx+c<0$의 해	$\alpha<x<\beta$	없다.	없다.
$ax^2+bx+c\ge0$의 해	$x\le\alpha$ 또는 $x\ge\beta$	모든 실수	모든 실수
$ax^2+bx+c\le0$의 해	$\alpha\le x\le\beta$	$x=\alpha$	없다.

정답과 풀이 63쪽

개념 CHECK

▶ 24639-0191

7 다음 이차부등식을 푸시오.

(1) $x^2-4x+4>0$

(2) $-x^2-2x\le1$

(3) $x^2+2x+4<0$

(4) $-2x^2+3x-4\ge0$

⑦ 연립이차부등식

(1) 연립이차부등식

연립부등식에서 하나가 이차부등식이고 다른 하나가 일차부등식 또는 이차부등식일 때, 이 연립부등식을 연립이차부등식이라고 한다.

(2) 연립이차부등식의 풀이

① 연립일차부등식과 마찬가지로 연립부등식을 이루고 있는 각 부등식의 해를 구한다.

② ①에서 구한 해를 하나의 수직선 위에 나타내어 공통부분을 구한다.

예 ① 일차부등식과 이차부등식으로 이루어진 연립이차부등식

연립이차부등식 $\begin{cases} x+1>0 & \cdots\cdots ㉠ \\ x^2+4x<5 & \cdots\cdots ㉡ \end{cases}$ 의 해를 구하기 위해서는

㉠을 풀면 $x>-1$

㉡을 풀면 $x^2+4x-5<0$, $(x-1)(x+5)<0$이므로 $-5<x<1$이다.

㉠, ㉡의 해를 수직선 위에 나타내어 공통부분을 구하면 다음과 같다.

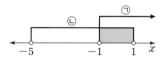

따라서 연립이차부등식의 해는 $-1<x<1$이다.

② 두 개의 이차부등식으로 이루어진 연립이차부등식

연립이차부등식 $\begin{cases} x^2-25\leq 0 & \cdots\cdots ㉠ \\ x^2-1\leq 0 & \cdots\cdots ㉡ \end{cases}$ 의 해를 구하기 위해서는

㉠을 풀면 $(x+5)(x-5)\leq 0$이므로 $-5\leq x\leq 5$이고,

㉡을 풀면 $(x+1)(x-1)\leq 0$이므로 $-1\leq x\leq 1$이다.

㉠, ㉡의 해를 수직선 위에 나타내어 공통부분을 구하면 다음과 같다.

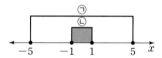

따라서 연립이차부등식의 해는 $-1\leq x\leq 1$이다.

정답과 풀이 63쪽

개념 CHECK

▶ 24639-0192

8 다음 연립이차부등식을 푸시오.

(1) $\begin{cases} 2x-1\geq 1 \\ x^2-2x<0 \end{cases}$

(2) $\begin{cases} x^2-4\geq 0 \\ x^2+x-30<0 \end{cases}$

24639-0193

대표유형 01 조립제법을 이용한 삼차방정식과 사차방정식의 풀이

사차방정식 $x^4-8x^3+14x^2+8x-15=0$의 서로 다른 실근 중 최댓값을 M, 최솟값을 m이라 할 때, $M-m$의 값을 구하시오.

MD의 한마디!

$f(x)=x^4-8x^3+14x^2+8x-15$라 하면
① $f(a)=0$이 되도록 하는 상수 a의 값을 찾습니다.
② 조립제법을 이용하여 $f(x)=(x-a)g(x)$의 꼴로 인수분해합니다.

Solution

유제

01-1
24639-0194

삼차방정식 $x^3-6x^2+5x+12=0$의 서로 다른 세 실근을 α, β, γ라 할 때, $\alpha^2+\beta^2+\gamma^2$의 값을 구하시오.

01-2
24639-0195

사차방정식 $x^4+2x^3+3x^2-2x-4=0$의 서로 다른 두 허근을 α, β라 할 때, $\dfrac{\beta}{\alpha}+\dfrac{\alpha}{\beta}$의 값은?

① -1 ② -2 ③ -3

④ -4 ⑤ -5

대표유형 02 치환을 이용한 사차방정식의 풀이

▶ 24639-0196

사차방정식 $(x^2+2x-2)(x^2+2x-9)+6=0$의 모든 음의 실근의 곱을 a, 모든 양의 실근의 합을 b라 할 때, $a+b$의 값을 구하시오.

MD의 한마디!

① $x^2+2x=X$라 하면 주어진 식은 X에 대한 이차방정식이 됩니다.
② ①에서 얻은 이차방정식을 풀어서 X의 값을 먼저 구한 후 다시 x의 값을 구합니다.

Solution

유제

02-1
▶ 24639-0197

사차방정식 $x^4-3x^2-4=0$의 모든 실근의 합을 구하시오.

02-2
▶ 24639-0198

사차방정식 $(x^2-x)^2+3(x^2-x)-18=0$의 모든 실근의 합을 구하시오.

대표유형 03 삼차방정식 $x^3=1$의 한 허근의 성질

삼차방정식 $x^3=1$의 한 허근을 ω라고 할 때,

$$\frac{\omega^2}{\omega+1}+\frac{\omega^4}{\omega^2+1}+\frac{\omega^6}{\omega^3+1}+\frac{\omega^8}{\omega^4+1}+\frac{\omega^{10}}{\omega^5+1}+\frac{\omega^{12}}{\omega^6+1}$$

의 값을 구하시오.

MD의 한마디!

방정식 $x^3=1$의 한 허근이 ω이므로

① $\omega^3=1$

② $x^3-1=(x-1)(x^2+x+1)=0$이고 ω는 허수이므로 $\omega^2+\omega+1=0$이 성립합니다.

Solution

유제

03-1

삼차방정식 $x^3=1$의 한 허근을 ω라 할 때, $\omega^4+\dfrac{1}{\omega^4}$의 값을 구하시오.

03-2

삼차방정식 $x^3=1$의 한 허근을 ω라 할 때,

$$(\omega+\omega^3+\omega^5+\omega^7+\omega^9+\omega^{11})$$
$$+\{\overline{\omega}+(\overline{\omega})^2+(\overline{\omega})^3+(\overline{\omega})^4+(\overline{\omega})^5+(\overline{\omega})^6\}$$

의 값을 구하시오. (단, $\overline{\omega}$는 ω의 켤레복소수이다.)

▶ 24639-0202

대표유형 04 일차방정식과 이차방정식으로 이루어진 연립이차방정식

▶ 24639-0202

x, y에 대한 두 연립방정식 $\begin{cases} x-y=2 \\ ax^2+y=3, \end{cases}$ $\begin{cases} -2x+by=4 \\ x^2-y^2=12 \end{cases}$ 를 모두 만족시키는 해가 존재할 때, 두 상수 a, b에 대하여

$\dfrac{b}{a}$의 값을 구하시오.

MD의 한마디!

일차방정식과 이차방정식으로 이루어진 연립이차방정식은 다음과 같은 순서로 풉니다.
① 일차방정식을 한 문자에 대하여 정리합니다.
② ①에서 얻은 식을 이차방정식에 대입하여 풉니다.

Solution

유제

04-1

▶ 24639-0203

x, y에 대한 연립방정식 $\begin{cases} 2x-y=1 \\ x^2-y^2=-5 \end{cases}$ 의 해를 $x=\alpha$, $y=\beta$라

할 때, $\alpha+\beta$의 최댓값은?

① 1   ② 2   ③ 3

④ 4   ⑤ 5

04-2

▶ 24639-0204

x, y에 대한 연립방정식 $\begin{cases} kx-y=5 \\ x^2-2y=6 \end{cases}$ 이 오직 한 쌍의 해 $x=\alpha$,

$y=\beta$를 가질 때, $\alpha+\beta+k$의 값을 구하시오. (단, $k>0$)

▸ 24639-0205

대표유형 05 두 이차방정식으로 이루어진 연립이차방정식

연립방정식 $\begin{cases} 4x^2-y^2=0 \\ x^2-y=-1 \end{cases}$ 의 해를 $x=\alpha$, $y=\beta$라 할 때, $\alpha^2+\beta^2$의 값을 구하시오.

MD의 한마디!

두 이차방정식으로 이루어진 연립이차방정식은 다음과 같은 순서로 풉니다.
① 하나의 이차방정식을 인수분해하여 두 일차방정식을 얻은 뒤,
② ①에서 얻은 일차방정식을 다른 이차방정식에 각각 대입하여 풉니다.

Solution

유제

05-1

▸ 24639-0206

연립방정식 $\begin{cases} x^2-3xy+2y^2=0 \\ x^2-3y^2=4 \end{cases}$ 의 해를 $x=\alpha$, $y=\beta$라 할 때, $\alpha+\beta$의 값을 구하시오. (단, $\alpha>0$, $\beta>0$)

05-2

▸ 24639-0207

연립방정식 $\begin{cases} 2x^2-5xy+2y^2=0 \\ 2x^2-xy+y^2=16 \end{cases}$ 의 해 중에서 x, y가 모두 정수인 해를 $x=\alpha$, $y=\beta$라 할 때, $\alpha+\beta$의 최댓값은?

① -6 ② -2 ③ 2
④ 6   ⑤ 10

대표유형 06 연립일차부등식 (1)

▶ 24639-0208

연립부등식 $\begin{cases} 2x < 12 - x \\ -x + 4 \le x + 6 \end{cases}$ 을 만족시키는 모든 정수 x의 값들의 합을 구하시오.

MD의 한마디!

연립일차부등식은 다음과 같은 순서로 풉니다.
① 각각의 일차부등식의 해를 구한 뒤,
② ①에서 구한 해를 수직선 위에 나타내어 공통부분을 구합니다.

Solution

유제

06-1

▶ 24639-0209

연립부등식 $\begin{cases} 3x > x - 6 \\ x + 1 \le -x + 11 \end{cases}$ 의 해가 $a < x \le b$일 때, $a+b$의 값은?

① 1   ② 2   ③ 3

④ 4   ⑤ 5

06-2

▶ 24639-0210

연립부등식 $\begin{cases} -x + 5 \ge 2x - 4 \\ 4x - a \le x + 9 \end{cases}$ 의 해가 $x \le 2$일 때, 상수 a의 값은?

① -1 ② -2 ③ -3

④ -4 ⑤ -5

대표유형 07 연립일차부등식(2)

▶ 24639-0211

연립부등식 $4x-6<3x+2\leq5x-4$를 만족시키는 정수 x의 최댓값을 M, 최솟값을 m이라 할 때, $M+m$의 값을 구하시오.

MD의 한마디! $A<B<C$ 꼴의 연립부등식은 $\begin{cases} A<B \\ B<C \end{cases}$ 와 같이 두 개의 일차부등식으로 고친 후 연립일차부등식의 해를 구합니다.

Solution

유제

07-1

▶ 24639-0212

연립부등식 $\dfrac{3}{10}x-\dfrac{1}{2}<\dfrac{1}{2}x+\dfrac{9}{10}\leq\dfrac{1}{10}x+\dfrac{5}{2}$를 만족시키는 정수 x의 최댓값은?

① 1   ② 2   ③ 3

④ 4   ⑤ 5

07-2

▶ 24639-0213

연립부등식 $2x+a\leq-3x+3a<4x+5a$를 만족시키는 정수 x의 개수가 4가 되도록 하는 모든 자연수 a의 값의 합을 구하시오.

▶ 24639-0214

대표유형 08 절댓값을 포함한 일차부등식

부등식 $|x+1|+|x-3| \leq 6$을 만족시키는 정수 x의 개수를 구하시오.

MD의 한마디!

절댓값 기호를 없애기 위해
① 절댓값 기호 안의 식의 값이 0 이상인 경우와 0 미만인 경우로 나눈 뒤,
② 각 경우의 x의 값의 범위로 구간을 나누어서 부등식의 해를 구합니다.

Solution

유제

08-1

▶ 24639-0215

x에 대한 부등식 $|x-4| \leq a$를 만족시키는 정수 x의 개수가 11이 되도록 하는 자연수 a의 값을 구하시오.

08-2

▶ 24639-0216

부등식 $|x+6|-|3x|>0$을 만족시키는 모든 정수 x의 값들의 합을 구하시오.

대표유형 09 이차부등식의 풀이

▶ 24639-0217

이차방정식 $ax^2+bx+c=0$의 두 근이 1, 5일 때, 이차부등식 $ax^2+cx+b<0$의 해가 $\alpha<x<\beta$이다. $\beta-\alpha$의 값을 구하시오. (단, a는 0이 아닌 상수이고, b, c는 상수이다.)

MD의 한마디!

이차방정식 $ax^2+bx+c=0$의 두 근이 1, 5임을 이용하여 b, c를 a로 나타낸 후 이차부등식 $ax^2+cx+b<0$을 풉니다.

Solution

유제

09-1

▶ 24639-0218

이차부등식 $x^2-2x-1<0$의 해가 $a<x<b$일 때, a^2+b^2의 값은?

① 2   ② 3   ③ 4

④ 5   ⑤ 6

09-2

▶ 24639-0219

이차부등식 $x^2+(a-1)x-a<0$을 만족시키는 정수 x의 개수가 4가 되도록 하는 자연수 a의 값은?

① 4   ② 6   ③ 8

④ 10   ⑤ 12

정답과 풀이 73쪽

▶ 24639-0220

대표유형 10 해가 주어진 이차부등식

> 두 실수 a, b에 대하여 부등식 $ax^2+bx+a^2<0$의 해가 $1<x<3$일 때, $a+b$의 값을 구하시오.

MD의 한마디!

a, b의 값을 구하기 위해

① $a=0$일 때, 주어진 부등식의 해를 구하고,

② $a>0$일 때, 해가 $1<x<3$이고, x^2의 계수가 a인 이차부등식은 $a(x-1)(x-3)<0$임을 이용합니다.

Solution

유제

10-1

▶ 24639-0221

이차부등식 $x^2-4x-a>0$의 해가 $x<-1$ 또는 $x>b$일 때, 두 실수 a, b에 대하여 $a+b$의 값을 구하시오. (단, $b>-1$)

10-2

▶ 24639-0222

이차함수 $f(x)$에 대하여 이차부등식 $f(x)\leq 0$의 해가 $x=2$뿐이다. $f(0)=8$일 때, $f(5)$의 값을 구하시오.

대표유형 11 항상 성립하는 이차부등식

▶ 24639-0223

모든 실수 x에 대하여 부등식 $ax^2+2(a-4)x-3a+12\geq0$이 성립하도록 하는 정수 a의 개수를 구하시오.

MD의 한마디!

조건을 만족시키는 a의 값의 범위를 구하기 위해

① $a=0$일 때, 주어진 부등식의 해를 구하고,

② $a\neq0$일 때, 이차방정식 $ax^2+2(a-4)x-3a+12=0$의 판별식을 D라 하면 주어진 이차부등식이 모든 실수 x에 대하여 항상 성립할 조건은 $a>0$이고 $D\leq0$임을 이용합니다.

Solution

유제

11-1

▶ 24639-0224

모든 실수 x에 대하여 부등식

$$(1-a)x^2+4x+a+4>0$$

이 성립하도록 하는 정수 a의 개수를 구하시오.

11-2

▶ 24639-0225

모든 실수 x에 대하여 이차부등식

$$-2x^2+kx+k+2\leq0$$

이 성립할 때, 실수 k의 값을 구하시오.

▶ 24639-0226

대표유형 12 이차부등식과 이차함수의 그래프의 관계

그림과 같이 이차함수 $y=f(x)$의 그래프가 x축과 만나는 두 점의 x좌표가 각각 -1, 3이고, y축과 만나는 점의 y좌표가 3이다. 이차부등식 $f(x)+5 \geq 0$을 만족시키는 정수 x의 개수를 구하시오.

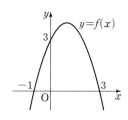

MD의 한마디!

① 함수의 그래프를 통해 이차함수의 식을 구하고

② 이차부등식 $f(x)+5 \geq 0$의 해를 구합니다.

Solution

유제

12-1

▶ 24639-0227

그림과 같이 최고차항의 계수가 a $(a>0)$인 이차함수 $y=f(x)$의 그래프가 x축과 만나는 두 점의 x좌표가 각각 -3, 5이다. 이차부등식 $f(x)+32 \geq 0$의 해가 모든 실수일 때, 실수 a의 최댓값을 구하시오.

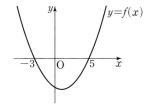

12-2

▶ 24639-0228

최고차항의 계수가 1인 두 이차함수 $y=f(x)$, $y=g(x)$의 그래프가 그림과 같을 때, 부등식 $f(x) \leq 0 \leq g(x)$를 만족시키는 정수 x의 개수를 구하시오.

(단, $f(-1)=f(5)=0$, $g(3)=g(7)=0$)

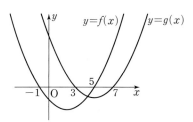

▶ 24639-0229

대표유형 13 제한된 범위에서 항상 성립하는 이차부등식

$0 \le x \le 3$인 모든 실수 x에 대하여 부등식 $x^2 - 4x - 2k + 14 \ge 0$이 성립하도록 하는 실수 k의 최댓값을 구하시오.

MD의 한마디!

이차항의 계수가 양수인 이차함수 $f(x)$에서 이차부등식 $f(x) \ge 0$이 항상 성립하는지의 여부를 판단하기 위해서는 주어진 구간에서 이차함수 $f(x)$의 최솟값이 0보다 크거나 같음을 이용하여 실수 k의 범위(또는 값)을 구합니다.

Solution

유제

13-1

▶ 24639-0230

이차부등식 $x^2 - 3x \le 0$을 만족시키는 모든 실수 x에 대하여 부등식 $x^2 - 2x + k \ge 0$이 성립하도록 하는 실수 k의 최솟값을 구하시오.

13-2

▶ 24639-0231

두 이차함수 $f(x) = x^2 - x - 3$, $g(x) = \dfrac{1}{2}x^2 + x - k$에 대하여 $3 \le x \le 5$에서 $f(x) \ge g(x)$가 성립하도록 하는 실수 k의 최솟값을 m이라 할 때, $2m$의 값을 구하시오.

대표유형 14 연립이차부등식의 해

▶ 24639-0232

연립부등식 $\begin{cases} x^2 - 4x + 4 > 0 \\ 2x^2 - 5x - 3 \leq 0 \end{cases}$ 을 만족시키는 정수 x의 개수를 구하시오.

MD의 한마디!

연립이차부등식은 다음과 같은 순서로 풉니다.
① 각각의 부등식의 해를 구한 뒤,
② ①에서 구한 해를 수직선 위에 나타내어 공통부분을 구합니다.

Solution

유제

14-1

▶ 24639-0233

연립부등식 $\begin{cases} 2x^2 - 13x - 15 \geq 0 \\ -x^2 - 6x - 9 \geq 0 \end{cases}$ 을 만족시키는 정수 x의 개수는?

① 1   ② 2   ③ 3

④ 4   ⑤ 5

14-2

▶ 24639-0234

연립부등식 $\begin{cases} x(x-4) \leq 0 \\ \sqrt{x^2 - 6x + 9} \geq x^2 - 6x + 9 \end{cases}$ 를 만족시키는 모든 정수 x의 값들의 합을 구하시오.

대표유형
15 해가 주어진 연립이차부등식 ▶ 24639-0235

x에 대한 연립부등식 $\begin{cases} x^2-10x+9 \geq 0 \\ |x-4| < a \end{cases}$ 의 해가 존재하지 않도록 하는 양수 a의 최댓값을 구하시오.

톡톡
MD의 한마디! 연립이차부등식의 해가 존재하지 않는 경우는 $x^2-10x+9 \geq 0$의 해와 $|x-4| < a$의 해를 수직선 위에 각각 나타내면 공통부분이 존재하지 않습니다.

Solution

유제

15-1 ▶ 24639-0236

x에 대한 연립부등식

$$\begin{cases} x^2-8x+7 \leq 0 \\ x^2-(a+5)x+5a \geq 0 \end{cases}$$

의 해가 $1 \leq x \leq 2$ 또는 $5 \leq x \leq 7$일 때, 상수 a의 값을 구하시오. (단, $a < 5$)

15-2 ▶ 24639-0237

x에 대한 연립부등식 $\begin{cases} x^2+5x-24 \leq 0 \\ x^2-2kx-8k^2 \geq 0 \end{cases}$ 의 해가 존재하도록 하는 자연수 k의 최댓값을 구하시오.

대표유형 16 이차부등식의 활용

가로의 길이가 $5x$, 세로의 길이가 $12x$인 직사각형 A와 가로의 길이가 $3(x+4)$, 세로의 길이가 $4(x+4)$인 직사각형 B가 있다. 두 직사각형 A, B가 다음 조건을 만족시킬 때, 자연수 x의 값을 구하시오.

(가) 직사각형 A의 대각선의 길이는 직사각형 B의 대각선의 길이보다 길다.
(나) 직사각형 A의 넓이는 직사각형 B의 넓이보다 작다.

MD의 한마디! 직사각형 A와 B의 대각선의 길이는 피타고라스 정리를 이용하면 각각 $13x$, $5(x+4)$이므로 넓이 조건까지 고려하여 연립이차부등식을 만들면 됩니다.

Solution

유제

16-1
▶ 24639-0239

가로의 길이가 x, 세로의 길이가 $x+4$인 직사각형을 A라 할 때, 이 직사각형의 가로의 길이와 세로의 길이를 모두 x만큼 늘린 직사각형을 B라 하자. 두 직사각형 A, B가 다음 조건을 만족시킬 때, 자연수 x의 값을 구하시오.

(가) 직사각형 A의 둘레의 길이는 16보다 크다.
(나) 직사각형 B의 넓이는 직사각형 A의 넓이의 3배보다 작다.

16-2
▶ 24639-0240

어느 카페에서 커피 한 잔의 가격이 2,000원일 때, 하루에 200잔씩 팔린다고 한다. 이 카페에서 커피 한 잔의 가격을 100원씩 인하하면 하루 커피 판매량은 20잔씩 증가한다고 할 때, 커피의 하루 판매액이 432,000원 이상이 되게 하려고 한다. 커피 한 잔의 가격의 최댓값을 구하시오.

▶ 24639-0241

1 x에 대한 삼차방정식 $x^3 - ax^2 - 3 = 0$의 한 근이 -1일 때, 이 삼차방정식의 나머지 두 근의 합은?

(단, a는 상수이다.)

① -3 ② -2 ③ -1

④ 0 ⑤ 1

| 2023학년도 6월 고1 학력평가 16번 |

▶ 24639-0242

2 x에 대한 삼차방정식

$$(x-a)\{x^2 + (1-3a)x + 4\} = 0$$

이 서로 다른 세 실근 1, α, β를 가질 때, $\alpha\beta$의 값은?

(단, a는 상수이다.)

① 4 ② 6 ③ 8

④ 10 ⑤ 12

✓ 내신UP

▶ 24639-0243

3 사차방정식 $x^4 + x^3 - x - 1 = 0$의 한 허근이 ω일 때, $1 + 2\omega + 3\omega^2 + 4\omega^3 + 5\omega^4 + 6\omega^5 = a + b\omega$이다. 두 정수 a, b에 대하여 ab의 값은?

① 4 ② 6 ③ 8

④ 10 ⑤ 12

▶ 24639-0244

4 연립방정식

$$\begin{cases} 2x + y = 1 \\ 2x^2 + y^2 = 3 \end{cases}$$

의 해를 $x = \alpha$, $y = \beta$라 할 때, $\alpha + \beta$의 최댓값은?

① 1 ② $\dfrac{4}{3}$ ③ $\dfrac{5}{3}$

④ 2 ⑤ $\dfrac{7}{3}$

▶ 24639-0245

5 반지름의 길이가 서로 다른 두 원이 있다. 두 원의 둘레의 길이의 합은 22π이고 넓이의 합은 65π일 때, 두 원 중 큰 원의 반지름의 길이를 구하시오.

▶ 24639-0246

6 x에 대한 연립부등식

$$\begin{cases} 2x + 3 > -x + 6 \\ 3x + 4 < 2x + a \end{cases}$$

를 만족시키는 정수 x의 개수가 1일 때, 실수 a의 최댓값은?

① 6 ② 7 ③ 8

④ 9 ⑤ 10

7 ▶ 24639-0247

x에 대한 연립부등식 $\begin{cases} -x+2a \le 2x+4 \\ bx-1 \ge 5x+7 \end{cases}$ 의 해가 $-4 \le x \le -1$일 때, 두 상수 a, b에 대하여 a^2+b^2의 값은? (단, $b<5$)

① 17   ② 19   ③ 21
④ 23   ⑤ 25

8 ▶ 24639-0248

부등식 $|x-3|+2\sqrt{(x+1)^2} \le 2x+5$를 만족시키는 정수 x의 개수는?

① 6   ② 7   ③ 8
④ 9   ⑤ 10

| 2022학년도 6월 고1 학력평가 15번 |

9 ▶ 24639-0249

이차다항식 $P(x)$가 다음 조건을 만족시킬 때, $P(-1)$의 값은?

(가) 부등식 $P(x) \ge -2x-3$의 해는 $0 \le x \le 1$이다.
(나) 방정식 $P(x) = -3x-2$는 중근을 갖는다.

① -3 ② -4 ③ -5
④ -6 ⑤ -7

10 ▶ 24639-0250

부등식 $x^2+4x-8 \le |x+2|$의 해가 $a \le x \le b$일 때, 이차부등식 $bx^2-ax-20<0$을 만족시키는 정수 x의 개수는? (단, a, b는 상수이다.)

① 6   ② 7   ③ 8
④ 9   ⑤ 10

11 ▶ 24639-0251

이차부등식 $4x^2+2(a-1)x+a+2 \le 0$이 해를 갖지 않도록 하는 정수 a의 최댓값을 구하시오.

12 ▶ 24639-0252

그림과 같이 최고차항의 계수가 1인 이차함수 $y=f(x)$의 그래프가 두 점 $A(-2, 0)$, $C(5, 0)$을 지나고, 최고차항의 계수가 -1인 이차함수 $y=g(x)$의 그래프가 두 점 $B(2, 0)$, $C(5, 0)$을 지난다. 이차부등식 $f(x)-g(x) \le 12$를 만족시키는 정수 x의 개수는?

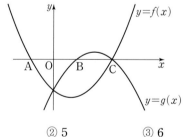

① 4   ② 5   ③ 6
④ 7   ⑤ 8

정답과 풀이 83쪽

▶ 24639-0253

13 $0 \leq x \leq 2k$인 실수 x에 대하여 부등식

$$x^2 - 2kx + 6k - 9 \geq 0$$

이 항상 성립하도록 하는 양수 k의 값은?

① 1   ② 2   ③ 3

④ 4   ⑤ 5

✔️ 내신UP
▶ 24639-0254

14 그림과 같이 가로의 길이가 150 m이고 세로의 길이가 100 m인 직사각형 모양의 논의 둘레에 폭이 x m인 농로를 만들려고 한다. 농로의 넓이가 504 m² 이상 1016 m² 이하가 되도록 하는 x의 값의 범위는?

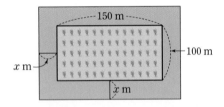

① $0 < x \leq 1$ ② $1 \leq x \leq 2$

③ $2 \leq x \leq 3$ ④ $3 \leq x \leq 4$

⑤ $4 \leq x \leq 5$

| 2022학년도 3월 고2 학력평가 15번 |
▶ 24639-0255

15 연립부등식

$$\begin{cases} |x-k| \leq 5 \\ x^2 - x - 12 > 0 \end{cases}$$

을 만족시키는 모든 정수 x의 값의 합이 7이 되도록 하는 정수 k의 값은?

① -2 ② -1 ③ 0

④ 1   ⑤ 2

▶ 24639-0256

16 방정식 $(x^2 - |x|)^2 - 4(x^2 - |x|) + 4 = 0$의 모든 실근의 곱을 구하시오.

▶ 24639-0257

17 x에 대한 연립부등식

$$\begin{cases} x^2 - 2kx + 2k + 8 \geq 0 \\ x^2 - (k-3)x + k - 3 > 0 \end{cases}$$

의 해가 모든 실수일 때, 자연수 k의 값을 구하시오.

III

경우의 수

07 경우의 수, 순열과 조합

경우의 수, 순열과 조합

 합의 법칙

(1) 합의 법칙

두 사건 A, B가 동시에 일어나지 않을 때 사건 A가 일어나는 경우의 수를 m, 사건 B가 일어나는 경우의 수를 n이라 하면 사건 A 또는 사건 B가 일어나는 경우의 수는 $m+n$이다.

예 두 개의 주사위를 동시에 던질 때, 나오는 두 눈의 수의 합이 5 또는 10이 되는 경우의 수를 구해보자.

눈의 수의 합이 5인 경우	눈의 수의 합이 10인 경우
⚀⚃ ⚁⚂ ⚂⚁ ⚃⚀	⚃⚅ ⚄⚄ ⚅⚃

눈의 수의 합이 5인 경우의 수는 4이고 눈의 수의 합이 10인 경우의 수는 3이다. 이때 눈의 수의 합이 5이면서 10인 경우는 없으므로 두 사건은 동시에 일어나지 않는다.

따라서 구하는 경우의 수는 $4+3=7$이다.

> **참고** 두 사건 A, B가 일어나는 경우의 수가 각각 m, n이고 동시에 일어나는 경우의 수가 l일 때, 사건 A 또는 사건 B가 일어나는 경우의 수는 $m+n-l$이다.

예 한 개의 주사위를 동시에 던질 때, 나오는 눈의 수가 4의 약수 또는 6의 약수가 되는 경우의 수를 구해보자.

눈의 수가 4의 약수인 경우	눈의 수가 6의 약수인 경우
⚀ ⚁ ⚃	⚀ ⚁ ⚂ ⚅

눈의 수가 4의 약수인 경우의 수는 3이고 눈의 수가 6의 약수인 경우의 수는 4이다. 이때 눈의 수가 4의 약수이면서 6의 약수인 경우의 수는 2이다.

따라서 구하는 경우의 수는 $3+4-2=5$이다.

> **참고** 합의 법칙은 어느 두 사건도 동시에 일어나지 않는 세 가지 이상의 사건에 대해서도 성립한다.

개념 CHECK

정답과 풀이 85쪽

▶ 24639-0258

1 1부터 10까지의 자연수 중에서 하나를 택할 때 다음의 경우의 수를 구하시오.

(1) 3의 배수이거나 4의 배수인 경우

(2) 4 이상의 짝수이거나 소수인 경우

▶ 24639-0259

2 자연수 a, b에 대하여 $\dfrac{a}{4}+\dfrac{b}{4}<1$을 만족시키는 모든 순서쌍 (a, b)의 개수를 구하시오.

② 곱의 법칙

(1) 곱의 법칙

① 두 사건 A, B에 대하여 사건 A가 일어나는 경우의 수가 m이고, 그 각각의 경우에 대하여 사건 B가 일어나는 경우의 수가 n일 때, 두 사건 A, B가 잇달아 일어나는 경우의 수는 $m \times n$이다.

> 참고 사건이 일어나는 모든 경우를 나뭇가지 모양의 그림으로 나타낸 것을 수형도($tree\ graph$)라 한다.

⑩ 두 개의 주사위 A, B를 동시에 던질 때, 주사위 A에서는 3의 배수의 눈이 나오고 주사위 B에서는 4의 약수의 눈이 나오는 경우의 수를 구해보자.

주사위 A에서 3의 배수의 눈이 나오는 경우와 주사위 B에서 4의 약수의 눈이 나오는 경우는 다음과 같다.

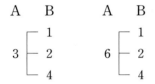

위 수형도와 같이 주사위 A에서 3의 배수의 눈이 나오는 2가지 경우의 각각에 대하여 주사위 B에서 4의 배수의 눈이 나오는 경우는 3가지이므로 곱의 법칙에 의하여 구하는 경우의 수는 $2 \times 3 = 6$이다.

② 곱의 법칙을 이용할 때에는 구하고자 하는 경우가 잇달아 일어나는지의 여부로 판단한다.

⑩ 오른쪽 그림과 같은 도로망을 따라 A지점에서 B지점까지 최단거리로 가는 경우의 수를 구해보자.

(ⅰ) A → P → B로 가는 경우: A에서 P로 가는 경우와 P에서 B로 가는 경우가 잇달아 일어나므로 경우의 수는 $2 \times 3 = 6$

(ⅱ) A → Q → B로 가는 경우: A에서 Q로 가는 경우와 Q에서 B로 가는 경우가 잇달아 일어나므로 경우의 수는 $2 \times 1 = 2$

이때 A → P → B와 A → Q → B는 동시에 일어나지 않으므로 합의 법칙에 의하여 구하는 경우의 수는 $6 + 2 = 8$이다.

> 참고 곱의 법칙은 잇달아 일어나는 세 가지 이상의 사건에 대해서도 성립한다.

개념 CHECK

정답과 풀이 85쪽

▶ 24639-0260

3 두 자리의 자연수 중에서 일의 자리의 수가 3의 배수인 것의 개수를 구하시오.

▶ 24639-0261

4 수학에서 선택할 수 있는 4과목과 과학에서 선택할 수 있는 3과목 중에서 수학 1과목과 과학 1과목을 선택하는 경우의 수를 구하시오.

(1) 순열

서로 다른 n개에서 r $(r \leq n)$개를 택하여 일렬로 나열하는 것을 n개에서 r개를 택하는 순열이라 하고, 이 순열의 수를 기호 $_n\mathrm{P}_r$으로 나타낸다.

> 참고 $_n\mathrm{P}_r$에서 P는 영어 Permutation(순열)의 첫글자이다.

(2) 순열의 수

① 서로 다른 n개에서 r개를 택하는 순열의 수는

$$_n\mathrm{P}_r = n(n-1)(n-2) \times \cdots \times (n-r+1) \ (단, \ 0 < r \leq n)$$

② $_n\mathrm{P}_r = \dfrac{n!}{(n-r)!}$ (단, $0 \leq r \leq n$), $_n\mathrm{P}_0 = 1$

③ $_n\mathrm{P}_n = n(n-1)(n-2) \times \cdots \times 1 = n!, \ 0! = 1$

> 설명 ① 서로 다른 n개에서 r개를 택하여 일렬로 나열할 때, 첫 번째 자리에 올 수 있는 것은 n가지이고, 그 각각에 대하여 두 번째 자리에 올 수 있는 것은 첫 번째 자리에 선택된 1개를 제외한 $(n-1)$가지, 세 번째 자리에 올 수 있는 것은 앞의 두 자리에 선택된 2개를 제외한 $(n-2)$가지이다. 이와 같은 과정을 계속하면 r번째 자리에 올 수 있는 것은 이미 앞에 선택된 $(r-1)$개를 제외한 $\{n-(r-1)\}$가지이다.

나열된 자리	첫 번째	두 번째	세 번째	$\cdots$	r번째
	↑	↑	↑		↑
경우의 수	n	$n-1$	$n-2$	$\cdots$	$n-(r-1)$

따라서 순열의 수 $_n\mathrm{P}_r$은 곱의 법칙에 의하여

$$_n\mathrm{P}_r = n(n-1)(n-2) \times \cdots \times \{n-(r-1)\}$$

이다.

② $0 < r < n$일 때, 순열의 수 $_n\mathrm{P}_r$은

$$_n\mathrm{P}_r = n(n-1)(n-2) \times \cdots \times \{n-(r-1)\}$$

$$= \frac{n(n-1)(n-2) \times \cdots \times \{n-(r-1)\}(n-r) \times \cdots \times 3 \times 2 \times 1}{(n-r) \times \cdots \times 3 \times 2 \times 1} = \frac{n!}{(n-r)!}$$

특히, $_n\mathrm{P}_0 = 1$, $0! = 1$이라 하면 $r = 0$일 때와 $r = n$일 때도

$$_n\mathrm{P}_r = \frac{n!}{(n-r)!} \ (0 \leq r \leq n)$$이 성립한다.

③ 서로 다른 n개에서 n개를 모두 택하는 순열의 수는 $_n\mathrm{P}_r$에서 $r = n$인 경우이므로

$$_n\mathrm{P}_n = n(n-1)(n-2) \times \cdots \times 1$$

이다. 이때 1부터 n까지의 자연수를 차례로 곱한 것을 n의 계승 또는 n팩토리얼이라 하며, 이것을 기호로 $n!$과 같이 나타낸다.

개념 CHECK

정답과 풀이 86쪽

▸ 24639-0262

5 다음을 계산하시오.

(1) $_7\mathrm{P}_2$ (2) $_4\mathrm{P}_4$ (3) $_3\mathrm{P}_0$ (4) $5!$

▸ 24639-0263

6 등식 $_n\mathrm{P}_2 = 56$을 만족시키는 자연수 n의 값을 구하시오. (단, $n \geq 2$)

4 조합

(1) 조합

서로 다른 n개에서 순서를 생각하지 않고 r $(r \le n)$개를 택하는 것을 n개에서 r개를 택하는 조합이라 하고, 이 조합의 수를 기호 $_n\mathrm{C}_r$으로 나타낸다.

> 참고) $_n\mathrm{C}_r$에서 C는 영어 Combination(조합)의 첫글자이다.

(2) 조합의 수

서로 다른 n개에서 r개를 택하는 조합의 수는

$$_n\mathrm{C}_r = \frac{_n\mathrm{P}_r}{r!} = \frac{n!}{r!(n-r)!} \ (\text{단}, \ 0 \le r \le n)$$

> 설명) 3명의 학생 A, B, C 중에서 대표 2명을 뽑는 경우는 A와 B, A와 C, B와 C이고, 각 경우에 대해 대표의 순서를 고려하면 다음 그림과 같다.

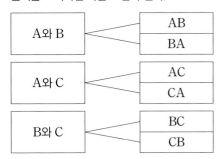

즉, 서로 다른 3개에서 2개를 택하는 조합의 수 $_3\mathrm{C}_2$의 각 경우를 일렬로 나열하는 경우의 수는 2!이고, 이는 서로 다른 3개에서 2개를 택하는 순열의 수 $_3\mathrm{P}_2$와 같으므로

$$_3\mathrm{C}_2 \times 2! = {}_3\mathrm{P}_2$$

일반적으로 서로 다른 n개에서 r $(0 < r \le n)$개를 택하는 조합의 수와 순열의 수 사이에는

$$_n\mathrm{C}_r \times r! = {}_n\mathrm{P}_r$$

과 같은 관계가 성립한다.

이때 $_n\mathrm{C}_0 = 1$로 정의하면 $_n\mathrm{C}_0 = \dfrac{n!}{0!(n-0)!} = 1$이 되므로 위의 식은 $r = 0$일 때도 성립한다.

> 설명) 조합의 수 $_n\mathrm{C}_r$은 다음과 같이 두 가지 방법 중 어느 한 방법으로 계산한다.
> $$_4\mathrm{C}_2 = \frac{_4\mathrm{P}_2}{2!} = \frac{4 \times 3}{2 \times 1} = 6 \ \text{또는} \ _4\mathrm{C}_2 = \frac{4!}{2!(4-2)!} = \frac{4 \times 3 \times 2 \times 1}{(2 \times 1) \times (2 \times 1)} = 6$$

개념 CHECK

정답과 풀이 86쪽

▶ 24639-0264

7 다음을 계산하시오.

(1) $_5\mathrm{C}_2$

(2) $_4\mathrm{C}_0$

▶ 24639-0265

8 등식 $_n\mathrm{C}_2 = 15$를 만족시키는 자연수 n의 값을 구하시오. (단, $n \ge 2$)

▶ 24639-0266

9 등식 $_6\mathrm{C}_3 \times 3! = {}_6\mathrm{P}_r$을 만족시키는 자연수 r의 값을 구하시오.

(1) **조합의 수 $_n\mathrm{C}_r$의 성질**

① $_n\mathrm{C}_r=\,_n\mathrm{C}_{n-r}$ (단, $0\leq r\leq n$)

② $_n\mathrm{C}_r=\,_{n-1}\mathrm{C}_{r-1}+\,_{n-1}\mathrm{C}_r$ (단, $n\geq2$, $1\leq r\leq n-1$)

③ $r\times\,_n\mathrm{C}_r=n\times\,_{n-1}\mathrm{C}_{r-1}$ (단, $1\leq r\leq n$)

> 설명 ③ 조합의 수는 $_n\mathrm{C}_r=\dfrac{n!}{r!(n-r)!}$임을 이용하면
>
> $$n\times\,_{n-1}\mathrm{C}_{r-1}=n\times\dfrac{(n-1)!}{(r-1)!(n-r)!}=\dfrac{n!}{(r-1)!(n-r)!}$$
>
> $$=r\times\dfrac{n!}{r!(n-r)!}=r\times\,_n\mathrm{C}_r$$

> 참고 ① 서로 다른 n개에서 r개를 택하는 경우의 수는 서로 다른 n개에서 r개를 제외한 나머지 $(n-r)$개를 택
> 하는 것과 경우의 수가 같으므로 $_n\mathrm{C}_r=\,_n\mathrm{C}_{n-r}$의 관계가 성립한다.
>
> ② 특정한 1개를 포함하고 나머지 $(n-1)$개에서 $(r-1)$개를 택하는 조합의 수는 $_{n-1}\mathrm{C}_{r-1}$이고, 특정한 1개
> 를 제외하고 나머지 $(n-1)$개에서 r개를 택하는 조합의 수는 $_{n-1}\mathrm{C}_r$이다.
>
> 따라서 서로 다른 n개에서 r개를 택하는 조합의 수 $_n\mathrm{C}_r$은 $_{n-1}\mathrm{C}_{r-1}$과 $_{n-1}\mathrm{C}_r$의 합과 같다.
>
> ③ 학생 n명 중에서 회장 1명을 포함하여 대표 r명을 뽑는 경우의 수를 다음 두 가지 방법을 이용하여 구할
> 수 있다.
>
> ㉠ 학생 n명 중에서 대표 r명을 뽑는 경우의 수는 $_n\mathrm{C}_r$이고, 뽑힌 대표 r명 중에서 회장 1명을 뽑는 경우
> 의 수는 r이므로 구하는 경우의 수는 $_n\mathrm{C}_r\times r$이다.
>
> ㉡ 학생 n명 중에서 회장 1명을 뽑는 경우의 수는 n이고, 나머지 $(n-1)$명 중에서 회장을 제외한 대표
> $(r-1)$명을 뽑는 경우의 수는 $_{n-1}\mathrm{C}_{r-1}$이므로 구하는 경우의 수는 $n\times\,_{n-1}\mathrm{C}_{r-1}$이다.
>
> 따라서 등식 $_n\mathrm{C}_r\times r=n\times\,_{n-1}\mathrm{C}_{r-1}$이 성립한다.

개념 CHECK 정답과 풀이 86쪽

▶ 24639-0267

10 $_8\mathrm{C}_6$의 값을 구하시오.

▶ 24639-0268

11 $_{10}\mathrm{C}_4+\,_{10}\mathrm{C}_5$의 값을 구하시오.

합의 법칙

▶ 24639-0269

한 개의 주사위를 두 번 던질 때, 나온 두 눈의 수의 합이 5의 배수인 경우의 수를 구하시오.

MD의 한마디! 두 눈의 수를 각각 x, y라 할 때, $x+y$의 값이 5의 배수인 경우는 5, 10으로 두 가지이고, 각 경우는 동시에 일어나지 않으므로 합의 법칙을 이용하여 경우의 수를 구합니다.

Solution

 유제

01-1

▶ 24639-0270

부등식 $x+5y \leq 11$을 만족시키는 자연수 x, y의 모든 순서쌍 (x, y)의 개수를 구하시오.

01-2

▶ 24639-0271

30 이하의 자연수 중에서 5의 배수 또는 7의 배수의 개수를 구하시오.

대표유형 02 곱의 법칙 ▶ 24639-0272

두 자리의 자연수 중에서 십의 자리의 수는 6의 약수이고, 일의 자리의 수는 홀수인 자연수의 개수를 구하시오.

톡톡 MD의 한마디! 각 자리의 수가 될 수 있는 경우의 수를 구한 후 곱의 법칙을 이용하여 자연수의 개수를 구합니다.

Solution

유제

02-1 ▶ 24639-0273

세 자리의 자연수 중에서 백의 자리의 수는 4의 약수이고 십의 자리의 수는 8의 약수이며 일의 자리의 수는 어떤 자연수의 제곱수인 자연수의 개수를 구하시오.

02-2 ▶ 24639-0274

$(a+b)(x+y+w+z)$의 전개식에서 서로 다른 항의 개수를 구하시오.

수형도를 이용한 경우의 수
▶ 24639-0275

숫자 1, 2, 3 중 두 개 또는 세 개의 수를 사용하여 같은 숫자가 이웃하지 않도록 다섯 자리 자연수를 만들 때, 만의 자리의 수와 일의 자리의 수가 같은 경우의 수를 구하시오.

MD의 한마디!

만의 자리의 수와 일의 자리의 수가 같을 때를 기준으로 경우를 나누고, 같은 숫자가 이웃하지 않도록 수형도를 이용하여 경우의 수를 구합니다.

Solution

유제

03-1
▶ 24639-0276

다섯 개의 숫자 1, 1, 2, 2, 3을 일렬로 나열할 때, 같은 숫자끼리는 서로 이웃하지 않게 나열하는 경우의 수를 구하시오.

03-2
▶ 24639-0277

한 개의 주사위를 세 번 던져 나온 눈의 수를 차례로 a, b, c라 할 때, x에 대한 이차방정식 $ax^2+2bx+c=0$이 중근을 갖는 경우의 수를 구하시오.

대표유형 **04** 순열의 수 $_nP_r$ ▸ 24639-0278

등식 $_nP_2 + {_5P_3} = 102$를 만족시키는 자연수 n의 값을 구하시오. (단, $n \geq 2$)

MD의 한마디! | 순열의 수는 $_nP_r = n(n-1)(n-2)\cdots\{n-(r-1)\}$임을 이용하여 주어진 등식을 n에 대한 식으로 표현합니다.

Solution

유제

04-1 ▸ 24639-0279

3 이상의 자연수 n에 대하여 $\dfrac{_{n+1}P_4}{_nP_2} = 28$을 만족시키는 n의 값을 구하시오.

04-2 ▸ 24639-0280

등식 $3 \times {_8P_3} \times {_nP_2} = {_8P_6}$을 만족시키는 자연수 n의 값을 구하시오. (단, $n \geq 2$)

대표유형 05 순열

남학생 4명과 여학생 4명 중 6명을 선택하여 일렬로 줄을 세울 때, 왼쪽에서부터 남학생은 모두 홀수번째에 서고 여학생은 모두 짝수번째에 서게 되는 경우의 수를 구하시오.

MD의 한마디! 6명의 학생들을 선택하여 줄을 세울 때, 왼쪽에서부터 남학생이 홀수번째, 여학생이 짝수번째에 서기 위해서는 똑같이 3명씩 선택해서 일렬로 줄을 세워야 하므로 남학생과 여학생 각각에 대하여 순열의 수를 이용하여 구합니다.

Solution

유제

05-1
▶ 24639-0282

4개의 문자 a, b, c, d와 4개의 수 1, 2, 3, 4 중 문자와 수를 각각 2개씩 선택하여 일렬로 나열할 때, 문자와 수가 교대로 나열되는 경우의 수를 구하시오.

05-2
▶ 24639-0283

7개의 자연수 1, 2, 3, 4, 5, 6, 7을 일렬로 나열할 때, 양 끝에 홀수가 오는 경우의 수가 $k \times 6!$이다. 이때 자연수 k의 값은?

① 1   ② 2   ③ 3
④ 4   ⑤ 5

대표유형 06 이웃하거나 이웃하지 않는 경우의 수 ▶ 24639-0284

남학생 3명과 여학생 2명을 일렬로 배열하려고 한다. 남학생끼리 모두 이웃하는 경우의 수를 m, 여학생끼리 이웃하지 않는 경우의 수를 n이라 할 때, $m+n$의 값을 구하시오.

MD의 한마디!
① 이웃하는 경우의 수는 이웃하는 것들을 한 개로 생각하고 나열한 후 이웃한 것들끼리 일렬로 나열하는 경우의 수를 곱합니다.
② 이웃하지 않는 경우는 이웃해도 되는 것만을 먼저 일렬로 나열한 후 나열한 것 사이사이와 양 끝에 해당하는 부분에 이웃하지 않는 것들을 나열하여 구합니다.

Solution

유제

06-1 ▶ 24639-0285

그림과 같이 6장의 카드를 일렬로 나열할 때, 알파벳이 적힌 카드끼리 모두 이웃하는 경우의 수를 구하시오.

가 나 다 A B C

06-2 ▶ 24639-0286

남자 어린이 2명과 여자 어린이 3명 그리고 어른 3명이 한 명씩 순서대로 놀이공원에 입장하려고 한다. 여자 어린이끼리 모두 이웃하고 어른끼리 이웃하지 않도록 입장 순서를 정하는 경우의 수를 구하시오.

조합의 수 $_nC_r$

▶ 24639-0287

등식 $6 \times {}_{10}C_8 + {}_{10}P_3 = 6 \times {}_nC_3$을 만족시키는 자연수 n의 값을 구하시오. (단, $n \geq 3$)

MD의 한마디!

조합의 수 $_nC_r = \dfrac{n!}{r!(n-r)!}$과 조합의 수의 성질 $_nC_r = {}_nC_{n-r}$을 이용하여 n에 대한 식으로 정리합니다.

Solution

유제

07-1

▶ 24639-0288

등식 $_nC_2 + {}_nC_3 = 35$를 만족시키는 자연수 n의 값을 구하시오.

(단, $n \geq 3$)

07-2

▶ 24639-0289

등식 $_{12}C_r = {}_{12}C_{r^2}$을 만족시키는 모든 자연수 r의 값의 합을 구하시오.

대표유형 08 조합

A, B를 포함한 8명의 학생 중 4명의 대표를 선출하려고 한다. A, B 중 한 명만 대표에 포함되는 경우의 수를 m, A, B 모두 대표에 포함되는 경우의 수를 n이라 할 때, $m+n$의 값을 구하시오.

MD의 한마디!

4명의 대표에 A, B가 포함되는지의 여부에 따라 다음과 같이 경우를 나누어 계산합니다.
① A, B 중 한 명만 대표에 포함시키고 A, B를 제외한 학생들 중 3명을 선출하는 경우
② A, B를 모두 대표에 포함시키고 남은 학생들 중 2명을 선출하는 경우

Solution

유제

08-1
▶ 24639-0291

1부터 10까지의 자연수가 각각 하나씩 적혀 있는 10장의 카드 중에서 동시에 5장의 카드를 선택하려고 한다. 선택한 5장의 카드에 적혀 있는 수 중 짝수가 적혀 있는 카드가 2장이고 3의 배수가 적혀 있는 카드는 하나도 없는 경우의 수를 구하시오.

08-2
▶ 24639-0292

18의 양의 약수 중 서로 다른 두 수를 선택할 때, 합이 짝수인 경우의 수를 구하시오.

대표유형 09 조합의 활용

▶ 24639-0293

그림과 같이 2개, 3개, 4개의 평행한 직선이 서로 만나고 있다. 이 평행선들을 이용하여 만들 수 있는 평행사변형의 개수를 구하시오.

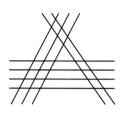

MD의 한마디! m개의 평행한 직선과 n개의 평행한 직선이 만날 때, 이 평행한 직선으로 만들 수 있는 평행사변형의 개수는 m개의 평행한 직선과 n개의 평행한 직선 중에서 각각 2개를 택하면 됩니다.

Solution

유제

09-1

▶ 24639-0294

그림과 같이 원 위에 같은 간격으로 놓인 9개의 점 중에서 3개의 점을 꼭짓점으로 하는 삼각형의 개수를 구하시오.

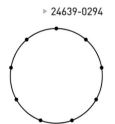

09-2

▶ 24639-0295

여섯 개의 숫자 1, 2, 3, 4, 5, 6 중에서 서로 다른 두 개의 숫자를 택하고, 세 개의 숫자 7, 8, 9 중에서 서로 다른 두 개의 숫자를 택하여 나열할 때, 작은 수부터 크기순으로 나열하는 경우의 수를 구하시오.

▶ 24639-0296

1 1부터 6까지의 자연수가 각각 하나씩 적힌 카드 6장이 들어 있는 주머니에서 한 장씩 두 번에 걸쳐 차례로 카드를 뽑는다. 이때 뽑힌 카드에 적힌 수를 각각 a, b라 할 때, $|a-b| \geq 4$를 만족시키는 경우의 수는?

① 2 ② 3 ③ 4
④ 5 ⑤ 6

▶ 24639-0297

2 어느 분식점에서는 김밥 3종류, 라면 2종류, 튀김 4종류를 판매하고 있다. 형서가 이 분식점에서 김밥, 라면, 튀김 중 2가지를 선택하여 각각 1종류씩 주문하는 경우의 수는?

① 18 ② 22 ③ 26
④ 30 ⑤ 34

▶ 24639-0298

3 1학년 학생 2명과 2학년 학생 2명이 일렬로 설 때, 양 끝에 같은 학년의 학생이 서거나 같은 학년의 학생끼리는 서로 이웃하지 않도록 서는 경우의 수는?

① 10 ② 12 ③ 14
④ 16 ⑤ 18

▶ 24639-0299

4 144의 양의 약수의 개수는?

① 6 ② 9 ③ 12
④ 15 ⑤ 18

▶ 24639-0300

5 1, 2, 3, 4를 일렬로 나열할 때 왼쪽에서부터 n ($n=1$, 2, 3, 4)번째 자리에 n이 오지 않도록 네 개의 자연수를 나열하는 경우의 수를 구하시오.

▶ 24639-0301

6 등식 $2 \times {}_{n+1}\mathrm{P}_2 - 3 \times {}_n\mathrm{P}_2 = {}_n\mathrm{P}_3$을 만족시키는 자연수 n의 값을 구하시오. (단, $n \geq 3$)

7 ▸ 24639-0302

아버지, 어머니, 아들, 딸로 구성된 4명의 가족이 있다. 이 가족이 그림과 같이 번호가 적힌 7개의 의자 중 4개의 의자에 모두 앉을 때, 아들, 딸이 모두 짝수 번호가 적힌 의자에 앉는 경우의 수는?

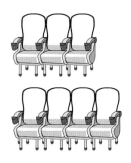

① 100　　　　② 120　　　　③ 140
④ 160　　　　⑤ 180

8 ▸ 24639-0303

7개의 문자 n, u, m, b, e, r, s를 일렬로 나열할 때, 모음 사이에 2개의 자음이 오도록 나열하는 경우의 수는?

① 888　　　　② 912　　　　③ 936
④ 960　　　　⑤ 984

 내신UP

9 ▸ 24639-0304

그림과 같이 3인용 의자와 4인용 의자가 하나씩 있다. 여학생 2명과 남학생 3명이 다음 조건을 만족시키면서 모두 의자에 앉는 경우의 수는?

> (가) 여학생은 이웃하여 앉는다.
> (나) 남학생은 각 줄의 양 끝 자리에만 앉는다.

① 92　　　　② 94　　　　③ 96
④ 98　　　　⑤ 100

10 ▸ 24639-0305

등식 $4 \times {}_5\mathrm{P}_3 + 24 \times {}_5\mathrm{C}_4 = {}_n\mathrm{P}_4$를 만족시키는 자연수 n의 값은? (단, $n \geq 4$)

① 4　　　　② 5　　　　③ 6
④ 7　　　　⑤ 8

11 ▸ 24639-0306

$c < b < a < 10$인 세 자연수 a, b, c가 있다. 백의 자리의 수가 a, 십의 자리의 수가 b, 일의 자리의 수가 c인 세 자리의 자연수 중 700보다 큰 자연수의 개수를 구하시오.

12 ▸ 24639-0307

빨간색, 파란색, 노란색을 포함한 서로 다른 색의 8개의 구슬 가운데 5개의 구슬을 선택하려고 한다. 이때 빨간색과 파란색 구슬을 모두 포함하여 선택하는 경우의 수를 m, 노란색 구슬을 제외하고 선택하는 경우의 수를 n이라 하자. $m+n$의 값은? (단, 모든 구슬은 한 가지 색으로만 칠해져 있다.)

① 38　　　　② 39　　　　③ 40
④ 41　　　　⑤ 42

13
| 2020학년도 3월 고2 학력평가 15번 |

▶ 24639-0308

삼각형 ABC에서 꼭짓점 A와 선분 BC 위의 네 점을 연결하는 4개의 선분을 그리고, 선분 AB 위의 세 점과 선분 AC 위의 세 점을 연결하는 3개의 선분을 그려 그림과 같은 도형을 만들었다. 이 도형의 선들로 만들 수 있는 삼각형의 개수는?

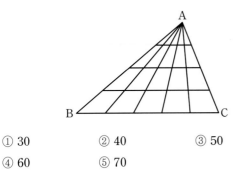

① 30   ② 40   ③ 50

④ 60   ⑤ 70

14

▶ 24639-0309

남학생 5명과 여학생 4명으로 구성된 어느 동아리에서 동아리 발표대회에 참가할 4명의 대표를 선발하려고 한다. 4명의 대표 중에서 남학생과 여학생을 적어도 1명씩 포함하여 선발하는 경우의 수는?

① 108   ② 120   ③ 132

④ 144   ⑤ 156

15 ✓ 내신UP

▶ 24639-0310

그림과 같은 A, B, C, D, E, F의 영역에 4가지 색의 일부 또는 전부를 이용하여 색칠하려고 한다. 같은 색을 중복하여 사용해도 좋으나 인접한 영역에는 서로 다른 색을 칠할 때, 모든 영역을 색칠하는 방법의 수를 구하시오.

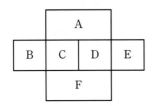

16

▶ 24639-0311

0부터 9까지의 서로 다른 네 정수 a, b, c, d에 대하여 다음 조건을 만족시키는 네 자리의 자연수

$$N = a \times 10^3 + b \times 10^2 + c \times 10 + d$$

의 개수를 구하시오.

> ㈎ N은 5의 배수이다.
> ㈏ $a < b < c$이고, $d < c$이다.

17

▶ 24639-0312

서로 다른 종류의 사탕 3개와 같은 종류의 초콜릿 2개를 4명의 학생에게 남김없이 나누어 주려고 한다. 아무것도 받지 못하는 학생이 없도록 사탕과 초콜릿을 나누어 주는 경우의 수를 구하시오.

IV

행렬

08 행렬과 그 연산

08 행렬과 그 연산

1 행렬의 뜻

(1) 행렬

수나 문자를 직사각형 모양으로 배열하여 괄호로 묶어 나타낸 것을 행렬이라고 한다.

① 성분: 행렬을 이루는 각각의 수 또는 문자

② 행: 행렬에서 성분을 가로로 배열한 줄

③ 열: 행렬에서 성분을 세로로 배열한 줄

> 설명 ⟨ 행렬의 행은 위에서부터 차례로 제1행, 제2행, ⋯, 열은 왼쪽에서부터 차례로 제1열, 제2열, ⋯이라고 한다.

$$\begin{array}{c} \quad \text{제1열} \quad \text{제2열} \quad \text{제3열} \\ \quad \downarrow \qquad \downarrow \qquad \downarrow \\ \begin{matrix} \text{제1행} \to \\ \text{제2행} \to \end{matrix} \begin{pmatrix} 12 & 43 & 7 \\ 31 & 9 & 16 \end{pmatrix} \end{array}$$

(2) $m \times n$ 행렬

행이 m개, 열이 n개인 행렬을 $m \times n$ 행렬이라고 한다.

특히, 행의 개수와 열의 개수가 같은 행렬을 정사각행렬이라고 하고, $n \times n$ 행렬을 n차 정사각행렬이라고 한다.

⑩ (i) 행렬 $(2 \quad 1)$은 행의 개수가 1, 열의 개수가 2이므로 1×2 행렬이다.

(ii) 행렬 $\begin{pmatrix} 5 & 9 \\ 8 & 1 \end{pmatrix}$은 행의 개수가 2, 열의 개수가 2이므로 2×2 행렬, 즉 이차정사각행렬이다.

(iii) 행렬 $\begin{pmatrix} 1 & 3 & 8 \\ 9 & 0 & 4 \end{pmatrix}$는 행의 개수가 2, 열의 개수가 3이므로 2×3 행렬이다.

(3) 행렬의 (i, j) 성분

① 보통 행렬은 알파벳의 대문자 A, B, C, ⋯를 사용하여 나타내고, 행렬의 성분은 알파벳의 소문자 a, b, c, ⋯를 사용하여 나타낸다.

② 행렬 A의 제i행과 제j열이 만나는 위치에 있는 행렬의 성분을 행렬 A의 (i, j) 성분이라고 하고, a_{ij}로 나타낸다.

> 설명 ⟨ 행렬 A의 성분을 a_{ij}로 나타내면 2×3 행렬 A는 $A = \begin{pmatrix} a_{11} & a_{12} & a_{13} \\ a_{21} & a_{22} & a_{23} \end{pmatrix}$과 같이 나타낸다.

$$\begin{array}{c} \qquad \qquad \text{제}j\text{열} \\ \qquad \qquad \downarrow \\ \text{제}i\text{행} \to \begin{pmatrix} & \vdots & \\ \cdots & a_{ij} & \cdots \\ & \vdots & \end{pmatrix} \\ \qquad \qquad (i, j) \text{ 성분} \end{array}$$

개념 CHECK

정답과 풀이 101쪽

▶ 24639-0313

1 다음 $m \times n$ 행렬에 대하여 m, n의 값을 구하시오.

(1) $\begin{pmatrix} 3 \\ -1 \end{pmatrix}$　　　　(2) $\begin{pmatrix} 2 & 5 \\ 1 & 8 \end{pmatrix}$　　　　(3) $\begin{pmatrix} -1 & 4 \\ 0 & 2 \\ 1 & -3 \end{pmatrix}$

▶ 24639-0314

2 행렬 $A = \begin{pmatrix} 1 & -1 & 2 \\ 4 & 3 & 1 \\ 0 & -5 & 3 \end{pmatrix}$에 대하여 다음을 구하시오.

(1) $(1, 3)$ 성분　　　　(2) $(2, 2)$ 성분　　　　(3) $(3, 2)$ 성분

② 두 행렬이 같을 조건

(1) 같은 꼴의 행렬

두 행렬 A, B의 행의 개수와 열의 개수가 각각 같을 때, 두 행렬 A, B는 같은 꼴이라고 한다.

예 $A=\begin{pmatrix} 3 & 0 \\ 8 & 2 \\ 5 & 1 \end{pmatrix}$, $B=\begin{pmatrix} 2 & 9 \\ 0 & 2 \\ 7 & 6 \end{pmatrix}$일 때,

두 행렬 A, B는 모두 3×2 행렬이므로 같은 꼴이다.

(2) 서로 같은 행렬

두 행렬 A, B가 같은 꼴이고 대응하는 성분이 각각 같으면 두 행렬 A, B는 서로 같다고 하고, 기호로 $A=B$와 같이 나타낸다.

설명 ① 같은 꼴인 두 행렬 $A=\begin{pmatrix} a_{11} & a_{12} \\ a_{21} & a_{22} \end{pmatrix}$, $B=\begin{pmatrix} b_{11} & b_{12} \\ b_{21} & b_{22} \end{pmatrix}$에 대하여

$a_{11}=b_{11}$, $a_{12}=b_{12}$, $a_{21}=b_{21}$, $a_{22}=b_{22}$이면 $A=B$이다.

반대로 $A=B$이면 $a_{11}=b_{11}$, $a_{12}=b_{12}$, $a_{21}=b_{21}$, $a_{22}=b_{22}$이다.

② $A=B$, $B=C$이면 $A=C$이다.

③ 두 행렬 A, B가 서로 같지 않을 때, 기호로 $A \neq B$와 같이 나타낸다.

예 ① 두 행렬 $A=\begin{pmatrix} 5 & a \\ b & 2 \end{pmatrix}$, $B=\begin{pmatrix} c & 6 \\ 1 & d \end{pmatrix}$에 대하여

$A=B$이면 두 행렬의 대응하는 성분이 각각 같으므로

$a=6$, $b=1$, $c=5$, $d=2$이다.

② 세 행렬 $A=\begin{pmatrix} 1 & 6 \\ a & b \end{pmatrix}$, $B=\begin{pmatrix} x & y \\ z & w \end{pmatrix}$, $C=\begin{pmatrix} c & d \\ 8 & 0 \end{pmatrix}$에 대하여

$A=B$, $B=C$이면 $A=C$이므로

$a=8$, $b=0$, $c=1$, $d=6$이다.

③ 두 행렬 $A=\begin{pmatrix} 9 & 1 \\ 1 & 5 \end{pmatrix}$, $B=\begin{pmatrix} 9 & 2 \\ 1 & 5 \end{pmatrix}$에 대하여

두 행렬의 $(1, 1)$, $(2, 1)$, $(2, 2)$ 성분은 각각 같지만, $(1, 2)$ 성분은 $1 \neq 2$로 다르므로 $A \neq B$이다.

개념 CHECK

정답과 풀이 101쪽

▶ 24639-0315

3 다음 등식을 만족시키는 실수 x, y의 값을 구하시오.

(1) $\begin{pmatrix} x+1 \\ 2y-3 \end{pmatrix}=\begin{pmatrix} 4 \\ -1 \end{pmatrix}$

(2) $(x-y \quad 2x+y)=(-3 \quad 9)$

(3) $\begin{pmatrix} 3x+1 & -4 \\ -6 & 4 \end{pmatrix}=\begin{pmatrix} 7 & -4 \\ -6 & y+6 \end{pmatrix}$

(4) $\begin{pmatrix} 2x-3y & 3 \\ -6 & 2 \end{pmatrix}=\begin{pmatrix} -8 & 3 \\ 2x-2y & 2 \end{pmatrix}$

(1) 행렬의 덧셈

두 행렬 A, B가 같은 꼴일 때, A와 B의 대응하는 각 성분의 합을 성분으로 하는 행렬을 A와 B의 합이라 하고, 기호로 $A+B$와 같이 나타낸다.

> 설명 두 행렬 $A=\begin{pmatrix} a_{11} & a_{12} \\ a_{21} & a_{22} \end{pmatrix}$, $B=\begin{pmatrix} b_{11} & b_{12} \\ b_{21} & b_{22} \end{pmatrix}$일 때
>
> $$A+B=\begin{pmatrix} a_{11}+b_{11} & a_{12}+b_{12} \\ a_{21}+b_{21} & a_{22}+b_{22} \end{pmatrix}$$

(2) 행렬의 뺄셈

두 행렬 A, B가 같은 꼴일 때, A의 각 성분에서 그에 대응하는 B의 성분을 뺀 것을 성분으로 하는 행렬을 A에서 B를 뺀 차라 하고, 기호로 $A-B$와 같이 나타낸다.

> 설명 두 행렬 $A=\begin{pmatrix} a_{11} & a_{12} \\ a_{21} & a_{22} \end{pmatrix}$, $B=\begin{pmatrix} b_{11} & b_{12} \\ b_{21} & b_{22} \end{pmatrix}$일 때
>
> $$A-B=\begin{pmatrix} a_{11}-b_{11} & a_{12}-b_{12} \\ a_{21}-b_{21} & a_{22}-b_{22} \end{pmatrix}$$

(3) 영행렬

모든 성분이 0인 행렬을 영행렬이라 하고, 기호 O로 나타낸다.

> 예 $\begin{pmatrix} 0 & 0 \end{pmatrix}$, $\begin{pmatrix} 0 \\ 0 \end{pmatrix}$, $\begin{pmatrix} 0 & 0 \\ 0 & 0 \end{pmatrix}$, $\begin{pmatrix} 0 & 0 & 0 \\ 0 & 0 & 0 \end{pmatrix}$
>
> 은 각각 1×2 행렬, 2×1 행렬, 2×2 행렬, 2×3 행렬인 영행렬이다.

> 설명 행렬 A와 영행렬 O가 같은 꼴일 때, 다음이 성립한다.
>
> $$A+O=O+A=A$$

(4) 행렬의 실수배

행렬 A의 각 성분에 실수 k를 곱한 수를 성분으로 하는 행렬을 행렬 A의 k배라 하고, 기호로 kA와 같이 나타낸다.

> 설명 행렬 $A=\begin{pmatrix} a_{11} & a_{12} \\ a_{21} & a_{22} \end{pmatrix}$와 실수 k에 대하여 $kA=\begin{pmatrix} ka_{11} & ka_{12} \\ ka_{21} & ka_{22} \end{pmatrix}$

개념 CHECK

정답과 풀이 101쪽

▶ 24639-0316

4 다음을 계산하시오.

(1) $\begin{pmatrix} 5 \\ -2 \end{pmatrix}+\begin{pmatrix} 1 \\ 4 \end{pmatrix}$

(2) $\begin{pmatrix} -1 & 3 \\ 6 & 1 \end{pmatrix}-\begin{pmatrix} 3 & -1 \\ 2 & -2 \end{pmatrix}$

(3) $\begin{pmatrix} 1 & 5 \\ -1 & 3 \\ 1 & -4 \end{pmatrix}-\begin{pmatrix} 4 & 1 \\ -2 & 0 \\ 1 & 3 \end{pmatrix}$

▶ 24639-0317

5 두 행렬 $A=\begin{pmatrix} 2 & 1 \\ -3 & 2 \end{pmatrix}$, $B=\begin{pmatrix} 1 & 4 \\ 0 & 3 \end{pmatrix}$에 대하여 다음 행렬을 구하시오.

(1) $A+B$

(2) $2B-A$

(3) $3A+2B$

(1) 행렬의 덧셈의 성질

세 행렬 A, B, C가 같은 꼴일 때,

① $A+B=B+A$

② $(A+B)+C=A+(B+C)$

> **설명** 세 행렬 $A=\begin{pmatrix} 4 & -1 \\ 2 & 3 \end{pmatrix}$, $B=\begin{pmatrix} 1 & 7 \\ 3 & 6 \end{pmatrix}$, $C=\begin{pmatrix} -2 & 1 \\ 5 & 1 \end{pmatrix}$에 대하여
>
> ① $A+B=\begin{pmatrix} 4 & -1 \\ 2 & 3 \end{pmatrix}+\begin{pmatrix} 1 & 7 \\ 3 & 6 \end{pmatrix}=\begin{pmatrix} 5 & 6 \\ 5 & 9 \end{pmatrix}$, $B+A=\begin{pmatrix} 1 & 7 \\ 3 & 6 \end{pmatrix}+\begin{pmatrix} 4 & -1 \\ 2 & 3 \end{pmatrix}=\begin{pmatrix} 5 & 6 \\ 5 & 9 \end{pmatrix}$
>
> 이므로 $A+B=B+A$
>
> ② $(A+B)+C=\left\{\begin{pmatrix} 4 & -1 \\ 2 & 3 \end{pmatrix}+\begin{pmatrix} 1 & 7 \\ 3 & 6 \end{pmatrix}\right\}+\begin{pmatrix} -2 & 1 \\ 5 & 1 \end{pmatrix}=\begin{pmatrix} 5 & 6 \\ 5 & 9 \end{pmatrix}+\begin{pmatrix} -2 & 1 \\ 5 & 1 \end{pmatrix}=\begin{pmatrix} 3 & 7 \\ 10 & 10 \end{pmatrix}$,
>
> $A+(B+C)=\begin{pmatrix} 4 & -1 \\ 2 & 3 \end{pmatrix}+\left\{\begin{pmatrix} 1 & 7 \\ 3 & 6 \end{pmatrix}+\begin{pmatrix} -2 & 1 \\ 5 & 1 \end{pmatrix}\right\}=\begin{pmatrix} 4 & -1 \\ 2 & 3 \end{pmatrix}+\begin{pmatrix} -1 & 8 \\ 8 & 7 \end{pmatrix}=\begin{pmatrix} 3 & 7 \\ 10 & 10 \end{pmatrix}$
>
> 이므로 $(A+B)+C=A+(B+C)$

(2) 행렬의 실수배의 성질

두 행렬 A, B가 같은 꼴이고, 두 실수 k, l에 대하여

① $(kl)A=k(lA)$

② $(k+l)A=kA+lA$, $k(A+B)=kA+kB$

> **설명** 두 행렬 $A=\begin{pmatrix} 1 & 2 \\ -2 & -1 \end{pmatrix}$, $B=\begin{pmatrix} 6 & 1 \\ 3 & 0 \end{pmatrix}$에 대하여
>
> $(4+1)A=5A=5\begin{pmatrix} 1 & 2 \\ -2 & -1 \end{pmatrix}=\begin{pmatrix} 5 & 10 \\ -10 & -5 \end{pmatrix}$,
>
> $4A+1A=4\begin{pmatrix} 1 & 2 \\ -2 & -1 \end{pmatrix}+\begin{pmatrix} 1 & 2 \\ -2 & -1 \end{pmatrix}=\begin{pmatrix} 4 & 8 \\ -8 & -4 \end{pmatrix}+\begin{pmatrix} 1 & 2 \\ -2 & -1 \end{pmatrix}=\begin{pmatrix} 5 & 10 \\ -10 & -5 \end{pmatrix}$
>
> 이므로 $(4+1)A=4A+1A$
>
> $2(A+B)=2\left\{\begin{pmatrix} 1 & 2 \\ -2 & -1 \end{pmatrix}+\begin{pmatrix} 6 & 1 \\ 3 & 0 \end{pmatrix}\right\}=2\begin{pmatrix} 7 & 3 \\ 1 & -1 \end{pmatrix}=\begin{pmatrix} 14 & 6 \\ 2 & -2 \end{pmatrix}$,
>
> $2A+2B=2\begin{pmatrix} 1 & 2 \\ -2 & -1 \end{pmatrix}+2\begin{pmatrix} 6 & 1 \\ 3 & 0 \end{pmatrix}=\begin{pmatrix} 2 & 4 \\ -4 & -2 \end{pmatrix}+\begin{pmatrix} 12 & 2 \\ 6 & 0 \end{pmatrix}=\begin{pmatrix} 14 & 6 \\ 2 & -2 \end{pmatrix}$
>
> 이므로 $2(A+B)=2A+2B$

개념 CHECK

정답과 풀이 102쪽

▶ 24639-0318

6 다음 등식을 만족시키는 행렬 X를 구하시오.

(1) $\begin{pmatrix} -2 & -1 \\ 3 & 1 \end{pmatrix}+X=\begin{pmatrix} 4 & 2 \\ -1 & 1 \end{pmatrix}$

(2) $X-\begin{pmatrix} 1 & 8 \\ 7 & -3 \end{pmatrix}=\begin{pmatrix} 2 & 5 \\ -1 & 5 \end{pmatrix}$

▶ 24639-0319

7 두 행렬 $A=\begin{pmatrix} 2 & 1 \\ -3 & 2 \end{pmatrix}$, $B=\begin{pmatrix} 1 & 4 \\ 0 & 3 \end{pmatrix}$, $C=\begin{pmatrix} -2 & 3 \\ 1 & 4 \end{pmatrix}$에 대하여 다음 행렬을 구하시오.

(1) $A+B-(A-B)$

(2) $2(B+A)-2(B-C)$

(3) $A-2(B-C)$

(1) 행렬의 곱셈

두 행렬 A, B에 대하여 A의 열의 개수가 B의 행의 개수와 같을 때, A의 제i행의 각 성분과 B의 제j열의 각 성분을 차례로 곱하고 더한 것을 (i, j) 성분으로 하는 행렬을 A와 B의 곱이라 하고, 기호로 AB와 같이 나타낸다.

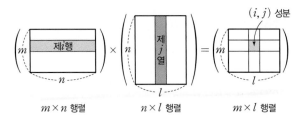

$m \times n$ 행렬 $n \times l$ 행렬 $m \times l$ 행렬

> **설명** ① 행렬 A가 $m \times n$ 행렬, 행렬 B가 $n \times l$ 행렬일 때, 행렬 AB는 $m \times l$ 행렬이다.
>
> ② 두 행렬 $A = \begin{pmatrix} a_{11} & a_{12} \\ a_{21} & a_{22} \end{pmatrix}$, $B = \begin{pmatrix} b_{11} & b_{12} \\ b_{21} & b_{22} \end{pmatrix}$일 때
>
> $$AB = \begin{pmatrix} a_{11}b_{11} + a_{12}b_{21} & a_{11}b_{12} + a_{12}b_{22} \\ a_{21}b_{11} + a_{22}b_{21} & a_{21}b_{12} + a_{22}b_{22} \end{pmatrix}$$

예 ① $(a \quad b)\begin{pmatrix} x \\ y \end{pmatrix} = (ax + by)$

$(1 \times 2 \text{ 행렬}) \times (2 \times 1 \text{ 행렬}) = (1 \times 1 \text{ 행렬})$

② $(a \quad b)\begin{pmatrix} x & u \\ y & v \end{pmatrix} = (ax + by \quad au + bv)$

$(1 \times 2 \text{ 행렬}) \times (2 \times 2 \text{ 행렬}) = (1 \times 2 \text{ 행렬})$

③ $\begin{pmatrix} a \\ b \end{pmatrix}(x \quad y) = \begin{pmatrix} ax & ay \\ bx & by \end{pmatrix}$

$(2 \times 1 \text{ 행렬}) \times (1 \times 2 \text{ 행렬}) = (2 \times 2 \text{ 행렬})$

④ $\begin{pmatrix} a & b \\ c & d \end{pmatrix}\begin{pmatrix} x \\ y \end{pmatrix} = \begin{pmatrix} ax + by \\ cx + dy \end{pmatrix}$

$(2 \times 2 \text{ 행렬}) \times (2 \times 1 \text{ 행렬}) = (2 \times 1 \text{ 행렬})$

⑤ $\begin{pmatrix} a & b \\ c & d \end{pmatrix}\begin{pmatrix} x & u \\ y & v \end{pmatrix} = \begin{pmatrix} ax + by & au + bv \\ cx + dy & cu + dv \end{pmatrix}$

$(2 \times 2 \text{ 행렬}) \times (2 \times 2 \text{ 행렬}) = (2 \times 2 \text{ 행렬})$

개념 CHECK

정답과 풀이 102쪽

▶ 24639-0320

8 다음을 계산하시오.

(1) $(1 \quad 2)\begin{pmatrix} -2 \\ 3 \end{pmatrix}$

(2) $(3 \quad -1)\begin{pmatrix} 5 & 1 \\ 3 & 2 \end{pmatrix}$

(3) $\begin{pmatrix} -2 \\ 5 \end{pmatrix}(3 \quad 2)$

(4) $\begin{pmatrix} 1 & 3 \\ 4 & 2 \end{pmatrix}\begin{pmatrix} -1 \\ 4 \end{pmatrix}$

(5) $\begin{pmatrix} 2 & 0 \\ 3 & 1 \end{pmatrix}\begin{pmatrix} 2 & 1 \\ 3 & -2 \end{pmatrix}$

(6) $\begin{pmatrix} 3 & 1 \\ 0 & 2 \end{pmatrix}\begin{pmatrix} 2 & 2 \\ 4 & 1 \end{pmatrix}$

(1) 행렬의 거듭제곱

행렬 A가 정사각행렬이고 m, n이 자연수일 때,

① $A^2=AA$, $A^3=A^2A$, $A^4=A^3A$, $\cdots$, $A^{n+1}=A^nA$

② $A^mA^n=A^{m+n}$, $(A^m)^n=A^{mn}$

예 행렬 $A=\begin{pmatrix} -1 & 0 \\ -1 & 2 \end{pmatrix}$에 대하여

$$A^2=\begin{pmatrix} -1 & 0 \\ -1 & 2 \end{pmatrix}\begin{pmatrix} -1 & 0 \\ -1 & 2 \end{pmatrix}=\begin{pmatrix} 1 & 0 \\ -1 & 4 \end{pmatrix}$$

$$A^3=A^2A=\begin{pmatrix} 1 & 0 \\ -1 & 4 \end{pmatrix}\begin{pmatrix} -1 & 0 \\ -1 & 2 \end{pmatrix}=\begin{pmatrix} -1 & 0 \\ -3 & 8 \end{pmatrix}$$

(2) 단위행렬

정사각행렬 중에서 왼쪽 위에서 오른쪽 아래로 내려가는 대각선 위의 성분은 모두 1이고, 그 외의 성분은 모두 0인 행렬을 단위행렬이라 하고, 기호로 E와 같이 나타낸다.

① $\begin{pmatrix} 1 & 0 \\ 0 & 1 \end{pmatrix}$, $\begin{pmatrix} 1 & 0 & 0 \\ 0 & 1 & 0 \\ 0 & 0 & 1 \end{pmatrix}$, $\cdots$은 모두 단위행렬이다.

② 두 행렬 $A=\begin{pmatrix} a_{11} & a_{12} \\ a_{21} & a_{22} \end{pmatrix}$, $E=\begin{pmatrix} 1 & 0 \\ 0 & 1 \end{pmatrix}$에 대하여

$$AE=\begin{pmatrix} a_{11} & a_{12} \\ a_{21} & a_{22} \end{pmatrix}\begin{pmatrix} 1 & 0 \\ 0 & 1 \end{pmatrix}=\begin{pmatrix} a_{11} & a_{12} \\ a_{21} & a_{22} \end{pmatrix}, \quad EA=\begin{pmatrix} 1 & 0 \\ 0 & 1 \end{pmatrix}\begin{pmatrix} a_{11} & a_{12} \\ a_{21} & a_{22} \end{pmatrix}=\begin{pmatrix} a_{11} & a_{12} \\ a_{21} & a_{22} \end{pmatrix}$$

이므로 $AE=EA=A$

③ 단위행렬 $E=\begin{pmatrix} 1 & 0 \\ 0 & 1 \end{pmatrix}$에 대하여

$$E^2=\begin{pmatrix} 1 & 0 \\ 0 & 1 \end{pmatrix}\begin{pmatrix} 1 & 0 \\ 0 & 1 \end{pmatrix}=\begin{pmatrix} 1 & 0 \\ 0 & 1 \end{pmatrix}$$이므로

$$E^3=E^2E=EE=E, \cdots, E^n=E(n\text{은 자연수})$$

개념 CHECK

정답과 풀이 103쪽

▶ 24639-0321

9 행렬 $A=\begin{pmatrix} 1 & 1 \\ 0 & -1 \end{pmatrix}$에 대하여 다음 행렬을 구하시오.

(1) A^2 (2) A^3

▶ 24639-0322

10 두 행렬 $A=\begin{pmatrix} -1 & 1 \\ 2 & 0 \end{pmatrix}$, $E=\begin{pmatrix} 1 & 0 \\ 0 & 1 \end{pmatrix}$에 대하여 다음 행렬을 구하시오.

(1) E^{10} (2) $E^{20}+(-E)^{20}$
(3) AE (4) EA

(1) 행렬의 곱셈의 성질

① 일반적으로 $AB=BA$가 성립하지 않는다. 즉, $AB \neq BA$이다.

◉ 두 행렬 $A=\begin{pmatrix} 2 & 2 \\ 0 & 1 \end{pmatrix}$, $B=\begin{pmatrix} 1 & -3 \\ 2 & 1 \end{pmatrix}$에 대하여

$$AB=\begin{pmatrix} 2 & 2 \\ 0 & 1 \end{pmatrix}\begin{pmatrix} 1 & -3 \\ 2 & 1 \end{pmatrix}=\begin{pmatrix} 6 & -4 \\ 2 & 1 \end{pmatrix}, \ BA=\begin{pmatrix} 1 & -3 \\ 2 & 1 \end{pmatrix}\begin{pmatrix} 2 & 2 \\ 0 & 1 \end{pmatrix}=\begin{pmatrix} 2 & -1 \\ 4 & 5 \end{pmatrix}$$

이므로 $AB \neq BA$이다.

② $(AB)C=A(BC)$

③ $A(B+C)=AB+AC$, $(A+B)C=AC+BC$

④ $k(AB)=(kA)B=A(kB)$

(2) 행렬의 곱셈과 실수의 곱셈의 차이점

① 실수의 곱셈에서는 '$ab=ba$'이지만, 행렬의 곱셈에서는 '$AB=BA$'가 성립하지 않기 때문에 행렬에서는 지수법칙, 곱셈 공식이 성립하지 않는다.

$(AB)^2 \neq A^2B^2 \Rightarrow (AB)^2=ABAB$

$(A+B)^2 \neq A^2+2AB+B^2 \Rightarrow (A+B)^2=A^2+AB+BA+B^2$

$(A+B)(A-B) \neq A^2-B^2 \Rightarrow (A+B)(A-B)=A^2-AB+BA-B^2$

◉ 두 행렬 $A=\begin{pmatrix} -1 & 3 \\ 1 & 0 \end{pmatrix}$, $B=\begin{pmatrix} 2 & 0 \\ 1 & 1 \end{pmatrix}$에 대하여

$$(AB)^2=\left\{\begin{pmatrix} -1 & 3 \\ 1 & 0 \end{pmatrix}\begin{pmatrix} 2 & 0 \\ 1 & 1 \end{pmatrix}\right\}^2=\begin{pmatrix} 1 & 3 \\ 2 & 0 \end{pmatrix}^2=\begin{pmatrix} 7 & 3 \\ 2 & 6 \end{pmatrix},$$

$$A^2B^2=\begin{pmatrix} -1 & 3 \\ 1 & 0 \end{pmatrix}^2\begin{pmatrix} 2 & 0 \\ 1 & 1 \end{pmatrix}^2=\begin{pmatrix} 4 & -3 \\ -1 & 3 \end{pmatrix}\begin{pmatrix} 4 & 0 \\ 3 & 1 \end{pmatrix}=\begin{pmatrix} 7 & -3 \\ 5 & 3 \end{pmatrix}$$

이므로 $(AB)^2 \neq A^2B^2$이다.

② 실수의 곱셈에서는 '$ab=0$이면 $a=0$ 또는 $b=0$'이지만, 행렬의 곱셈에서는 '$AB=O$이면 $A=O$ 또는 $B=O$'가 성립하지 않는다. 즉, $AB=O$이지만 $A \neq O$, $B \neq O$일 수 있다.

◉ 두 행렬 $A=\begin{pmatrix} 2 & 1 \\ 2 & 1 \end{pmatrix}$, $B=\begin{pmatrix} 2 & -1 \\ -4 & 2 \end{pmatrix}$에 대하여

$$AB=\begin{pmatrix} 2 & 1 \\ 2 & 1 \end{pmatrix}\begin{pmatrix} 2 & -1 \\ -4 & 2 \end{pmatrix}=\begin{pmatrix} 0 & 0 \\ 0 & 0 \end{pmatrix}$$

개념 CHECK

정답과 풀이 103쪽

▶ 24639-0323

11 세 행렬 $A=\begin{pmatrix} -1 & -1 \\ 0 & 1 \end{pmatrix}$, $B=\begin{pmatrix} 1 & 2 \\ 1 & -1 \end{pmatrix}$, $C=\begin{pmatrix} 2 & 1 \\ -1 & 0 \end{pmatrix}$에 대하여 $(AB)C=A(BC)$가 성립함을 확인하시오.

▶ 24639-0324

12 세 행렬 $A=\begin{pmatrix} 1 & -1 \\ -1 & 1 \end{pmatrix}$, $B=\begin{pmatrix} 2 & 1 \\ -1 & 2 \end{pmatrix}$, $C=\begin{pmatrix} 1 & 1 \\ 2 & 0 \end{pmatrix}$에 대하여 $A(B+C)=AB+AC$가 성립함을 확인하시오.

▶ 24639-0325

대표유형 01 행렬의 성분

2×3 행렬 A의 (i, j) 성분 a_{ij}가

$$a_{ij} = i^2 - 2j$$

일 때, 행렬 A의 모든 성분의 합은?

① -10 ② -9 ③ -8 ④ -7 ⑤ -6

MD의 한마디!

행렬 A의 (i, j) 성분 a_{ij}의 식이 주어진 경우

① 행렬의 행의 개수와 열의 개수에 따라 i, j에 차례로 수를 대입하여 각 a_{ij}의 값을 구합니다.

② ①에서 구한 a_{ij}로 행렬 A의 모든 성분의 합을 구합니다.

Solution

유제

01-1

▶ 24639-0326

이차정사각행렬 A의 (i, j) 성분 a_{ij}가

$$a_{ij} = \begin{cases} i^2 + j & (i = j) \\ 3ij - 2 & (i \neq j) \end{cases}$$

일 때, 행렬 A의 모든 성분의 곱을 구하시오.

01-2

▶ 24639-0327

행렬 $A = \begin{pmatrix} 5 & x \\ y & 6 \end{pmatrix}$의 (i, j) 성분 a_{ij}가

$$a_{ij} = 4i - j^2 + k$$

일 때, $x + y$의 값을 구하시오. (단, x, y, k는 상수이다.)

대표유형 02 두 행렬이 같을 조건

▸ 24639-0328

두 행렬 $A=\begin{pmatrix} 5 & a-b \\ 4 & 7 \end{pmatrix}$, $B=\begin{pmatrix} a+2 & -1 \\ 4 & 2b+c \end{pmatrix}$에 대하여 $A=B$일 때, $a+b+c$의 값을 구하시오.

(단, a, b, c는 상수이다.)

MD의 한마디!

같은 꼴의 두 행렬 A, B가 서로 같은 행렬이면

① 행렬 A의 (i, j) 성분과 행렬 B의 (i, j) 성분이 각각 같습니다.

② ①을 이용하여 미지수 개수만큼 방정식을 만들고 연립하여 해를 찾습니다.

Solution

유제

02-1

▸ 24639-0329

등식 $\begin{pmatrix} x^2+9 & 1 \\ 2y & 3 \end{pmatrix}=\begin{pmatrix} 6x & y+z \\ 4-z & 3 \end{pmatrix}$을 만족시키는 세 상수 x, y, z에 대하여 $x+y-z$의 값은?

① 4   ② 5   ③ 6

④ 7   ⑤ 8

02-2

▸ 24639-0330

두 행렬 $A=\begin{pmatrix} xy & 6 \\ -v & 2u \end{pmatrix}$, $B=\begin{pmatrix} 8 & x+y \\ 2u^2 & v+4 \end{pmatrix}$에 대하여 $A=B$일 때, $x-y+u-v$의 최댓값을 구하시오.

(단, x, y, u, v는 상수이다.)

대표유형
03 행렬의 덧셈, 뺄셈과 실수배(1)

▶ 24639-0331

두 행렬 $A = \begin{pmatrix} 6 & -10 \\ 2 & 6 \end{pmatrix}$, $B = \begin{pmatrix} 0 & 6 \\ 4 & -4 \end{pmatrix}$에 대하여 $2(A+B) - \dfrac{1}{2}(A-B)$의 모든 성분의 합을 구하시오.

MD의 한마디!

행렬의 복잡한 계산에서
① 행렬의 덧셈, 뺄셈, 실수배를 이용하여 구하는 식을 간단하게 정리합니다.
② ①에서 정리한 식에 두 행렬 A, B를 대입합니다.

Solution

유제

03-1

▶ 24639-0332

두 행렬 $A = \begin{pmatrix} -1 & 1 \\ -4 & 2 \end{pmatrix}$, $B = \begin{pmatrix} 5 & 7 \\ 0 & -2 \end{pmatrix}$에 대하여
$3(X+A) = B - X$를 만족시키는 행렬 X의 모든 성분의 곱을 구하시오.

03-2

▶ 24639-0333

두 행렬 $A = \begin{pmatrix} 1 & -2 \\ 2 & 1 \end{pmatrix}$, $B = \begin{pmatrix} 2 & 0 \\ -4 & 8 \end{pmatrix}$에 대하여
$A - 2B + X = 3(X - A - B)$를 만족시키는 행렬 X의 $(1, 2)$ 성분과 $(2, 1)$ 성분의 합은?

① -5 ② -4 ③ -3
④ -2 ⑤ -1

대표유형 04 행렬의 덧셈, 뺄셈과 실수배(2)

▶ 24639-0334

두 행렬 A, B에 대하여

$$2A-3B=\begin{pmatrix} 5 & 4 \\ 5 & 2 \end{pmatrix},\ A-2B=\begin{pmatrix} 2 & 3 \\ 4 & 1 \end{pmatrix}$$

일 때, 행렬 $A+B$의 모든 성분의 곱을 구하시오.

MD의 한마디!

두 행렬 A, B의 합과 차로 조건이 주어진 경우
① 행렬의 실수배와 덧셈, 뺄셈을 이용하여 행렬 A, B 중 하나에 대하여 식을 정리합니다.
② ①에서 정리한 행렬을 주어진 식에 대입하여 행렬 A, B 중 나머지 한 행렬을 구합니다.

Solution

유제

04-1
▶ 24639-0335

두 이차정사각행렬 A, B에 대하여 행렬 $A+B$의 (i, j) 성분 x_{ij}가 $x_{ij}=2i-j+3$이고 $A-B=\begin{pmatrix} 0 & 5 \\ 1 & 8 \end{pmatrix}$일 때, 행렬 $2A-4B$의 모든 성분의 합을 구하시오.

04-2
▶ 24639-0336

두 행렬 $A=\begin{pmatrix} 3 & -1 \\ 7 & -4 \end{pmatrix}$, $B=\begin{pmatrix} -3 & 1 \\ 5 & 6 \end{pmatrix}$에 대하여

$$X+Y=2A,\ 3X-Y=A+B$$

를 만족시키는 두 행렬 X, Y에 대하여 행렬 $X-Y$의 $(1, 1)$ 성분과 $(2, 2)$ 성분의 합을 구하시오.

대표유형 05 행렬의 곱셈

등식 $\begin{pmatrix} x+2 & 1 \\ 2 & y-2 \end{pmatrix}\begin{pmatrix} x-2 & 2 \\ -1 & 1-y \end{pmatrix}=\begin{pmatrix} -4 & 4 \\ -3 & 2 \end{pmatrix}$가 성립하도록 하는 두 상수 x, y에 대하여 $x+y$의 값은?

① 1   ② 2   ③ 3   ④ 4   ⑤ 5

MD의 한마디!

행렬의 곱셈이 포함된 등식에서

① 행렬의 곱셈을 이용하여 좌변의 식을 간단하게 정리합니다.

② 두 행렬이 서로 같을 조건을 이용하여 각 성분마다 방정식을 세운 후 연립하여 해를 구합니다.

Solution

유제

05-1
▶ 24639-0338

이차방정식 $x^2+5x+3=0$의 두 실근을 각각 α, β라 할 때, $\begin{pmatrix} \alpha & 1 \\ 1 & \beta \end{pmatrix}\begin{pmatrix} \alpha & 2\beta \\ 2\alpha & \beta \end{pmatrix}$의 모든 성분의 합을 구하시오.

05-2
▶ 24639-0339

등식 $\begin{pmatrix} x^2 & y^2 \\ 3 & 3 \end{pmatrix}\begin{pmatrix} x \\ y \end{pmatrix}=\begin{pmatrix} 20 \\ 6 \end{pmatrix}$을 만족시키는 상수 x, y에 대하여 xy의 값을 구하시오.

대표유형
06
행렬의 거듭제곱

▶ 24639-0340

행렬 $A = \begin{pmatrix} 1 & 2 \\ 0 & 1 \end{pmatrix}$에 대하여 $A^n = \begin{pmatrix} 1 & 16 \\ 0 & 1 \end{pmatrix}$을 만족시키는 자연수 n의 값을 구하시오.

톡톡
MD의 한마디!

행렬 A의 거듭제곱 A^n을 구하는 경우
① A^2, A^3, A^4, …을 구해보며 A^n의 규칙을 찾습니다.
② ①에서 찾은 규칙을 이용하여 A^n의 성분이 특정한 값을 갖는 자연수 n을 구합니다.

Solution

유제

06-1

▶ 24639-0341

행렬 $A = \begin{pmatrix} -1 & 2 \\ -1 & 2 \end{pmatrix}$에 대하여 행렬 $A^7 + A^9$의 모든 성분의 합은?

① 0   ② 2   ③ 4
④ 6   ⑤ 8

06-2

▶ 24639-0342

행렬 $A = \begin{pmatrix} 1 & 0 \\ 3 & 1 \end{pmatrix}$에 대하여 행렬 A^n의 모든 성분의 합이 23이 되도록 하는 자연수 n의 값을 구하시오.

대표유형 07 단위행렬의 활용

행렬 $A=\begin{pmatrix} 0 & 1 \\ -1 & 0 \end{pmatrix}$ 에 대하여 $A^n=E$가 되도록 하는 자연수 n의 최솟값을 구하시오.

MD의 한마디! 행렬 A의 거듭제곱 A^n이 단위행렬 E가 되는 자연수 n을 찾는 경우
① A^2, A^3, A^4, $\cdots$을 구해보며 단위행렬 E가 되는 자연수 n을 찾습니다.
② A^2, A^3, A^4, $\cdots$을 구하는 과정에서 $A^k=-E$인 경우 $A^{2k}=E$임을 이용합니다.

Solution

유제

07-1

▶ 24639-0344

행렬 $A=\begin{pmatrix} -1 & -1 \\ 1 & 0 \end{pmatrix}$에 대하여 행렬 A^{20}의 제2행의 모든 성분의 곱은?

① -2 ② -1 ③ 0
④ 1 ⑤ 2

07-2

▶ 24639-0345

행렬 $A=\begin{pmatrix} -1 & 2 \\ -2 & 1 \end{pmatrix}$에 대하여 행렬 $A+A^2+A^3+\cdots+A^6$의 모든 성분의 합을 구하시오.

대표유형 08 행렬의 곱셈에 대한 성질

▶ 24639-0346

두 행렬 $A=\begin{pmatrix} 2 & 1 \\ x & -1 \end{pmatrix}$, $B=\begin{pmatrix} 1 & -1 \\ 3 & y \end{pmatrix}$에 대하여 등식 $AB=BA$가 성립할 때, x^2+y^2의 값을 구하시오.

(단, x, y는 상수이다.)

MD의 한마디!

두 행렬 A, B에 대하여 $AB=BA$인 조건을 구하는 경우

① 두 행렬 A, B의 곱 AB, BA를 각각 구합니다.

② ①에서 구한 두 행렬이 서로 같을 조건을 이용하여 x, y의 값을 구합니다.

Solution

유제

08-1
▶ 24639-0347

등식 $(A+B)^2=A^2+2AB+B^2$이 성립하도록 하는 두 행렬 $A=\begin{pmatrix} x & 2 \\ -1 & 1 \end{pmatrix}$, $B=\begin{pmatrix} 1 & y \\ -2 & 3 \end{pmatrix}$에 대하여 행렬 $A+B$의 모든 성분의 합을 구하시오. (단, x, y는 상수이다.)

08-2
▶ 24639-0348

두 행렬 $A=\begin{pmatrix} x & 2 \\ 2 & y \end{pmatrix}$, $B=\begin{pmatrix} 2 & 3 \\ 4 & z \end{pmatrix}$가 있다. $AB=O$가 되도록 하는 세 상수 x, y, z에 대하여 $x+y+z$의 값은?

① 1   ② 2   ③ 3

④ 4   ⑤ 5

대표유형
09 행렬의 곱셈의 활용

▶ 24639-0349

다음 [표 1]은 두 가게 P, Q에서 판매하는 칫솔과 치약의 가격을, [표 2]는 두 학생 지선이와 영재가 구매하려는 칫솔과 치약의 개수를 나타낸 것이다.

(단위: 원)

	칫솔	치약
P가게	2000	3000
Q가게	1500	2500

[표 1]

(단위: 개)

	지선	영재
칫솔	3	5
치약	2	4

[표 2]

두 행렬 $A=\begin{pmatrix} 2000 & 3000 \\ 1500 & 2500 \end{pmatrix}$, $B=\begin{pmatrix} 3 & 5 \\ 2 & 4 \end{pmatrix}$에 대하여 행렬 AB의 $(2, 1)$ 성분이 의미하는 것은?

① 지선이가 P가게에서 칫솔과 치약을 구매할 경우 지불해야 하는 금액

② 지선이가 Q가게에서 칫솔과 치약을 구매할 경우 지불해야 하는 금액

③ 영재가 P가게에서 칫솔과 치약을 구매할 경우 지불해야 하는 금액

④ 영재가 Q가게에서 칫솔과 치약을 구매할 경우 지불해야 하는 금액

⑤ 지선이와 영재가 P가게에서 칫솔과 치약을 구매할 경우 지불해야 하는 금액

MD의 한마디!

행렬 AB의 $(2, 1)$ 성분은 행렬 A의 제2행의 각 성분과 B의 제1열의 각 성분을 차례로 곱하고 더한 것이므로 다음을 이용하여 이 성분이 의미하는 것을 찾습니다.
① 행렬 A의 제2행은 Q가게의 칫솔과 치약의 가격입니다.
② 행렬 B의 제1열은 지선이가 구매하려는 칫솔과 치약의 개수입니다.

Solution

유제

09-1

▶ 24639-0350

다음 [표 1]은 두 학교 A, B의 1학년과 2학년 학생 수를, [표 2]는 두 학교의 1학년과 2학년 학생에서 자전거와 버스를 이용하여 등교하는 학생의 비율을 나타낸 것이다.

(단위: 명)

	1학년	2학년
A 학교	200	180
B 학교	300	240

[표 1]

	자전거	버스
1학년	0.2	0.5
2학년	0.4	0.3

[표 2]

두 행렬 $X=\begin{pmatrix} 200 & 180 \\ 300 & 240 \end{pmatrix}$, $Y=\begin{pmatrix} 0.2 & 0.5 \\ 0.4 & 0.3 \end{pmatrix}$에 대하여 A학교 1학년과 2학년 학생 중 버스를 이용하여 등교하는 학생 수가 행렬 XY의 (a, b) 성분일 때, $a+2b$의 값을 구하시오.

09-2

▶ 24639-0351

두 물병 A, B에 각각 100 g, 200 g의 물이 들어있다. 물병 A에 들어있는 물의 $\frac{1}{4}$을 물병 B로 옮긴 다음 다시 물병 B에 들어있는 물의 $\frac{1}{3}$을 물병 A로 옮긴 후 두 물병 A, B에 들어있는 물의 양을 각각 x, y라 하자. 2×2 행렬 P에 대하여

$$\begin{pmatrix} x \\ y \end{pmatrix} = P \begin{pmatrix} 100 \\ 200 \end{pmatrix}$$

이 성립할 때, 행렬 P의 $(1, 1)$ 성분과 $(2, 2)$ 성분의 곱을 구하시오.

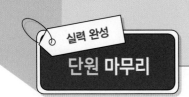

▶ 24639-0352

1 두 삼차정사각행렬 A, B에 대하여 행렬 A의 (i, j) 성분 a_{ij}와 B의 (i, j) 성분 b_{ij}가

$$a_{ij}=3i+2j-1, \ b_{ij}=-a_{ij}$$

일 때, 행렬 B의 제2행의 모든 성분의 합은?

① -29 ② -27 ③ -25

④ -23 ⑤ -21

▶ 24639-0353

2 등식 $\begin{pmatrix} y-2 & x^2 \\ x^2+2x & y^3 \end{pmatrix}=\begin{pmatrix} -y^2 & x \\ 3 & 4y \end{pmatrix}$를 만족시키는 두 상수 x, y에 대하여 xy의 값은?

① -4 ② -2 ③ 0

④ 2 ⑤ 4

▶ 24639-0354

3 세 행렬 $A=\begin{pmatrix} 2 & -2 \\ 1 & 4 \end{pmatrix}$, $B=\begin{pmatrix} 4 & 1 \\ 5 & -1 \end{pmatrix}$, $C=\begin{pmatrix} 2 & 3 \\ 4 & -5 \end{pmatrix}$ 에 대하여 $xA+yB=B-2C$를 만족시키는 두 상수 x, y의 합 $x+y$의 값을 구하시오.

▶ 24639-0355

4 세 행렬 $A=\begin{pmatrix} 1 \\ 4 \end{pmatrix}$, $B=(3 \quad -1)$, $C=\begin{pmatrix} 0 & 8 \\ 1 & 4 \end{pmatrix}$에 대하여 곱이 정의되는 것을 다음 **보기** 중에서 있는 대로 고른 것은?

┌─ 보기 ────────────────────┐
ㄱ. AB ㄴ. AC
ㄷ. BC ㄹ. CB
└──────────────────────────┘

① ㄱ, ㄴ   ② ㄱ, ㄷ   ③ ㄴ, ㄷ

④ ㄴ, ㄹ   ⑤ ㄷ, ㄹ

▶ 24639-0356

5 행렬 $A=\begin{pmatrix} 2 & 1 \\ -3 & -1 \end{pmatrix}$에 대하여

$$A+A^2+A^3+\cdots+A^9=\begin{pmatrix} p & q \\ r & s \end{pmatrix}$$

일 때, $p+q-r-s$의 값은? (단, p, q, r, s는 상수이다.)

① 10 ② 11 ③ 12

④ 13 ⑤ 14

▶ 24639-0357

6 이차정사각행렬 A에 대하여

$$A\begin{pmatrix} a \\ b \end{pmatrix}=\begin{pmatrix} 3 \\ 7 \end{pmatrix}, \ A\begin{pmatrix} 2c \\ 4d \end{pmatrix}=\begin{pmatrix} -6 \\ 2 \end{pmatrix}$$

일 때, 행렬 $A\begin{pmatrix} a+c \\ b+2d \end{pmatrix}$의 모든 성분의 합을 구하시오.

(단, a, b, c, d는 상수이다.)

▶ 24639-0358

7 두 이차정사각행렬 A, B에 대하여

$$A+B=\begin{pmatrix} 3 & -2 \\ -4 & 1 \end{pmatrix}, \quad AB+BA=\begin{pmatrix} 1 & 5 \\ 0 & 3 \end{pmatrix}$$

일 때, 행렬 A^2+B^2의 제2열의 모든 성분의 합은?

① -10 ② -9 ③ -8

④ -7 ⑤ -6

✔ 내신UP

▶ 24639-0359

8 영행렬이 아닌 두 이차정사각행렬 A, B에 대하여
$A^2-B^2=3E$, $AB=O$일 때, 행렬 A^8+B^8의 $(1, 1)$ 성분과 $(2, 2)$ 성분의 합을 구하시오.

✔ 내신UP

▶ 24639-0360

9 어느 학교의 교사 10명과 학생 200명이 [표 1]과 같이 오전과 오후로 나누어 미술관 전시를 관람하려고 한다.

(단위: 명)

	교사	학생
오전	6	120
오후	4	80

[표 1]

관람 요금은 교사는 5000원, 학생은 2000원이고 오전에 관람하는 경우 요금의 20 %를 할인받을 때, 다음 중 이 학교의 교사 10명과 학생 200명의 관람 요금 총액을 나타낸 행렬은?

① $(0.8 \quad 1)\begin{pmatrix} 4 & 80 \\ 6 & 120 \end{pmatrix}\begin{pmatrix} 5000 \\ 2000 \end{pmatrix}$

② $(0.8 \quad 1)\begin{pmatrix} 6 & 120 \\ 4 & 80 \end{pmatrix}\begin{pmatrix} 2000 \\ 5000 \end{pmatrix}$

③ $(0.8 \quad 1)\begin{pmatrix} 6 & 120 \\ 4 & 80 \end{pmatrix}\begin{pmatrix} 5000 \\ 2000 \end{pmatrix}$

④ $(1 \quad 0.8)\begin{pmatrix} 4 & 80 \\ 6 & 120 \end{pmatrix}\begin{pmatrix} 2000 \\ 5000 \end{pmatrix}$

⑤ $(1 \quad 0.8)\begin{pmatrix} 6 & 120 \\ 4 & 80 \end{pmatrix}\begin{pmatrix} 5000 \\ 2000 \end{pmatrix}$

▶ 24639-0361

10 등식 $\begin{pmatrix} 1 \\ 2 \end{pmatrix}A\begin{pmatrix} 2 & 0 \\ 1 & 1 \end{pmatrix}=\begin{pmatrix} 1 & -5 \\ 2 & -10 \end{pmatrix}$을 만족시키는 행렬 A의 모든 성분의 합을 구하시오.

▶ 24639-0362

11 행렬 $A=\begin{pmatrix} 3 & 1 \\ -2 & 1 \end{pmatrix}$에 대하여 행렬
$(A-E)(A^2+A+E)$의 제1행의 모든 성분의 합을 구하시오.

MEMO

매쓰 디렉터의
고1 수학
개념 끝장내기

공통수학 1

MD's 가이드북
정답과 풀이

I. 다항식

01 다항식의 연산

개념 CHECK
본문 6~9쪽

1 (1) $x^3+x^2y^3-2xy+y^2$ (2) $x^3-2xy+y^2+x^2y^3$

2 (1) $3x^2+2x+2$ (2) $5x-1$

3 (1) a^3-2a^2b+ab (2) a^2-b^2-a-b

4 (1) $x^2+4xy+4y^2$ (2) a^2-1

  (3) $6a^2+13a-5$ (4) $x^2+y^2+4-2xy-4y+4x$

  (5) $27a^3+27a^2b+9ab^2+b^3$ (6) a^3-8b^3

5 (1) 7 (2) $\sqrt{5}$

6 9

7 (1) 14 (2) $2\sqrt{3}$

8 $-3x-3$

9 몫: x^2+4x-5, 나머지: 3

대표유형 / 유제
본문 10~15쪽

01 $6x^2-5x+7$

01-1 (1) $3x^2+3xy+7y^2$ (2) $x^2-2xy+8y^2$

01-2 $-7x^3+3x+4$

02 -6 **02-1** ④   **02-2** -6

03 5 **03-1** ②   **03-2** 36

04 2 **04-1** 54 **04-2** ④

05 x^2+2x-4 **05-1** 16 **05-2** x^2-2x-7

06 왼쪽 위에서부터 순서대로 -1, -3, -1, -1, 4, 1, -4, 3, 몫: x^2+x-4, 나머지: 3

06-1 ③   **06-2** -7

단원 마무리
본문 16~17쪽

1 ⑤   **2** $3x^3+4x^2+5$ **3** ①   **4** ②   **5** ②

6 38 **7** ②   **8** 1 **9** ②   **10** -7 **11** 6

02 나머지정리

개념 CHECK
본문 18~20쪽

1 (1) $a=2$, $b=0$, $c=-1$ (2) $a=3$, $b=-5$, $c=2$

  (3) $a=1$, $b=3$, $c=-3$

2 (1) 2 (2) $-\dfrac{5}{8}$ (3) 17

3 (1) 1 (2) 7

4 1

5 ㄱ, ㄴ, ㄹ

대표유형 / 유제
본문 21~27쪽

01 ②   **01-1** 27 **01-2** 20

02 ④   **02-1** 8 **02-2** 11

03 9 **03-1** 35 **03-2** ①

04 ③   **04-1** -10 **04-2** -8

05 $-7x+12$ **05-1** 3 **05-2** -4

06 33 **06-1** ③   **06-2** 36

07 16 **07-1** 1 **07-2** 6

단원 마무리
본문 28~29쪽

1 ⑤   **2** ④   **3** ①   **4** ②   **5** 91 **6** ⑤

7 ①   **8** ②   **9** ①   **10** 49 **11** 13

03 인수분해

개념 CHECK   본문 30~32쪽

1 (1) $(a+b+3c)^2$ (2) $(a+3)^3$
   (3) $(a-2b)(a^2+2ab+4b^2)$

2 (1) $(x+2)(x+4)$ (2) $(x-4)(x^2-5x+7)$
   (3) $(x-1)(x-3)(x+1)(x-5)$

3 (1) $(x^2+2)(x^2-3)$
   (2) $(x^2+4y^2)(x^2-2y^2)$
   (3) $(x^2+2x+4)(x^2-2x+4)$

4 (1) $(x+z)(x+y)$ (2) $(x-y)(x+y+1)$

5 $(x+2)(x-3)(x-4)$

대표유형 / 유제   본문 33~38쪽

01 18	01-1 ①	01-2 $2(x-2y)^3$
02 3	02-1 5	02-2 -2
03 ②	03-1 ⑤	03-2 46
04 ④	04-1 ⑤	04-2 6
05 ②	05-1 ④	05-2 14
06 ②	06-1 ①	06-2 101

단원 마무리   본문 39~40쪽

1 ⑤	**2** 11	**3** ③	**4** ⑤	**5** ①	**6** ④
7 ②	**8** ③	**9** 139	**10** 26	**11** 27	

Ⅱ. 방정식과 부등식

04 복소수와 이차방정식

개념 CHECK   본문 42~45쪽

1 (1) 4, 5   (2) 2, $-\sqrt{2}$ (3) 0, 3

2 (1) 6   (2) 20

3 (1) $3-2i$ (2) $-2i$ (3) -3

4 (1) $3+3i$ (2) $\sqrt{2}-4i$ (3) $1+3i$ (4) 5

5 (1) $\dfrac{1}{2}-\dfrac{1}{2}i$ (2) $-i$

6 (1) $5i$ (2) -6 (3) $-4\sqrt{2}i$

7 (1) 서로 다른 두 실근   (2) 중근
   (3) 서로 다른 두 허근

8 (1) 서로 다른 두 실근   (2) 중근
   (3) 서로 다른 두 허근

9 (1) 합: 1, 곱: -12 (2) 합: -1, 곱: 3
   (3) 합: $\dfrac{2}{3}$, 곱: $\dfrac{1}{9}$

10 (1) 4   (2) 2   (3) 2   (4) 12   (5) 8   (6) 7

11 (1) $x^2+x-6=0$ (2) $x^2-4x+5=0$

대표유형 / 유제   본문 46~51쪽

01 3	01-1 1	01-2 -2
02 11	02-1 ⑤	02-2 4
03 17	03-1 25	03-2 ②
04 27	04-1 0	04-2 -2
05 ②	05-1 10	05-2 ①
06 $-\dfrac{3}{4}$	06-1 $\dfrac{40}{9}$	06-2 2

단원 마무리   본문 52~53쪽

1 ③	**2** ⑤	**3** ②	**4** ⑤	**5** ③	**6** ③
7 10	**8** 6	**9** ①	**10** 9	**11** 10	

05 이차방정식과 이차함수

개념 CHECK
본문 54~56쪽

1 (1) 서로 다른 두 점에서 만난다.
  (2) 한 점에서 만난다.(접한다.)   (3) 만나지 않는다.

2 (1) $k<4$ (2) $k=4$ (3) $k>4$

3 (1) 서로 다른 두 점에서 만난다.   (2) 만나지 않는다.

4 (1) $k<5$ (2) $k=5$ (3) $k>5$

5 (1) 최솟값: 1
  (2) 최댓값: 3

6 (1) 최댓값: 7, 최솟값: 3
  (2) 최댓값: 17, 최솟값: -1
  (3) 최댓값: 2, 최솟값: -2

대표유형 / 유제
본문 57~62쪽

01 0	**01-1** 4	**01-2** 6
02 9	**02-1** 4	**02-2** 11
03 16	**03-1** 2	**03-2** -1
04 12	**04-1** 18	**04-2** ①
05 3	**05-1** -3	**05-2** ④
06 5	**06-1** 225000원	**06-2** 15

단원 마무리
본문 63~64쪽

1 ②	**2** ④	**3** ④	**4** ⑤	**5** ②	**6** ④
7 ④	**8** ①	**9** $512\,\mathrm{m}^2$		**10** -3	**11** 7

06 여러 가지 방정식과 부등식

개념 CHECK
본문 65~71쪽

1 (1) $x=0$ 또는 $x=\pm8$ (2) $x=\pm\sqrt{3}i$ 또는 $x=\pm3$
  (3) $x=1$ 또는 $x=-1\pm\sqrt{2}$

2 (1) $\begin{cases} x=-1 \\ y=-3 \end{cases}$ 또는 $\begin{cases} x=3 \\ y=1 \end{cases}$ (2) $\begin{cases} x=\sqrt{2} \\ y=-\sqrt{2} \end{cases}$ 또는 $\begin{cases} x=-\sqrt{2} \\ y=\sqrt{2} \end{cases}$
  (3) $\begin{cases} x=2 \\ y=2 \end{cases}$ 또는 $\begin{cases} x=-2 \\ y=-2 \end{cases}$

3 (1) $1<x<4$ (2) $-1<x<1$ (3) $2<x<3$

4 (1) $x\leq-2$ 또는 $x\geq-1$ (2) $-\dfrac{5}{3}<x<3$

5 $-\dfrac{5}{2}\leq x\leq\dfrac{9}{2}$

6 (1) $x<-1$ 또는 $x>3$ (2) $-3<x<2$
  (3) $-\dfrac{1}{2}\leq x\leq1$ (4) $x\leq-3$ 또는 $x\geq2$

7 (1) $x\neq2$인 모든 실수   (2) 모든 실수
  (3) 해는 없다   (4) 해는 없다.

8 (1) $1\leq x<2$ (2) $-6<x\leq-2$ 또는 $2\leq x<5$

대표유형 / 유제
본문 72~87쪽

01 6	**01-1** 26	**01-2** ①
02 15	**02-1** 0	**02-2** 1
03 -3	**03-1** -1	**03-2** 0
04 96	**04-1** ⑤	**04-2** 3
05 5	**05-1** 6	**05-2** ④
06 5	**06-1** ②	**06-2** ③
07 10	**07-1** ④	**07-2** 18
08 7	**08-1** 5	**08-2** 2
09 7	**09-1** ⑤	**09-2** ①
10 -9	**10-1** 10	**10-2** 18
11 4	**11-1** 2	**11-2** -4
12 7	**12-1** 2	**12-2** 5
13 5	**13-1** 1	**13-2** 9
14 3	**14-1** ①	**14-2** 9
15 3	**15-1** 2	**15-2** 4
16 3	**16-1** 3	**16-2** 1800원

단원 마무리
본문 88~90쪽

1 ①	**2** ③	**3** ③	**4** ②	**5** 7	**6** ②
7 ⑤	**8** ②	**9** ①	**10** ①	**11** 6	**12** ⑤
13 ③	**14** ②	**15** ④	**16** -4	**17** 4	

Ⅲ. 경우의 수

07 경우의 수, 순열과 조합

개념 CHECK 본문 92~96쪽

1 (1) 5 (2) 8

2 3

3 27

4 12

5 (1) 42 (2) 24 (3) 1 (4) 120

6 8

7 (1) 10 (2) 1

8 6

9 3

10 28

11 462

대표유형 / 유제 본문 97~105쪽

01 7	01-1 7	01-2 10
02 20	02-1 36	02-2 8
03 18	03-1 12	03-2 8
04 7	04-1 6	04-2 5
05 576	05-1 288	05-2 ②
06 108	06-1 144	06-2 864
07 11	07-1 6	07-2 4
08 55	08-1 6	08-2 6
09 27	09-1 84	09-2 45

단원 마무리 본문 106~108쪽

1 ⑤ **2** ③ **3** ④ **4** ④ **5** 9 **6** 3
7 ② **8** ④ **9** ③ **10** ③ **11** 64 **12** ④
13 ④ **14** ② **15** 432 **16** 136 **17** 132

Ⅳ. 행렬

08 행렬과 그 연산

개념 CHECK 본문 110~116쪽

1 (1) $m=2, n=1$ (2) $m=2, n=2$ (3) $m=3, n=2$

2 (1) 2 (2) 3 (3) -5

3 (1) $x=3, y=1$ (2) $x=2, y=5$
   (3) $x=2, y=-2$ (4) $x=-1, y=2$

4 (1) $\begin{pmatrix} 6 \\ 2 \end{pmatrix}$ (2) $\begin{pmatrix} -4 & 4 \\ 4 & 3 \end{pmatrix}$ (3) $\begin{pmatrix} -3 & 4 \\ 1 & 3 \\ 0 & -7 \end{pmatrix}$

5 (1) $\begin{pmatrix} 3 & 5 \\ -3 & 5 \end{pmatrix}$ (2) $\begin{pmatrix} 0 & 7 \\ 3 & 4 \end{pmatrix}$ (3) $\begin{pmatrix} 8 & 11 \\ -9 & 12 \end{pmatrix}$

6 (1) $\begin{pmatrix} 6 & 3 \\ -4 & 0 \end{pmatrix}$ (2) $\begin{pmatrix} 3 & 13 \\ 6 & 2 \end{pmatrix}$

7 (1) $\begin{pmatrix} 2 & 8 \\ 0 & 6 \end{pmatrix}$ (2) $\begin{pmatrix} 0 & 8 \\ -4 & 12 \end{pmatrix}$ (3) $\begin{pmatrix} -4 & -1 \\ -1 & 4 \end{pmatrix}$

8 (1) (4) (2) $(12 \quad 1)$ (3) $\begin{pmatrix} -6 & -4 \\ 15 & 10 \end{pmatrix}$
   (4) $\begin{pmatrix} 11 \\ 4 \end{pmatrix}$ (5) $\begin{pmatrix} 4 & 2 \\ 9 & 1 \end{pmatrix}$ (6) $\begin{pmatrix} 10 & 7 \\ 8 & 2 \end{pmatrix}$

9 (1) $\begin{pmatrix} 1 & 0 \\ 0 & 1 \end{pmatrix}$ (2) $\begin{pmatrix} 1 & 1 \\ 0 & -1 \end{pmatrix}$

10 (1) $\begin{pmatrix} 1 & 0 \\ 0 & 1 \end{pmatrix}$ (2) $\begin{pmatrix} 2 & 0 \\ 0 & 2 \end{pmatrix}$ (3) $\begin{pmatrix} -1 & 1 \\ 2 & 0 \end{pmatrix}$ (4) $\begin{pmatrix} -1 & 1 \\ 2 & 0 \end{pmatrix}$

11 풀이 참조   **12** 풀이 참조

대표유형 / 유제 본문 117~125쪽

01 ②	01-1 192	01-2 11
02 6	02-1 ⑤	02-2 8
03 21	03-1 -12	03-2 ④
04 75	04-1 24	04-2 2
05 ④	05-1 16	05-2 -2
06 8	06-1 ③	06-2 7
07 4	07-1 ④	07-2 -42
08 25	08-1 8	08-2 ①
09 ②	09-1 5	09-2 $\dfrac{5}{9}$

단원 마무리 본문 126~127쪽

1 ② **2** ② **3** 1 **4** ② **5** ⑤ **6** 8
7 ④ **8** 162 **9** ③ **10** -2 **11** 23

I 다항식

개념 CHECK 본문 6~9쪽

1. 다항식의 덧셈과 뺄셈

1 ▶ 24639-0001

다항식 $x^3+y^2-2xy+x^2y^3$을 다음과 같이 정리하시오.

(1) x에 대하여 내림차순
(2) y에 대하여 오름차순

(1) x에 대하여 차수가 높은 항부터 낮은 항의 순서로 정리하면
$x^3+x^2y^3-2xy+y^2$
(2) y에 대하여 차수가 낮은 항부터 높은 항의 순서로 정리하면
$x^3-2xy+y^2+x^2y^3$

🔑 (1) $x^3+x^2y^3-2xy+y^2$ (2) $x^3-2xy+y^2+x^2y^3$

2 ▶ 24639-0002

세 다항식 $A=2x^2+x$, $B=x^2-x+1$, $C=2x+1$에 대하여 다음을 계산하시오.

(1) $A+B+C$
(2) $A-2B+C$

(1) $A+B+C=(2x^2+x)+(x^2-x+1)+(2x+1)$
$\qquad\qquad=(2+1)x^2+(1-1+2)x+(1+1)$
$\qquad\qquad=3x^2+2x+2$
(2) $A-2B+C=(2x^2+x)-2(x^2-x+1)+(2x+1)$
$\qquad\qquad=(2x^2+x)+2(-x^2+x-1)+(2x+1)$
$\qquad\qquad=(2-2)x^2+(1+2+2)x+(-2+1)$
$\qquad\qquad=5x-1$

🔑 (1) $3x^2+2x+2$ (2) $5x-1$

2. 다항식의 곱셈

3 ▶ 24639-0003

다음 식을 전개하시오.

(1) $a(a^2-2ab+b)$
(2) $(a+b)(a-b-1)$

(1) $a(a^2-2ab+b)=a\times a^2-a\times 2ab+a\times b$
$\qquad\qquad\qquad=a^3-2a^2b+ab$
(2) $(a+b)(a-b-1)$
$\quad=a\times a-a\times b-a\times 1+b\times a-b\times b-b\times 1$
$\quad=a^2-b^2-a-b$

🔑 (1) a^3-2a^2b+ab (2) a^2-b^2-a-b

4 ▶ 24639-0004

곱셈 공식을 이용하여 다음 식을 전개하시오.

(1) $(x+2y)^2$
(2) $(a+1)(a-1)$
(3) $(2a+5)(3a-1)$
(4) $(x-y+2)^2$
(5) $(3a+b)^3$
(6) $(a-2b)(a^2+2ab+4b^2)$

(1) $(x+2y)^2=x^2+2\times x\times 2y+(2y)^2$
$\qquad\qquad=x^2+4xy+4y^2$
(2) $(a+1)(a-1)=a^2-1^2$
$\qquad\qquad\qquad=a^2-1$
(3) $(2a+5)(3a-1)$
$\quad=(2\times 3)a^2+\{2\times(-1)+5\times 3\}a+5\times(-1)$
$\quad=6a^2+13a-5$
(4) $(x-y+2)^2$
$\quad=\{x+(-y)+2\}^2$
$\quad=x^2+(-y)^2+2^2+2\times x\times(-y)+2\times(-y)\times 2$
$\qquad\qquad\qquad\qquad\qquad\qquad\qquad+2\times 2\times x$
$\quad=x^2+y^2+4-2xy-4y+4x$
(5) $(3a+b)^3=(3a)^3+3\times(3a)^2\times b+3\times 3a\times b^2+b^3$
$\qquad\qquad=27a^3+27a^2b+9ab^2+b^3$
(6) $(a-2b)(a^2+2ab+4b^2)$
$\quad=(a-2b)\{a^2+a\times 2b+(2b)^2\}$
$\quad=a^3-(2b)^3$
$\quad=a^3-8b^3$

🔑 (1) $x^2+4xy+4y^2$ (2) a^2-1 (3) $6a^2+13a-5$
(4) $x^2+y^2+4-2xy-4y+4x$ (5) $27a^3+27a^2b+9ab^2+b^3$
(6) a^3-8b^3

3. 곱셈 공식의 변형

5
▶ 24639-0005

$a+b=3$, $ab=1$일 때, 다음 식의 값을 구하시오. (단, $a>b$)

(1) a^2+b^2 (2) $a-b$

(1) $a^2+b^2=(a+b)^2-2ab=3^2-2\times1=7$

(2) $(a-b)^2=(a+b)^2-4ab=3^2-4\times1=5$

   $a>b$이므로 $a-b=\sqrt5$

답 (1) 7   (2) $\sqrt5$

6
▶ 24639-0006

$a+b+c=5$, $ab+bc+ca=8$일 때, $a^2+b^2+c^2$의 값을 구하시오.

$a^2+b^2+c^2=(a+b+c)^2-2(ab+bc+ca)$

$=5^2-2\times8=9$

답 9

7
▶ 24639-0007

$x+\dfrac{1}{x}=4$일 때, 다음 식의 값을 구하시오. (단, $x>1$)

(1) $x^2+\dfrac{1}{x^2}$ (2) $x-\dfrac{1}{x}$

(1) $x^2+\dfrac{1}{x^2}=\left(x+\dfrac{1}{x}\right)^2-2=4^2-2=14$

(2) $\left(x-\dfrac{1}{x}\right)^2=\left(x+\dfrac{1}{x}\right)^2-4=4^2-4=12$

   $x>1$에서 $x>\dfrac{1}{x}$이므로 $x-\dfrac{1}{x}=2\sqrt3$

답 (1) 14   (2) $2\sqrt3$

4. 다항식의 나눗셈

8
▶ 24639-0008

다항식 $3x^3-4x^2-7$을 다항식 x^2+2로 나눈 몫을 Q, 나머지를 R이라 할 때, $Q+R$을 구하시오.

$$
\begin{array}{r}
3x-4 \\
x^2+2\,\overline{\smash{)}\,3x^3-4x^2-7} \\
\underline{3x^3+6x} \\
-4x^2-6x-7 \\
\underline{-4x^2-8} \\
-6x+1
\end{array}
$$

따라서 $Q=3x-4$, $R=-6x+1$이므로

$Q+R=-3x-3$

답 $-3x-3$

9
▶ 24639-0009

조립제법을 이용하여 다항식 x^3+5x^2-x-2를 일차식 $x+1$로 나눈 몫과 나머지를 각각 구하시오.

$$
\begin{array}{r|rrrr}
-1 & 1 & 5 & -1 & -2 \\
   &   & -1 & -4 & 5 \\
\hline
   & 1 & 4 & -5 & \,\boxed{3}
\end{array}
$$

따라서 몫은 x^2+4x-5이고 나머지는 3이다.

답 몫: x^2+4x-5, 나머지: 3

대표유형 01 다항식의 덧셈과 뺄셈 ▸ 24639-0010

세 다항식 $A=x^2-2x+1$, $B=-3x^2+x+2$, $C=x^2-x+4$에 대하여 $(A+B)-2(B-C)$를 계산하시오.

 MD의 한마디!

복잡한 다항식의 계산에서
① 구하는 식을 먼저 간단하게 정리합니다.
② ①에서 정리한 식에 다항식 A, B, C를 대입합니다.

MD's Solution

$(A+B)-2(B-C)$를 정리하면 $A-B+2C$ 이다.
→ 구하는 식에 처음부터 A, B, C를 대입하는 것보다 식을 정리한 후 대입하면 계산과정이 더 간단해져.

위 식을 정리한 결과에 각각 A, B, C에 해당하는 다항식을 대입하면

$(x^2-2x+1)-(-3x^2+x+2)+2(x^2-x+4)$

$=(x^2-2x+1)+(3x^2-x-2)+2(x^2-x+4)$

$=(1+3+2)x^2+(-2-1-2)x+(1-2+8)$
→ 동류항끼리 모아놓고 계산을 하면 계산과정에서 실수를 줄일 수 있어.

$=6x^2-5x+7$

답 $6x^2-5x+7$

유제

01-1 ▸ 24639-0011

세 다항식
$$A=x^2-xy+y^2, B=2x^2+5xy-y^2, C=x^2+2xy+3y^2$$
에 대하여 다음을 계산하시오.

(1) $(A-2B)+2(B+C)$
(2) $(3A-B)-2(A-C)$

(1) $(A-2B)+2(B+C)=A+2C$
$\qquad =(x^2-xy+y^2)+2(x^2+2xy+3y^2)$
$\qquad =(1+2)x^2+(-1+4)xy+(1+6)y^2$
$\qquad =3x^2+3xy+7y^2$

(2) $(3A-B)-2(A-C)$
$=A-B+2C$
$=(x^2-xy+y^2)-(2x^2+5xy-y^2)+2(x^2+2xy+3y^2)$
$=(x^2-xy+y^2)+(-2x^2-5xy+y^2)+2(x^2+2xy+3y^2)$
$=(1-2+2)x^2+(-1-5+4)xy+(1+1+6)y^2$
$=x^2-2xy+8y^2$

답 (1) $3x^2+3xy+7y^2$ (2) $x^2-2xy+8y^2$

01-2 ▸ 24639-0012

두 다항식
$$A=x^3-3x^2-7, B=2x^3+x^2-x+1$$
에 대하여 $2(X+A)-(X-B)=A-2B$를 만족시키는 다항식 X를 구하시오.

$2(X+A)-(X-B)=A-2B$에서
$2X+2A-X+B=A-2B$
$X=-A-3B$
따라서
$X=-(x^3-3x^2-7)-3(2x^3+x^2-x+1)$
$\quad =(-x^3+3x^2+7)+(-6x^3-3x^2+3x-3)$
$\quad =(-1-6)x^3+(3-3)x^2+3x+(7-3)$
$\quad =-7x^3+3x+4$

답 $-7x^3+3x+4$

다항식 $(x^2-3x-5)(2x^2-x+1)$의 전개식에서 x^2의 계수를 구하시오.

 MD의 한마디!

다항식의 전개식에서 특정한 항의 계수를 찾을 때에는 해당되는 항을 전개합니다. 이차항은 다음 경우에서 나타납니다.
① (이차항)=(이차항)×(상수항)
② (이차항)=(일차항)×(일차항)

MD's Solution

$(x^2-3x-5)(2x^2-x+1)$에서 이차항은 (이차항)×(상수항) 또는 (일차항)×(일차항)으로 얻을 수 있다.
↳두 항을 곱해서 이차항이 되는 경우를 빠짐없이 조사해야 해.

따라서 이차항을 모두 구하면
$x^2×1$, $-3x×(-x)$, $-5×2x^2$ 이고
$x^2+3x^2-10x^2=-6x^2$이므로 x^2의 계수는 -6이다.
↳계수는 문자 앞에 곱하는 수를 말하는 것이므로 수만 써야 해.

[다른 풀이]
주어진 식을 분배법칙을 이용하여 전개하면 → 분배법칙을 이용하여 모든 항을 전개할 때 계산 과정이 복잡한 경우가 많으니 계산에 주의해야 해.
$x^2(2x^2-x+1)-3x(2x^2-x+1)-5(2x^2-x+1)$
$=2x^4-x^3+x^2-6x^3+3x^2-3x-10x^2+5x-5$
$=2x^4-7x^3-6x^2+2x-5$
이므로 x^2의 계수는 -6이다.

답 -6

유제

02-1

▶ 24639-0014

x에 대한 다항식 $(x+3)(x^2-2x+k)$의 전개식에서 x의 계수가 -2일 때, 상수 k의 값은?

① 1   ② 2   ③ 3
④ 4   ⑤ 5

(일차항)=(일차항)×(상수항)이므로 주어진 식에서 얻어지는 일차항은 $x×k$, $3×(-2x)$이다.
따라서 일차항은 $kx-6x=(k-6)x$이므로
$k-6=-2$에서 $k=4$

답 ④

[다른 풀이]
주어진 식을 분배법칙을 이용하여 전개하면
$x(x^2-2x+k)+3(x^2-2x+k)$
$=x^3-2x^2+kx+3x^2-6x+3k$
일차항은 $kx-6x=(k-6)x$이므로
$k-6=-2$에서 $k=4$

02-2

▶ 24639-0015

다항식 $(x+1)(x-2)(x^2+ax+b)$의 전개식에서 x^3의 계수가 4이고 x의 계수가 1일 때, $a+b$의 값을 구하시오.
(단, a, b는 상수이다.)

$(x+1)(x-2)(x^2+ax+b)$에서 삼차항은
(일차항)×(일차항)×(일차항) 또는
(일차항)×(상수항)×(이차항)으로 얻을 수 있다.
삼차항을 모두 구하면 $x×x×ax$, $x×(-2)×x^2$, $1×x×x^2$이고 $ax^3-2x^3+x^3=(a-1)x^3$이다.
x^3의 계수가 4이므로 $a-1=4$에서 $a=5$
$(x+1)(x-2)(x^2+ax+b)$에서 일차항은
(일차항)×(상수항)×(상수항)으로 얻을 수 있다.
일차항을 모두 구하면 $x×(-2)×b$, $1×x×b$, $1×(-2)×ax$
이고 $-2bx+bx-2ax=(-2a-b)x$이다.
x의 계수가 1이므로 $-2a-b=1$
$b=-2a-1=-10-1=-11$
따라서 $a+b=5+(-11)=-6$

답 -6

대표유형 03 곱셈 공식

▶ 24639-0016

세 양수 x, y, z에 대하여 $x^2+4y^2+z^2=11$, $2xy+2yz+zx=7$일 때, $x+2y+z$의 값을 구하시오.

MD의 한마디!

곱셈 공식 $(a+b+c)^2=a^2+b^2+c^2+2ab+2bc+2ca$를 이용하여 주어진 식의 값을 구합니다.

MD's Solution

$x+2y+z$를 제곱하면 $(x+2y+z)^2$

↳ $x+2y+z$를 직접 구하기 어려우므로 제곱한 식 $(x+2y+z)^2$의 값을 먼저 구해보자.

$(x+2y+z)^2$을 **곱셈 공식을 이용하여 전개하면**

↳ 곱셈 공식 $(a+b+c)^2=a^2+b^2+c^2+2ab+2bc+2ca$에서 a에 x, b에 $2y$, c에 z를 대입하는 것으로 생각하면 돼.

$= x^2+(2y)^2+z^2+2\times x\times 2y+2\times 2y\times z+2\times z\times x$

$= x^2+4y^2+z^2+4xy+4yz+2zx$

$= x^2+4y^2+z^2+2(2xy+2yz+zx)$

$= 11+2\times 7$

$= 25=5^2$

$x+2y+z>0$이므로 $x+2y+z=5$

↳ x, y, z가 양수이므로 $x+2y+z$도 양수야.

(답) 5

유제

03-1

▶ 24639-0017

다항식 $(3x-ay)^3$의 전개식에서 x^2y의 계수가 54일 때, 상수 a의 값은?

① -1 ② -2 ③ -3
④ -4 ⑤ -5

$(3x-ay)^3$
$=(3x)^3-3\times(3x)^2\times ay+3\times 3x\times(ay)^2-(ay)^3$
$=27x^3-27ax^2y+9a^2xy^2-a^3y^3$

x^2y의 계수가 54이므로
$-27a=54$
따라서 $a=-2$

답 ②

03-2

▶ 24639-0018

$x^3=10$일 때, $(x+2)(x-2)(x^2-2x+4)(x^2+2x+4)$의 값을 구하시오.

$(x+y)(x^2-xy+y^2)=x^3+y^3$, $(x-y)(x^2+xy+y^2)=x^3-y^3$
이므로
$(x+2)(x-2)(x^2-2x+4)(x^2+2x+4)$
$=\{(x+2)(x^2-2x+4)\}\{(x-2)(x^2+2x+4)\}$
$=(x^3+8)(x^3-8)$
$=(10+8)(10-8)$
$=18\times 2$
$=36$

답 36

$x+y=3$, $x^3+y^3=9$일 때, xy의 값을 구하시오.

MD의 한마디!

곱셈 공식 $(x+y)^3=x^3+y^3+3xy(x+y)$를 이용하여 xy의 값을 구합니다.

MD's Solution

→ $x+y$, x^3+y^3의 값을 이용하여 xy의 값을 구해야 하므로
$x+y$, x^3+y^3, xy가 포함된 곱셈 공식이 무엇인지 생각해 보자.

$(x+y)^3 = x^3+y^3+3xy(x+y)$ 에서

$x+y=3$, $x^3+y^3=9$ 이므로

$3^3 = 9 + 3xy \times 3$ → 곱셈 공식에 주어진 값을 먼저 대입해서 구할 수도 있어.

$9xy = 18$

따라서 $xy = 2$

⑤ 2

04-1 ▸ 24639-0020

세 실수 a, b, c에 대하여
$$a+3b-c=-8, \ 3ab-3bc-ca=5$$
일 때, $a^2+9b^2+c^2$의 값을 구하시오.

$(a+3b-c)^2=a^2+(3b)^2+(-c)^2+2\times a\times 3b$
$$+2\times 3b\times(-c)+2\times(-c)\times a$$
$$=a^2+9b^2+c^2+2(3ab-3bc-ca)$$

$a+3b-c=-8$, $3ab-3bc-ca=5$이므로

$(-8)^2=a^2+9b^2+c^2+2\times 5$에서

$a^2+9b^2+c^2=64-10=54$

답 54

04-2 ▸ 24639-0021

$x^2+\dfrac{1}{x^2}=7$일 때, $x^3+\dfrac{1}{x^3}$의 값은? (단, $x>0$)

① 12   ② 14   ③ 16

④ 18   ⑤ 20

$\left(x+\dfrac{1}{x}\right)^2=x^2+\dfrac{1}{x^2}+2$에서

$x^2+\dfrac{1}{x^2}=7$이므로

$\left(x+\dfrac{1}{x}\right)^2=7+2=9$

$x>0$에서 $x+\dfrac{1}{x}>0$이므로 $x+\dfrac{1}{x}=3$

$x^3+\dfrac{1}{x^3}=\left(x+\dfrac{1}{x}\right)^3-3\left(x+\dfrac{1}{x}\right)$
$$=3^3-3\times 3$$
$$=27-9$$
$$=18$$

답 ④

대표유형 05 다항식의 나눗셈 ▸ 24639-0022

다항식 $x^4-x^3-2x^2+x-4$를 x^2+x+1로 나눈 몫을 Q, 나머지를 R이라 할 때, $Q+R$을 구하시오.

MD의 한마디! 다항식의 나눗셈은
① 각 다항식을 내림차순으로 정리한 후 자연수의 나눗셈과 같은 방법으로 계산합니다.
② 이때 나머지의 차수가 나누는 식의 차수보다 낮을 때까지 계산합니다.

MD's Solution

$$
\begin{array}{r}
x^2-2x-1 \\
x^2+x+1 \overline{)\ x^4-x^3-2x^2+x-4} \\
x^4+x^3+x^2 \\
\hline
-2x^3-3x^2+x-4 \\
-2x^3-2x^2-2x \\
\hline
-x^2+3x-4 \\
-x^2-x-1 \\
\hline
4x-3
\end{array}
$$

← 몫 → 다항식을 나눌 때에는 최고차항을 소거시키기 위한 몫을 찾는다는 것을 기억하자.

← $(x^2+x+1) \times x^2$

← $(x^2+x+1) \times (-2x)$

← $(x^2+x+1) \times (-1)$

← 나머지 → 나누는 식이 이차식이므로 나머지가 ⑪일차식⑪ 또는 ⑪상수항⑪이 되도록 계산해야 해.

따라서 $Q=x^2-2x-1$, $R=4x-3$이므로 $Q+R=x^2+2x-4$
└→ 다시 한 번 나머지의 차수와 나누는 식의 차수를 비교해서 실수하지 않도록 하자.

답 x^2+2x-4

유제

05-1 ▸ 24639-0023

두 상수 a, b에 대하여 다항식 x^3+x^2+7x+4를 x^2+3x+a로 나눈 나머지가 $9x+b$일 때, $a+b$의 값을 구하시오.

$$
\begin{array}{r}
x-2 \\
x^2+3x+a \overline{)\ x^3+\ x^2+\qquad 7x+4} \\
x^3+3x^2+\qquad ax \\
\hline
-2x^2+(7-a)x+4 \\
-2x^2-\qquad 6x\ -2a \\
\hline
(13-a)x+4+2a
\end{array}
$$

다항식 x^3+x^2+7x+4를 x^2+3x+a로 나눈 나머지가 $9x+b$이므로
$9x+b=(13-a)x+4+2a$
$9=13-a$에서 $a=4$
$b=4+2a=12$
따라서 $a+b=4+12=16$

답 16

05-2 ▸ 24639-0024

다항식 $x^3-5x^2+2x+15$를 다항식 A로 나누었을 때의 몫이 $x-3$이고 나머지가 $3x-6$일 때, 다항식 A를 구하시오.

$x^3-5x^2+2x+15=A(x-3)+3x-6$에서
$x^3-5x^2-x+21=A(x-3)$
다항식 x^3-5x^2-x+21은 $x-3$으로 나누어떨어지고 다항식 A가 몫이므로

$$
\begin{array}{r}
x^2-2x-7 \\
x-3 \overline{)\ x^3-5x^2-\ x+21} \\
x^3-3x^2 \\
\hline
-2x^2-\ x+21 \\
-2x^2+6x \\
\hline
-7x+21 \\
-7x+21 \\
\hline
0
\end{array}
$$

따라서 $A=x^2-2x-7$

답 x^2-2x-7

대표유형 06 조립제법

다음은 조립제법을 이용하여 다항식 x^3+2x^2-3x-1을 일차식 $x+1$로 나눈 몫과 나머지를 구하는 과정이다. □ 안에 알맞은 값을 넣고 몫과 나머지를 구하시오.

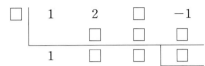

MD의 한마디!

조립제법을 이용하여 다항식을 일차식으로 나눈 몫과 나머지를 구할 때
① 나누는 일차식의 값이 0이 되도록 하는 x의 값을 찾습니다.
② ①에서 찾은 값으로 조립제법을 실행합니다.

MD's Solution

조립제법을 이용하여 다항식 x^3+2x^2-3x-1을 일차식 $x+1$로 나누었을 때의 몫과 나머지를 구하는 과정에서 빈칸을 채우면 다음과 같다.

→ 나누는 일차식의 값을 0이 되게 하는 x의 값을 찾는 것이 조립제법의 시작이야.
여기서는 $x+1=0$ 에서 $x=-1$이 되는 거니까 꼭 기억하자.

→ 이것이 나머지야. 일차식으로 나누었기 때문에 나머지는 항상 (상수)가 나와야 해.

→ 이 부분의 수는 몫에 해당하는 식에서 각 항의 계수가 되는 거야.
왼쪽이 최고차항의 계수임에 주의하자.

따라서 몫은 x^2+x-4, 나머지는 3이다.

㈎ 왼쪽 위에서부터 순서대로 $-1, -3, -1, -1, 4, 1, -4, 3$, 몫: x^2+x-4, 나머지: 3

유제

06-1
▶ 24639-0026

다항식 $2x^3+4x^2+x+5$를 $x+2$로 나눈 몫이 $Q(x)$일 때, $Q(3)$의 값은?

① 17　　　　② 18　　　　③ 19
④ 20　　　　⑤ 21

조립제법을 이용하여 다항식 $2x^3+4x^2+x+5$를 $x+2$로 나눈 몫 $Q(x)$를 구하면 다음과 같다.

$$\begin{array}{r|rrrr} -2 & 2 & 4 & 1 & 5 \\ & & -4 & 0 & -2 \\ \hline & 2 & 0 & 1 & 3 \end{array}$$

$Q(x)=2x^2+1$이므로
$Q(3)=2\times3^2+1=19$

㈎ ③

06-2
▶ 24639-0027

다항식 $f(x)$는 $x+4$로 나누어떨어지고 그때의 몫이 x^2-3x+1이다. 다항식 $f(x)$를 $x-2$로 나눈 몫과 나머지를 각각 $Q(x)$, R이라 할 때, $Q(1)+R$의 값을 구하시오.

$f(x)=(x+4)(x^2-3x+1)=x^3+x^2-11x+4$이므로 조립제법을 이용하여 다항식 $f(x)$를 $x-2$로 나눈 몫과 나머지를 각각 구하면 다음과 같다.

$$\begin{array}{r|rrrr} 2 & 1 & 1 & -11 & 4 \\ & & 2 & 6 & -10 \\ \hline & 1 & 3 & -5 & -6 \end{array}$$

따라서 $Q(x)=x^2+3x-5$, $R=-6$이므로
$Q(1)+R=(1+3-5)+(-6)=-7$

㈎ -7

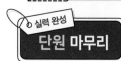

본문 16~17쪽

1
▶ 24639-0028

두 다항식
$$A=x^2+3xy-y^2$$
$$B=2x^2+xy+y^2$$
에 대하여 $2A+kB$의 xy의 계수가 9일 때, x^2의 계수는?
(단, k는 상수이다.)

① 4 　　　② 5 　　　③ 6

④ 7 　　　⑤ 8

답 ⑤

풀이 $2A+kB$
$$=2(x^2+3xy-y^2)+k(2x^2+xy+y^2)$$
$$=(2+2k)x^2+(6+k)xy+(-2+k)y^2$$
xy의 계수가 9이므로
$$6+k=9$$
$$k=3$$
따라서 x^2의 계수는
$$2+2k=2+2\times3=8$$

2
▶ 24639-0029

두 다항식 A, B에 대하여
$$A-2B=2x^3-x+5$$
$$A+3B=x^3+4x^2+x$$
일 때, $X+B=2(X-A)$를 만족시키는 다항식 X를 구하시오.

답 $3x^3+4x^2+5$

풀이 주어진 두 다항식을 변끼리 더하면
$$2A+B=(2+1)x^3+4x^2+(-1+1)x+5$$
$$=3x^3+4x^2+5$$
$X+B=2(X-A)$에서
$$X=2A+B$$
$$=3x^3+4x^2+5$$

3
▶ 24639-0030

$(1-x+x^2-x^3)^2$을 전개하면
$$a_0+a_1x+a_2x^2+a_3x^3+a_4x^4+a_5x^5+a_6x^6$$
이다. 이때 a_4+a_5의 값은?
(단, a_0, a_1, $\cdots$, a_6은 상수이다.)

① 1 　　　② 2 　　　③ 3

④ 4 　　　⑤ 5

답 ①

풀이 $(1-x+x^2-x^3)^2=(1-x+x^2-x^3)(1-x+x^2-x^3)$에서
4차항과 5차항의 계수를 각각 구하면
$$a_4=(-1)\times(-1)+1\times1+(-1)\times(-1)=3$$
$$a_5=1\times(-1)+(-1)\times1=-2$$
따라서 $a_4+a_5=1$

[다른 풀이]
$(1-x+x^2-x^3)^2$을 전개하면
$$\{(1-x)+(x^2-x^3)\}^2$$
$$=(1-x)^2+2(1-x)(x^2-x^3)+(x^2-x^3)^2$$
$$=(1-2x+x^2)+(2x^4-4x^3+2x^2)+(x^4-2x^5+x^6)$$
$$=1-2x+3x^2-4x^3+3x^4-2x^5+x^6$$
따라서 $a_4=3$, $a_5=-2$이므로
$$a_4+a_5=1$$

4
▶ 24639-0031

다항식 $(7x^2+ax+1)(4x^2-x+3)$의 전개식에서 x^3의 계수가 1일 때, 이 전개식의 상수항을 포함한 모든 계수들의 합은? (단, a는 상수이다.)

① 56 　　　② 60 　　　③ 64

④ 68 　　　⑤ 72

답 ②

풀이 다항식 $(7x^2+ax+1)(4x^2-x+3)$에서 삼차항은
(이차항)×(일차항)으로 얻을 수 있다.
삼차항을 모두 구하면
$7x^2\times(-x)$, $ax\times4x^2$이고 $-7x^3+4ax^3=(4a-7)x^3$이다.
x^3의 계수가 1이므로
$$4a-7=1$$
$$a=2$$
$P(x)=(7x^2+2x+1)(4x^2-x+3)$이라 하면 $P(x)$를 전개했을 때, 상수항을 포함한 모든 계수들의 합은 $P(1)$과 같으므로
$$P(1)=(7+2+1)(4-1+3)$$
$$=60$$

5
| 2022학년도 3월 고2 학력평가 9번 |
▶ 24639-0032

$x+y=\sqrt{2}$, $xy=-2$일 때, $\dfrac{x^2}{y}+\dfrac{y^2}{x}$의 값은?

① $-5\sqrt{2}$ 　　　② $-4\sqrt{2}$ 　　　③ $-3\sqrt{2}$

④ $-2\sqrt{2}$ 　　　⑤ $-\sqrt{2}$

답 ②

풀이 구하는 식을 통분하면 $\dfrac{x^3+y^3}{xy}$이고

$x^3+y^3=(x+y)^3-3xy(x+y)$이므로

$$\dfrac{x^2}{y}+\dfrac{y^2}{x}=\dfrac{x^3+y^3}{xy}$$
$$=\dfrac{(x+y)^3-3xy(x+y)}{xy}$$
$$=\dfrac{(\sqrt{2})^3-3\times(-2)\times\sqrt{2}}{-2}$$
$$=\dfrac{2\sqrt{2}+6\sqrt{2}}{-2}=-4\sqrt{2}$$

6 | 2019학년도 11월 고1 학력평가 12번 | ▶ 24639-0033

$x^2-4x+1=0$일 때, $\dfrac{x^6+1}{x^3}-\dfrac{x^4+1}{x^2}$의 값을 구하시오.

답 38

풀이 $x=0$이면 $x^2-4x+1=0$이 성립하지 않으므로 $x\neq0$이다.

따라서 $x^2-4x+1=0$의 양변을 x로 나누어 정리하면

$$x+\dfrac{1}{x}=4$$

한편

$$\dfrac{x^6+1}{x^3}=x^3+\dfrac{1}{x^3}=\left(x+\dfrac{1}{x}\right)^3-3\left(x+\dfrac{1}{x}\right)=64-12=52$$

이고

$$\dfrac{x^4+1}{x^2}=x^2+\dfrac{1}{x^2}=\left(x+\dfrac{1}{x}\right)^2-2=16-2=14$$

따라서 $\dfrac{x^6+1}{x^3}-\dfrac{x^4+1}{x^2}=52-14=38$

7 | 2020학년도 11월 고1 학력평가 19번 | ▶ 24639-0034

그림과 같이 중심이 O, 반지름의 길이가 4이고 중심각의 크기가 90°인 부채꼴 OAB가 있다. 호 AB 위의 점 P에서 두 선분 OA, OB에 내린 수선의 발을 각각 H, I라 하자. 삼각형 PIH에 내접하는 원의 넓이가 $\dfrac{\pi}{4}$일 때, $\overline{\text{PH}}^3+\overline{\text{PI}}^3$의 값은?

(단, 점 P는 점 A도 아니고 점 B도 아니다.)

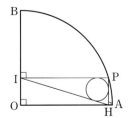

① 56 ② $\dfrac{115}{2}$ ③ 59

④ $\dfrac{121}{2}$ ⑤ 62

답 ②

풀이 $\angle\text{HPI}=90°$이므로 $\overline{\text{HI}}=\overline{\text{OP}}=4$

$\overline{\text{PH}}=x$, $\overline{\text{PI}}=y$라 하면 점 P가 점 A도 아니고 점 B도 아니므로 $x>0$, $y>0$이고

직각삼각형 PIH에서

$$x^2+y^2=16 \qquad\qquad \cdots\cdots ㉠$$

삼각형 PIH의 내접원의 반지름의 길이를 r이라 하면

$\pi r^2=\dfrac{\pi}{4}$에서 $r=\dfrac{1}{2}$

삼각형 PIH의 넓이를 이용하면

$$\dfrac{1}{2}xy=\dfrac{1}{2}\times\dfrac{1}{2}\times(x+y+4)$$
$$xy=\dfrac{1}{2}(x+y+4)$$
$$x+y=2(xy-2) \qquad\qquad \cdots\cdots ㉡$$

이때 $x^2+y^2=(x+y)^2-2xy$이므로 ㉠, ㉡에서

$$16=4(xy-2)^2-2xy$$
$$xy(2xy-9)=0$$

$xy>0$이므로 $xy=\dfrac{9}{2} \qquad\qquad \cdots\cdots ㉢$

㉢을 ㉡에 대입하면

$$x+y=5$$

따라서

$$\overline{\text{PH}}^3+\overline{\text{PI}}^3=x^3+y^3=(x+y)^3-3xy(x+y)$$
$$=5^3-3\times\dfrac{9}{2}\times5=\dfrac{115}{2}$$

8 ▶ 24639-0035

$x-y=3$, $xy-yz+zx=4$, $x^2+y^2+z^2=9$일 때, $(x+y)^2$의 값을 구하시오.

답 1

풀이
$$x-y=3 \qquad\qquad \cdots\cdots ㉠$$
$$xy-yz+zx=4 \qquad\qquad \cdots\cdots ㉡$$
$$x^2+y^2+z^2=9 \qquad\qquad \cdots\cdots ㉢$$

$(x-y-z)^2=x^2+y^2+z^2-2(xy-yz+zx)$에 ㉠, ㉡, ㉢을 대입하면

$$(3-z)^2=9-2\times4=1$$

$3-z=1$ 또는 $3-z=-1$

즉 $z=2$ 또는 $z=4$

$z=4$인 경우

$z^2=16$이고 $x^2+y^2\geq0$이므로 ㉢을 만족시키지 않는다.

그러므로 $z=2$

$z=2$를 ㉡에 대입하면 $xy-2y+2x=4$

$$xy=4-2(x-y)=4-2\times3=-2 \qquad\qquad \cdots\cdots ㉣$$

$z=2$를 ㉢에 대입하면 $x^2+y^2+4=9$

$$x^2+y^2=5 \qquad\qquad \cdots\cdots ㉤$$

따라서 ㉣, ㉤에서

$$(x+y)^2=x^2+y^2+2xy$$
$$=5+2\times(-2)=1$$

9 ▶ 24639-0036

다항식 $f(x)$를 $x-\dfrac{b}{a}$로 나누었을 때의 몫을 $Q_1(x)$, 나머지를 R_1이라 하고, 다항식 $f(x)$를 $ax-b$로 나누었을 때의 몫을 $Q_2(x)$, 나머지를 R_2라 하자.

$\dfrac{Q_1(x)}{Q_2(x)}+\dfrac{R_1}{R_2}=3$일 때, a의 값은?

(단, $Q_2(x)\neq0$, $R_2\neq0$이고, a, b는 상수이다.)

① 1 　　　　② 2 　　　　③ 3
④ 4 　　　　⑤ 5

답 ②

풀이 다항식 $f(x)$를 $x-\dfrac{b}{a}$로 나누었을 때의 몫이 $Q_1(x)$, 나머지가 R_1이므로

$f(x)=\left(x-\dfrac{b}{a}\right)Q_1(x)+R_1$ ┈┈ ㉠

다항식 $f(x)$를 $ax-b$로 나누었을 때의 몫이 $Q_2(x)$, 나머지가 R_2이므로

$f(x)=(ax-b)Q_2(x)+R_2$
$\quad\ =a\left(x-\dfrac{b}{a}\right)Q_2(x)+R_2$ ┈┈ ㉡

㉡에서 다항식 $f(x)$를 $x-\dfrac{b}{a}$로 나누었을 때의 몫이 $aQ_2(x)$이고 나머지가 R_2이다.

㉠과 ㉡의 우변과 비교하면

$aQ_2(x)=Q_1(x)$, $R_2=R_1$

따라서 $\dfrac{Q_1(x)}{Q_2(x)}+\dfrac{R_1}{R_2}=a+1$이고 $a+1=3$이므로

$a=2$

서술형

10 ▶ 24639-0037

다항식 $P(x)$를 x^2+x+1로 나눈 몫이 $3x-5$이고 나머지가 -4이다. 다항식 $(x-1)P(x)$를 x^2+x+1로 나눈 몫을 $Q(x)$, 나머지를 $R(x)$라 할 때, $Q(2)+R(3)$의 값을 구하시오.

답 -7

풀이 $P(x)=(x^2+x+1)(3x-5)-4$이므로
$(x-1)P(x)=(x-1)\{(x^2+x+1)(3x-5)-4\}$
$=(x-1)(x^2+x+1)(3x-5)-4(x-1)$
$=(x^2+x+1)(x-1)(3x-5)-4x+4$ ┈┈ ❶

그러므로 $(x-1)P(x)$를 x^2+x+1로 나눈 몫을 $Q(x)$, 나머지를 $R(x)$라 하면

$Q(x)=(x-1)(3x-5)$
$R(x)=-4x+4$ ┈┈ ❷

따라서 $Q(2)+R(3)=1+(-8)=-7$ ┈┈ ❸

채점 기준	배점
❶ $(x-1)P(x)$를 $AQ+R$의 꼴로 나타내기	50 %
❷ $Q(x)$, $R(x)$ 각각 구하기	30 %
❸ $Q(2)+R(3)$의 값 구하기	20 %

11 ▶ 24639-0038

다음은 다항식 $4x^3+ax^2+bx+6$을 $2x-1$로 나누는 과정을 조립제법으로 나타낸 것이다. 몫을 $Q(x)$, 나머지를 R이라 할 때, $R-Q(a+b)$의 값을 구하시오.

(단, a, b는 상수이다.)

$$
\begin{array}{r|rrrr}
\frac{1}{2} & 4 & a & b & 6 \\
& & 2 & 4 & -2 \\
\hline
& 4 & \square & \square & \square \\
\end{array}
$$

답 6

풀이

주어진 다항식을 $f(x)$라 하면
$f(x)=(2x-1)Q(x)+R$
$f(x)=2\left(x-\dfrac{1}{2}\right)Q(x)+R$
$\quad\ =\left(x-\dfrac{1}{2}\right)\{2Q(x)\}+R$에서
$R=6+(-2)=4$ ┈┈ ❶

㈎$=a+2$에서 $\dfrac{1}{2}\times(a+2)=4$이므로

$a=6$ ┈┈ ㉠ ┈┈ ❷

㈏$=b+4$에서 $\dfrac{1}{2}\times(b+4)=-2$이므로

$b=-8$ ┈┈ ㉡

㉠, ㉡에 의하여 $2Q(x)=4x^2+8x-4$이므로
$Q(x)=2x^2+4x-2$이고 $a+b=-2$
따라서 $Q(-2)=2\times(-2)^2+4\times(-2)-2=-2$이므로
$R-Q(a+b)=4-(-2)=6$ ┈┈ ❸

채점 기준	배점
❶ R의 값 구하기	20 %
❷ a, b의 값 구하기	40 %
❸ $R-Q(a+b)$의 값 구하기	40 %

02 나머지정리

개념 CHECK 본문 18~20쪽

1. 항등식의 성질

1

▶ 24639-0039

다음 등식이 x에 대한 항등식일 때, 상수 a, b, c의 값을 구하시오.

(1) $(a-2)x^2+bx+c+1=0$
(2) $3x^2+bx+c=ax^2-5x+2$
(3) $a(x-1)^2+b(x-1)+c=x^2+x-5$

(1) $(a-2)x^2+bx+c+1=0$이 항등식이므로
$a-2=0$, $b=0$, $c+1=0$에서
$a=2$, $b=0$, $c=-1$

(2) $3x^2+bx+c=ax^2-5x+2$에서 각 항의 계수를 비교하면
$a=3$, $b=-5$, $c=2$

(3) $a(x-1)^2+b(x-1)+c=x^2+x-5$의 양변에
$x=1$을 대입하면 $c=-3$
$x=0$을 대입하면 $a-b+c=-5$에서 $a-b=-2$ ······ ㉠
$x=2$를 대입하면 $a+b+c=1$에서 $a+b=4$ ······ ㉡
㉠, ㉡을 연립하여 풀면 $a=1$, $b=3$

답 (1) $a=2$, $b=0$, $c=-1$
(2) $a=3$, $b=-5$, $c=2$
(3) $a=1$, $b=3$, $c=-3$

2. 나머지정리

2

▶ 24639-0040

다항식 $3x^3-4x+1$을 다음 일차식으로 나누었을 때의 나머지를 구하시오.

(1) $x+1$ (2) $2x-1$ (3) $x-2$

$P(x)=3x^3-4x+1$이라 하면 나머지정리에 의하여
(1) $P(-1)=-3+4+1=2$
(2) $P\left(\dfrac{1}{2}\right)=\dfrac{3}{8}-2+1=-\dfrac{5}{8}$
(3) $P(2)=24-8+1=17$

답 (1) 2 (2) $-\dfrac{5}{8}$ (3) 17

3

▶ 24639-0041

다항식 x^3+2x^2-kx+3을 다음 일차식으로 나눈 나머지가 5일 때, 상수 k의 값을 구하시오.

(1) $x+1$ (2) $x-2$

$P(x)=x^3+2x^2-kx+3$이라 하면 나머지정리에 의하여
(1) $P(-1)=-1+2+k+3=5$에서
$k=1$
(2) $P(2)=8+8-2k+3=5$에서
$k=7$

답 (1) 1 (2) 7

3. 인수정리

4

▶ 24639-0042

x에 대한 다항식 x^3-kx^2+12가 $x+2$로 나누어떨어질 때, 상수 k의 값을 구하시오.

$P(x)=x^3-kx^2+12$라 하면 인수정리에 의하여
$P(-2)=-8-4k+12=0$에서
$k=1$

답 1

5

▶ 24639-0043

다음 보기 중 다항식 x^3-4x^2+x+6의 인수인 것만을 있는 대로 고르시오.

┌─ 보기 ─
ㄱ. $x+1$　　　　　ㄴ. $x-2$
ㄷ. $x+2$　　　　　ㄹ. $x-3$

$P(x)=x^3-4x^2+x+6$이라 하면
$P(-1)=-1-4-1+6=0$
$P(2)=8-16+2+6=0$
$P(-2)=-8-16-2+6=-20$
$P(3)=27-36+3+6=0$
이므로 인수정리에 의하여 인수인 것은 ㄱ, ㄴ, ㄹ이다.

답 ㄱ, ㄴ, ㄹ

대표유형 01 항등식의 성질 ▸ 24639-0044

모든 실수 x에 대하여 $(a+2)x^2+(7a+2b-c)x+a+b+2c=0$이 항상 성립할 때, $a+b+c$의 값은?

(단, a, b, c는 상수이다.)

① 1 　　　　② 2 　　　　③ 3 　　　　④ 4 　　　　⑤ 5

MD의 한마디!

등식 $ax^2+bx+c=0$이 x에 대한 항등식이면 $a=b=c=0$임을 이용합니다.

① 각 항의 계수를 0으로 놓고 연립방정식을 세웁니다.

② 연립방정식을 풀 때 가감법과 대입법을 적절히 활용합니다.

MD's Solution

주어진 등식이 x에 대한 항등식이므로

$a+2=0$, $7a+2b-c=0$, $a+b+2c=0$

↳ x에 대한 항등식이기 때문에 모든 항의 계수가 0이어야 해.
　상수항도 0이어야 한다는 점도 잊지 말도록 하자.

$a+2=0$에서 $a=-2$이고 $2b-c=14$, $b+2c=2$를 연립하여 풀면 $b=6$, $c=-2$

↳ $c=2b-14$를 $b+2c=2$에 대입해서 푸는 방법도 연습해 두는 것이 좋아.

따라서 $a+b+c=(-2)+6+(-2)=2$

답 ②

유제

01-1 ▸ 24639-0045

등식 $(x+2)k+(k-x)y+3k-1=0$이 k에 대한 항등식일 때, 두 상수 x, y에 대하여 x^2+y^2의 값을 구하시오.

$(x+2)k+(k-x)y+3k-1=0$에서

$(x+y+5)k-xy-1=0$

주어진 등식이 k에 대한 항등식이므로

$x+y+5=0$ ······ ㉠

$-xy-1=0$ ······ ㉡

㉠에서 $x+y=-5$

㉡에서 $xy=-1$

이 식을 곱셈 공식 $(x+y)^2=x^2+y^2+2xy$에 대입하면

$(-5)^2=x^2+y^2+2\times(-1)$

따라서

$x^2+y^2=25+2=27$

답 27

01-2 ▸ 24639-0046

x에 대한 이차방정식 $x^2+(k-10)x+(3-k)p+q=0$이 k의 값에 관계없이 항상 2를 근으로 가질 때, 두 상수 p, q에 대하여 pq의 값을 구하시오.

x에 대한 이차방정식 $x^2+(k-10)x+(3-k)p+q=0$의 한 근이 2이므로

$2^2+(k-10)\times2+(3-k)p+q=0$

$(2-p)k+3p+q-16=0$

이 등식은 k에 대한 항등식이므로

$2-p=0$ ······ ㉠

$3p+q-16=0$ ······ ㉡

㉠에서 $p=2$

㉡에서 $q=16-3p=10$

따라서

$pq=2\times10=20$

답 20

등식 $x^3+4x^2+c=(x+1)(x^2+ax+b)$가 x의 값에 관계없이 성립할 때, abc의 값은? (단, a, b, c는 상수이다.)

① 24   ② 25   ③ 26   ④ 27   ⑤ 28

MD의 한마디! 주어진 식이 전개하기 쉽거나 동류항의 계수를 비교하기 쉬운 경우 계수비교법을 이용합니다.
① 등식의 우변을 전개한 후 내림차순으로 정리합니다.
② 좌변과 우변에서 동류항의 계수를 비교하여 미정계수를 구합니다.

MD's Solution

주어진 식의 <u>**우변을 전개하면**</u> → 우변을 전개하면 좌변의 동류항의 계수와 비교하기 편리해.

$(x+1)(x^2+ax+b) = x^3+(a+1)x^2+(a+b)x+b$ 에서

$x^3+4x^2+c = x^3+(a+1)x^2+(a+b)x+b$ → 식을 전개한 후 내림차순으로 정리하는 것이 계수를 비교하기 편리해.

이 등식이 x에 대한 항등식이므로 <u>**좌변과 우변의 계수를 비교하면**</u> → 좌변과 우변의 x^3의 계수는 같으므로 다른 계수만 비교하면 돼.

$a+1=4$ ······ ㉠
$a+b=0$ ······ ㉡ → 항등식이기 때문에 계수끼리 비교하면 항상 같아야 해.
$b=c$ ······ ㉢

㉠에서 $a=3$
㉡에서 $b=-a=-3$
㉢에서 $c=b=-3$
따라서 $abc=3\times(-3)\times(-3)=27$

답 ④

유제

02-1

▶ 24639-0048

임의의 실수 x에 대하여 등식

$$(2a-3)(x+1)+b=(b-1)(x+1)+a$$

가 항상 성립할 때, a^2+b^2의 값을 구하시오.

(단, a, b는 상수이다.)

$(2a-3)(x+1)+b=(b-1)(x+1)+a$에서
$(2a-3)x+2a+b-3=(b-1)x+a+b-1$
이 등식이 x에 대한 항등식이므로
좌변과 우변에서 동류항의 계수를 비교하면
$2a-3=b-1$, $2a+b-3=a+b-1$
$2a+b-3=a+b-1$에서 $a=2$
$2a-3=b-1$에서 $b=2a-2=2$
따라서 $a^2+b^2=2^2+2^2=8$

답 8

02-2

▶ 24639-0049

다항식 $ax^3+(b+c)x^2+(b-c)x+11$을 x^2+3x+7로 나눈 몫이 $x-1$이고 나머지가 18일 때, $a^2+b^2+c^2$의 값을 구하시오. (단, a, b, c는 상수이다.)

다항식 $ax^3+(b+c)x^2+(b-c)x+11$을 x^2+3x+7로 나눈 몫이 $x-1$이고 나머지가 18이므로
$ax^3+(b+c)x^2+(b-c)x+11$
$=(x^2+3x+7)(x-1)+18$ ······ ㉠
은 x에 대한 항등식이다.
㉠의 우변을 전개하여 좌변과 우변의 계수를 비교하면
(우변)$=x^3+2x^2+4x+11$이므로
$a=1$, $b+c=2$, $b-c=4$
$b+c=2$, $b-c=4$에서 $b=3$, $c=-1$
따라서 $a^2+b^2+c^2=1+9+1=11$

답 11

대표유형 03 항등식에서 미정계수 구하기(수치대입법) ▶ 24639-0050

등식 $a(x-1)(x-2)+5(x-2)=4x^2-bx+c$가 x에 대한 항등식일 때, 세 상수 a, b, c에 대하여 $a+b+c$의 값을 구하시오.

MD의 한마디!

주어진 식이 전개하기 복잡하거나 적당한 수를 대입하면 식이 간단해지는 경우 수치대입법을 이용합니다.
① 미정계수의 개수만큼 어떤 항이 0이 되도록 하는 x의 값을 찾습니다.
② ①에서 구한 x의 값을 주어진 항등식에 대입하여 미정계수를 구합니다.

MD's Solution

주어진 등식 $a(x-1)(x-2)+5(x-2)=4x^2-bx+c$ 에서
　└→ 괄호 안에 특정한 값을 대입했을 때 어떤 항이 0이 되는 것이 보인다면 (수치대입법)을 사용하는 게 좋아.

양변에 $x=2$를 대입하면 → 좌변의 모든 항을 0이 되도록 하는 값이므로 이 값을 대입하면 식이 간단해져.
$0=16-2b+c$ 에서 $2b-c=16$　·····㉠

양변에 $x=1$을 대입하면 → 좌변의 항 $a(x-1)(x-2)$를 0이 되도록 하는 값이야.
$-5=4-b+c$ 에서 $b-c=9$　·····㉡

㉠, ㉡을 연립하여 풀면
$b=7$, $c=-2$

좌변을 전개하면 이차항의 계수가 a이므로 $a=4$
　└→ 위의 방법처럼 양변에 수를 대입해도 되지만 특정 항의 계수를 쉽게 알 수 있는 경우에는 그 항의 계수만 비교하는 것이 편리해.

따라서
$a+b+c=4+7+(-2)=9$

답 9

유제

03-1 ▶ 24639-0051

등식 $ax^2+11x-7=(x-1)^2+b(x+1)+c$가 x에 대한 항등식이 되도록 하는 세 상수 a, b, c에 대하여 $a+b-c$의 값을 구하시오.

우변을 전개하면 이차항의 계수가 1이므로 $a=1$
양변에 $x=1$을 대입하면
$1+11-7=2b+c$에서 $2b+c=5$
양변에 $x=-1$을 대입하면
$1-11-7=(-2)^2+c$에서 $c=-21$
$2b-21=5$에서 $b=13$
따라서 $a+b-c=1+13+21=35$

답 35

03-2 ▶ 24639-0052

모든 실수 x에 대하여 등식
$$4x^2-x+9=a(x-1)(x+1)+b(x-1)(x+2)$$
$$+c(x+1)(x+2)$$
가 성립할 때, 세 상수 a, b, c에 대하여 $a+2b+3c$의 값은?

① 1　　　② 3　　　③ 5
④ 7　　　⑤ 9

양변에 $x=1$을 대입하면
$4-1+9=6c$에서 $c=2$
양변에 $x=-1$을 대입하면
$4+1+9=-2b$에서 $b=-7$
양변에 $x=-2$를 대입하면
$16+2+9=3a$에서 $a=9$
따라서 $a+2b+3c=9-14+6=1$

답 ①

나머지정리(일차식으로 나누는 경우) ▸ 24639-0053

다항식 $P(x)=5x^3+x^2-11x+a$를 $x-1$로 나눈 나머지가 3일 때, 다항식 $P(x)$를 $x+2$로 나눈 나머지는?

(단, a는 상수이다.)

① -10 ② -8 ③ -6 ④ -4 ⑤ -2

MD의 한마디! 다항식을 일차식으로 나눈 나머지를 구할 때에는 다항식 $P(x)$를 $x-a$로 나눈 나머지가 $P(a)$임을 이용합니다.

MD's Solution

나머지정리에 의하여
└→ 나머지정리는 다항식을 직접 나누지 않고 나머지를 구할 수 있기 때문에 계산 과정이 많이 간단해져.

다항식 $P(x)=5x^3+x^2-11x+a$를 $x-1$로 나눈 나머지는 $P(1)$이므로
다항식 $P(x)=5x^3+x^2-11x+a$에 $x=1$을 대입하면 └→ 다항식 $P(x)$에 $x=1$을 대입하여 얻은 값이야.

$P(1)=5+1-11+a=3$
$a=8$

다항식 $P(x)$를 $x+2$로 나눈 나머지는
└→ 나머지정리에 의하여 나머지는 $P(-2)$인 것을 알 수 있어.

$P(-2)=-40+4+22+8=-6$

답 ③

유제

04-1 ▸ 24639-0054

다항식 x^3-3x^2+ax+4를 $x+3$으로 나눈 나머지와 $x-2$로 나눈 나머지가 같을 때, 상수 a의 값을 구하시오.

$P(x)=x^3-3x^2+ax+4$라 하면
다항식 $P(x)$를 $x+3$으로 나눈 나머지는 나머지정리에 의하여
$P(-3)=-27-27-3a+4=-3a-50$
또 다항식 $P(x)$를 $x-2$로 나눈 나머지는
$P(2)=8-12+2a+4=2a$
$P(-3)=P(2)$이므로
$-3a-50=2a$
$5a=-50$
따라서 $a=-10$

답 -10

04-2 ▸ 24639-0055

다항식 $P(x)$를 $x+1$로 나눈 나머지가 4이고, 다항식 $Q(x)$를 $x+1$로 나눈 나머지가 -2이다. 다항식 $P(x)Q(x)$를 $x+1$로 나눈 나머지를 구하시오.

나머지정리에 의하여
$P(-1)=4,\ Q(-1)=-2$
$f(x)=P(x)Q(x)$라 하면 다항식 $f(x)$를 $x+1$로 나눈 나머지는
$f(-1)=P(-1)Q(-1)=4\times(-2)=-8$

답 -8

대표유형 05 나머지정리(이차식으로 나누는 경우)
▶ 24639-0056

다항식 $f(x)$를 $x-1$로 나눈 나머지가 5이고, $x-2$로 나눈 나머지가 -2일 때, 다항식 $f(x)$를 $(x-1)(x-2)$로 나눈 나머지를 구하시오.

MD의 한마디!

다항식 $P(x)$를 $(x-\alpha)(x-\beta)$로 나눈 나머지를 구할 때
① 몫을 $Q(x)$라 하면 $P(x)=(x-\alpha)(x-\beta)Q(x)+ax+b$는 x에 대한 항등식입니다.
② ①의 식에 $x=\alpha$, $x=\beta$를 각각 대입하여 얻은 두 식을 연립하여 나머지를 구합니다.

MD's Solution

다항식 $f(x)$를 $(x-1)(x-2)$로 나눈 몫을 $Q(x)$, 나머지를 $ax+b$ (a, b는 상수)라 하면
$f(x)=(x-1)(x-2)Q(x)+ax+b$ ····· ㉠
는 x에 대한 항등식이다.
   → 항등식이기 때문에 x에 어떤 값이든 대입할 수 있어.
다항식 $f(x)$를 $x-1$로 나눈 나머지가 5이므로 나머지정리에 의하여 $f(1)=5$
   → 다항식을 일차식으로 나누었을 때의 나머지를 구할 때에는 나머지정리가 가장 간단한 방법이야.
같은 방법으로 다항식 $f(x)$를 $x-2$로 나눈 나머지가 -2이므로 $f(2)=-2$
㉠에 $x=1$을 대입하면 $a+b=5$ ····· ㉡
㉠에 $x=2$를 대입하면 $2a+b=-2$ ····· ㉢ → ㉢에서 ㉡을 빼면 되겠다는 생각을 하면 좋겠어.
㉡, ㉢을 연립하여 풀면 $a=-7$, $b=12$이므로 구하는 나머지는 $-7x+12$이다.

답 $-7x+12$

유제

05-1
▶ 24639-0057

다항식 $P(x)$를 $x-2$로 나눈 나머지가 1이고 $x+2$로 나눈 나머지가 -11이다. 다항식 $(x+1)P(x)$를 x^2-4로 나눈 나머지를 $R(x)$라 할 때, $R(2)$의 값을 구하시오.

다항식 $(x+1)P(x)$를 x^2-4로 나눈 몫을 $Q(x)$, 나머지를 $R(x)=ax+b$ (a, b는 상수)라 하면
$(x+1)P(x)=(x^2-4)Q(x)+ax+b$
$\qquad\qquad\quad =(x+2)(x-2)Q(x)+ax+b$
는 x에 대한 항등식이다.
나머지정리에 의하여 $P(2)=1$, $P(-2)=-11$이므로
$3P(2)=2a+b$에서 $2a+b=3$ ······ ㉠
$-P(-2)=-2a+b$에서 $-2a+b=11$ ······ ㉡
㉠, ㉡을 연립하여 풀면 $a=-2$, $b=7$이므로
$R(x)=-2x+7$
따라서 $R(2)=-4+7=3$

답 3

05-2
▶ 24639-0058

다항식 $P(x)=3x^3-x^2+ax+b$를 $x-2$로 나눈 나머지와 $x+1$로 나눈 나머지가 같고 다항식 $P(x)$를 x^2-x-2로 나눈 나머지가 8일 때, $a+b$의 값을 구하시오.
(단, a, b는 상수이다.)

다항식 $P(x)$를 $x-2$로 나눈 나머지는 나머지정리에 의하여
$P(2)=24-4+2a+b=2a+b+20$ ······ ㉠
다항식 $P(x)$를 $x+1$로 나눈 나머지는
$P(-1)=-3-1-a+b=-a+b-4$
$P(2)=P(-1)$에서 $2a+b+20=-a+b-4$, $a=-8$
다항식 $P(x)$를 x^2-x-2로 나눈 몫을 $Q(x)$라 하면
$P(x)=(x^2-x-2)Q(x)+8=(x-2)(x+1)Q(x)+8$
$x=2$를 대입하면 $P(2)=8$
㉠에서 $2a+b+20=8$, $-16+b+20=8$, $b=4$
따라서 $a+b=-8+4=-4$

답 -4

다항식 $2x^3+ax^2+bx+6$이 $x+2$, $x-3$으로 각각 나누어떨어질 때, 두 상수 a, b에 대하여 ab의 값을 구하시오.

MD의 한마디!

주어진 다항식을 $P(x)$라 하면
① 인수정리에 의하여 $P(-2)=0$, $P(3)=0$입니다.
② ①에서 구한 두 식을 연립하여 a, b의 값을 구합니다.

MD's Solution

주어진 다항식을 $P(x)=2x^3+ax^2+bx+6$ 이라 하면　　→ 인수정리는 나머지정리의 특별한 경우야. 즉 나머지가 0인 경우지.
다항식 $P(x)$가 $x+2$로 나누어떨어지므로 인수정리에 의하여
　　　　　　→ 나누어떨어진다는 것은 나머지가 0이라는 뜻이야.
$P(-2)=-16+4a-2b+6=0$
$2a-b=5$ ‥‥‥ ㉠
또 다항식 $P(x)$가 $x-3$으로 나누어떨어지므로 인수정리에 의하여
$P(3)=54+9a+3b+6=0$
$3a+b=-20$ ‥‥‥ ㉡
㉠, ㉡을 연립하여 풀면 → ㉠식과 ㉡식을 더하면 b가 소거되어 a의 값을 구할 수 있어.
$a=-3$, $b=-11$
따라서 $ab=(-3)\times(-11)=33$

답 33

유제

06-1

▶ 24639-0060

다항식 $P(x)=x^3-ax^2+4x-2$가 $x-2$를 인수로 가질 때, 상수 a에 대하여 $2a$의 값은?

① 5　　　　② 6　　　　③ 7
④ 8　　　　⑤ 9

다항식 $P(x)$가 $x-2$를 인수로 가지므로 인수정리에 의하여
$P(2)=8-4a+8-2=0$, $4a=14$
따라서 $2a=7$

답 ③

06-2

▶ 24639-0061

다항식 $P(x)=x^3+x^2-15x+a$에 대하여 다항식 $P(x-1)$이 $x-4$로 나누어떨어질 때, $P(x+1)$을 $x+4$로 나눈 나머지를 구하시오. (단, a는 상수이다.)

다항식 $P(x-1)$이 $x-4$로 나누어떨어지므로 인수정리에 의하여
$P(4-1)=P(3)=0$
$P(3)=27+9-45+a=0$
$a=9$
$P(x)=x^3+x^2-15x+9$에서
$P(x+1)$을 $x+4$로 나눈 나머지는 나머지정리에 의하여
$P(-4+1)=P(-3)$
　　　　$=-27+9+45+9=36$

답 36

대표유형 07 인수정리(이차식으로 나누는 경우) ▸ 24639-0062

다항식 $f(x)=x^3+ax^2+bx+4$가 $(x-1)(x+4)$로 나누어떨어질 때, 두 상수 a, b에 대하여 $a-2b$의 값을 구하시오.

MD의 한마디!

다항식 $f(x)$가 $(x-\alpha)(x-\beta)$로 나누어떨어질 때
① 인수정리에 의하여 $f(\alpha)=0$, $f(\beta)=0$이 성립합니다.
② ①에서 구한 두 식을 연립하여 미정계수를 구합니다.

MD's Solution

다항식 $f(x)$가 $(x-1)(x+4)$로 나누어떨어지므로
다항식 $f(x)$는 <u>$x-1$로 나누어떨어지고 $x+4$로도 나누어떨어진다.</u>
　　　　　⟶ 나머지가 0이라는 의미라는 것 잊지 말자. 인수정리에 의해서 <u>$f(1)=f(-4)=0$인거야.</u>
따라서 $f(1)=1+a+b+4=0$, $f(-4)=-64+16a-4b+4=0$이다.
이 식을 정리하면 $a+b=-5$, $16a-4b=60$이고 $a+b=-5$, $4a-b=15$이다.
　　　　　⟶ 등식의 양변을 같은 수로 나누어 간단히 하면 편리해.
위 두 식을 연립하여 풀면 $a=2$, $b=-7$이므로 $a-2b=2-2\times(-7)=16$이다.
　　　　　⟶ 연립할 때 가감법도 좋은데 (대입법)을 적절하게 활용할 수 있도록 연습해두는 것이 좋아.
　　　　　$a+b=-5$에서 $b=-a-5$가 되고 이를 두 번째 식에 대입하면 $4a-(-a-5)=15$, $5a=10$, $a=2$가 되지.

답 16

유제

07-1 ▸ 24639-0063

다항식 $P(x)=4x^3+7x^2+ax+b$는 $x+2$로 나누어떨어지고 몫은 $Q(x)$이다. $Q(x)$가 $x-1$로 나누어떨어질 때, 두 상수 a, b에 대하여 $a-b$의 값을 구하시오.

$P(x)$는 $x+2$로 나누어떨어지고 몫은 $Q(x)$이므로
$P(x)=(x+2)Q(x)$ ⋯⋯ ㉠
$Q(x)$를 $x-1$로 나눈 몫을 $Q'(x)$라 하면, $Q(x)$가 $x-1$로 나누어떨어지므로 $Q(x)=(x-1)Q'(x)$ ⋯⋯ ㉡
㉠, ㉡에서 $P(x)=(x+2)Q(x)=(x+2)(x-1)Q'(x)$
$x=-2$를 대입하면 $P(-2)=0$
$-32+28-2a+b=0$, $2a-b=-4$ ⋯⋯ ㉢
$x=1$을 대입하면 $P(1)=0$
$4+7+a+b=0$, $a+b=-11$ ⋯⋯ ㉣
㉢, ㉣을 연립하여 풀면 $a=-5$, $b=-6$
따라서 $a-b=-5-(-6)=1$

답 1

07-2 ▸ 24639-0064

다항식 $P(x)=x^3+ax^2+bx-4$에 대하여 $P(2x+5)$가 $(x+2)(x+3)$으로 나누어떨어질 때, 다항식 $P(x)$를 $x+2$로 나눈 나머지를 구하시오. (단, a, b는 상수이다.)

$P(2x+5)$를 $(x+2)(x+3)$으로 나눈 몫을 $Q(x)$라 하면 $P(2x+5)$가 $(x+2)(x+3)$으로 나누어떨어지므로
$P(2x+5)=(x+2)(x+3)Q(x)$
$x=-2$를 대입하면 $P(1)=0$
$1+a+b-4=0$, $a+b=3$ ⋯⋯ ㉠
$x=-3$을 대입하면 $P(-1)=0$
$-1+a-b-4=0$, $a-b=5$ ⋯⋯ ㉡
㉠, ㉡을 연립하여 풀면 $a=4$, $b=-1$
$P(x)=x^3+4x^2-x-4$
따라서 나머지정리에 의하여 다항식 $P(x)$를 $x+2$로 나눈 나머지는
$P(-2)=-8+16+2-4=6$

답 6

1
▶ 24639-0065

다항식
$$f(x)=ax^2-b(k+3)x+a(k-2)-8$$
에 대하여 등식 $f(1)=0$이 k에 대한 항등식일 때, a^2+b^2의 값은? (단, a, b는 상수이다.)

① 4 　　　② 5 　　　③ 6
④ 7 　　　⑤ 8

답 ⑤

풀이 $f(1)=a-b(k+3)+a(k-2)-8=0$이고
이 식이 k에 대한 항등식이므로
$(a-b)k+(-a-3b-8)=0$에서
$a-b=0$ 　　　…… ㉠
$-a-3b-8=0$ 　　　…… ㉡
㉠, ㉡을 연립하여 풀면 $a=b=-2$이므로
$a^2+b^2=4+4=8$

2
▶ 24639-0066

$x-y=-3$을 만족시키는 모든 실수 x, y에 대하여 등식 $(a+4)x+(2b-3)y+7a=0$이 항상 성립한다. 두 상수 a, b에 대하여 ab의 값은?

① -9 　　　② -8 　　　③ -7
④ -6 　　　⑤ -5

답 ④

풀이 $x-y=-3$에서 $y=x+3$
$(a+4)x+(2b-3)y+7a=0$에 $y=x+3$을 대입하면
$(a+4)x+(2b-3)(x+3)+7a=0$
$(a+2b+1)x+7a+6b-9=0$
이 등식이 x에 대한 항등식이므로
$a+2b+1=0$에서
$a+2b=-1$ 　　　…… ㉠
$7a+6b-9=0$에서
$7a+6b=9$ 　　　…… ㉡
㉠, ㉡을 연립하여 풀면
$a=3$, $b=-2$
따라서
$ab=3\times(-2)=-6$

3
▶ 24639-0067

다항식 $f(x)$를 $x-2$로 나눈 나머지가 4, $x+3$으로 나눈 나머지가 7이다. 다항식 $f(x-2)f(x+3)$을 $x+1$로 나눈 나머지는?

① 28 　　　② 30 　　　③ 32
④ 34 　　　⑤ 36

답 ①

풀이 다항식 $f(x)$를 $x-2$로 나눈 나머지가 4이므로 나머지정리에 의하여
$f(2)=4$
또, 다항식 $f(x)$를 $x+3$으로 나눈 나머지가 7이므로
$f(-3)=7$
$g(x)=f(x-2)f(x+3)$이라 하면 다항식 $g(x)$를 $x+1$로 나눈 나머지는
$g(-1)=f(-1-2)f(-1+3)=f(-3)f(2)=7\times4=28$

4
▶ 24639-0068

다항식 $P(x)$를 x^2+x로 나누었을 때의 몫은 $Q(x)$, 나머지가 $2x-5$이고, 다항식 $Q(x)$를 $x-2$로 나누었을 때의 나머지가 -3이다. 다항식 $P(x)$를 $x-2$로 나누었을 때의 나머지는?

① -20 　　　② -19 　　　③ -18
④ -17 　　　⑤ -16

답 ②

풀이 $P(x)$를 x^2+x로 나누었을 때의 몫은 $Q(x)$, 나머지가 $2x-5$이므로
$P(x)=(x^2+x)Q(x)+2x-5$ 　　　…… ㉠
$Q(x)$를 $x-2$로 나누었을 때의 몫을 $Q'(x)$라 하면 $Q(x)$를 $x-2$로 나누었을 때의 나머지가 -3이므로
$Q(x)=(x-2)Q'(x)-3$ 　　　…… ㉡
㉡을 ㉠에 대입하면
$P(x)=(x^2+x)Q(x)+2x-5$
$\qquad=(x^2+x)\{(x-2)Q'(x)-3\}+2x-5$
따라서 $P(x)$를 $x-2$로 나누었을 때의 나머지는 나머지정리에 의하여
$P(2)=6\times(-3)+4-5=-19$

5 | 2023학년도 9월 고1 학력평가 27번 |
▶ 24639-0069

다항식 $P(x)$에 대하여 $(x-2)P(x)-x^2$을 $P(x)-x$로 나누었을 때의 몫은 $Q(x)$, 나머지는 $P(x)-3x$이다. $P(x)$를 $Q(x)$로 나눈 나머지가 10일 때, $P(30)$의 값을 구하시오. (단, 다항식 $P(x)-x$는 0이 아니다.)

답 91

풀이 다항식 $(x-2)P(x)-x^2$을 $P(x)-x$로 나누었을 때의 나머지가 $P(x)-3x$이므로 나머지 $P(x)-3x$의 차수는 $P(x)-x$의 차수보다 낮아야 한다.

다항식 $P(x)$의 차수가 1이 아니면 $P(x)-x$의 차수와 $P(x)-3x$의 차수는 같아지므로 $P(x)$의 차수는 1이다.

$P(x)=ax+b(a\neq0,\ a,\ b$는 실수)라 하자.

$P(x)-3x=(a-3)x+b$는 상수이므로

$a=3$

$P(x)=3x+b$에 대하여

$(x-2)P(x)-x^2=\{P(x)-x\}Q(x)+P(x)-3x$

$\{P(x)-x\}Q(x)=(x-2)P(x)-x^2-\{P(x)-3x\}$

$\{P(x)-x\}Q(x)=\{P(x)-x\}(x-3)$

이므로 $Q(x)=x-3$

$P(x)$를 $x-3$으로 나눈 나머지가 10이므로 나머지정리에 의하여

$P(3)=9+b=10,\ b=1$

$P(x)=3x+1$

따라서

$P(30)=3\times30+1=91$

6

▶ 24639-0070

10^{25}을 9×11로 나눈 나머지는?

① 2   ② 4   ③ 6

④ 8   ⑤ 10

답 ⑤

풀이 $x=10$이라 하면 $9=x-1,\ 11=x+1$이고

x^{25}을 $(x-1)(x+1)$로 나눈 몫과 나머지를 각각 $Q(x)$, $ax+b\ (a,\ b$는 상수)라 하면

$x^{25}=(x-1)(x+1)Q(x)+ax+b$

이 식은 x에 대한 항등식이므로

위 식의 양변에 $x=1$을 대입하면 $a+b=1$ ...... ㉠

위 식의 양변에 $x=-1$을 대입하면 $-a+b=-1$ ...... ㉡

㉠, ㉡을 연립하여 풀면 $a=1,\ b=0$이므로

$ax+b=x$이고 $x=10$이므로 나머지는 10이다.

7

▶ 24639-0071

다항식 $P(x)=-x^4+ax^2+x-6$에 대하여 다항식 $P(x-1)P(x+3)$이 $x+1$로 나누어떨어질 때, 모든 상수 a의 값의 합은?

① 11   ② 12   ③ 13

④ 14   ⑤ 15

답 ①

풀이 $P(x-1)P(x+3)$이 $x+1$로 나누어떨어지므로 인수정리에 의하여

$P(-1-1)P(-1+3)=P(-2)P(2)=0$

$P(-2)=0$ 또는 $P(2)=0$

$P(-2)=-16+4a-2-6=0$인 경우

$4a=24,\ a=6$

$P(2)=-16+4a+2-6=0$인 경우

$4a=20,\ a=5$

따라서 조건을 만족시키는 모든 상수 a의 값의 합은

$6+5=11$

8

▶ 24639-0072

다항식 $P(x-2)$가 x^2-4x+3으로 나누어떨어질 때, 다항식 $P(x)+x^2+x$를 x^2-1로 나눈 나머지를 $R(x)$라 하자. $R(4)$의 값은?

① 3   ② 5   ③ 7

④ 9   ⑤ 11

답 ②

풀이 $x^2-4x+3=(x-1)(x-3)$에서

$P(x-2)$를 x^2-4x+3으로 나눈 몫을 $Q_1(x)$라 하면

$P(x-2)$가 x^2-4x+3으로 나누어떨어지므로

$P(x-2)=(x^2-4x+3)Q_1(x)$

        $=(x-1)(x-3)Q_1(x)$

이 등식은 x에 대한 항등식이므로

$x=1$을 대입하면

$P(-1)=0$

$x=3$을 대입하면

$P(1)=0$

$P(x)+x^2+x$를 x^2-1로 나눈 몫을 $Q_2(x)$라 하고, 나머지를 $R(x)=ax+b(a,\ b$는 상수)라 하면

$P(x)+x^2+x=(x^2-1)Q_2(x)+ax+b$

        $=(x+1)(x-1)Q_2(x)+ax+b$

이 등식은 x에 대한 항등식이므로

$x=-1$을 대입하면

$P(-1)=-a+b$ ...... ㉠

$x=1$을 대입하면

$P(1)+2=a+b$ ...... ㉡

$P(-1)=0$이므로 ㉠에서

$-a+b=0$ ...... ㉢

$P(1)=0$이므로 ㉡에서

$a+b=2$ ...... ㉣

㉢, ㉣을 연립하여 풀면 $a=1,\ b=1$

$R(x)=x+1$

따라서 $R(4)=4+1=5$

최고차항의 계수가 1인 삼차다항식 $f(x)$가 다음 조건을 만족시킬 때, $f(0)$의 값은?

> (개) 다항식 $f(x+3)-f(x)$는 $(x-1)(x+2)$로 나누어떨어진다.
> (내) 다항식 $f(x)$를 $x-2$로 나누었을 때의 나머지는 -3이다.

① 13   ② 14   ③ 15

④ 16   ⑤ 17

답 ①

풀이 조건 (개)에서 인수정리에 의하여

$f(1+3)-f(1)=f(4)-f(1)=0$, $f(4)=f(1)$ ······ ㉠

$f(-2+3)-f(-2)=f(1)-f(-2)=0$, $f(1)=f(-2)$ ······ ㉡

㉠, ㉡에서

$f(-2)=f(1)=f(4)$

$f(-2)=f(1)=f(4)=k$ (k는 상수)라 하면

$f(x)=(x+2)(x-1)(x-4)+k$

조건 (내)에서 나머지정리에 의하여

$f(2)=4\times1\times(-2)+k=-8+k=-3$

$k=5$

따라서

$f(0)=2\times(-1)\times(-4)+5=13$

서술형

10   ▶ 24639-0074

등식 $(x^3+x^2-5)^3=a_0+a_1x+a_2x^2+\cdots+a_9x^9$이 x에 대한 항등식일 때, $a_1+a_3+a_5+a_7+a_9$의 값을 구하시오. (단, $a_0, a_1, \cdots, a_9$는 상수이다.)

답 49

풀이 $(x^3+x^2-5)^3=a_0+a_1x+a_2x^2+\cdots+a_9x^9$

이 등식이 x에 대한 항등식이므로

$x=1$을 대입하면

$-27=a_0+a_1+a_2+\cdots+a_9$ ······ ㉠   ❶

$x=-1$을 대입하면

$-125=a_0-a_1+a_2-\cdots-a_9$ ······ ㉡   ❷

㉠-㉡을 하면

$-27+125=2(a_1+a_3+a_5+a_7+a_9)$

따라서 $a_1+a_3+a_5+a_7+a_9=49$ ❸

채점 기준	배점
❶ $x=1$을 대입하여 식 세우기	30 %
❷ $x=-1$을 대입하여 식 세우기	30 %
❸ $a_1+a_3+a_5+a_7+a_9$의 값 구하기	40 %

11   ▶ 24639-0075

다항식 $f(x)$를 $(x+1)(x+2)$로 나눈 나머지가 $2x+3$이고, 다항식 $f(x)$를 $(x-1)(x-2)$로 나눈 나머지가 5이다. 다항식 $f(x)$를 $(x+2)(x-1)$로 나눈 나머지를 $R(x)$라 할 때, $R(5)$의 값을 구하시오.

답 13

풀이 다항식 $f(x)$를 $(x+1)(x+2)$로 나누었을 때의 몫을 $Q_1(x)$라 하면 나머지가 $2x+3$이므로

$f(x)=(x+1)(x+2)Q_1(x)+2x+3$에서

이 등식은 x에 대한 항등식이므로

$f(-1)=1$, $f(-2)=-1$

다항식 $f(x)$를 $(x-1)(x-2)$로 나눈 몫을 $Q_2(x)$라 하면

$f(x)=(x-1)(x-2)Q_2(x)+5$에서

이 등식은 x에 대한 항등식이므로

$f(1)=f(2)=5$ ······ ❶

다항식 $f(x)$를 $(x+2)(x-1)$로 나누었을 때의 몫을 $Q_3(x)$라 하고 나머지 $R(x)$를 $R(x)=ax+b$ (a, b는 상수)라 하면

$f(x)=(x+2)(x-1)Q_3(x)+ax+b$에서

이 등식은 x에 대한 항등식이므로

$f(-2)=-2a+b=-1$ ······ ㉠

$f(1)=a+b=5$ ······ ㉡

㉠, ㉡을 연립하여 풀면 $a=2$, $b=3$이므로

$R(x)=2x+3$이다. ······ ❷

따라서 $R(5)=13$ ······ ❸

채점 기준	배점
❶ 나머지정리를 이용하여 식의 값을 바르게 찾기	40 %
❷ 나머지 $R(x)$ 구하기	40 %
❸ $R(5)$의 값 구하기	20 %

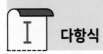

 인수분해

개념 CHECK   본문 30~32쪽

1. 인수분해

1   ▶ 24639-0076

인수분해 공식을 이용하여 다음 식을 인수분해하시오.

(1) $a^2+b^2+9c^2+2ab+6bc+6ca$

(2) $a^3+9a^2+27a+27$

(3) a^3-8b^3

(1) $a^2+b^2+9c^2+2ab+6bc+6ca$
$=a^2+b^2+(3c)^2+2\times a\times b+2\times b\times 3c+2\times 3c\times a$
$=(a+b+3c)^2$

(2) $a^3+9a^2+27a+27$
$=a^3+3\times a^2\times 3+3\times a\times 3^2+3^3$
$=(a+3)^3$

(3) a^3-8b^3
$=a^3-(2b)^3$
$=(a-2b)\{a^2+a\times 2b+(2b)^2\}$
$=(a-2b)(a^2+2ab+4b^2)$

📋 (1) $(a+b+3c)^2$ (2) $(a+3)^3$
(3) $(a-2b)(a^2+2ab+4b^2)$

2. 복잡한 식의 인수분해(1)

2   ▶ 24639-0077

다음 식을 인수분해하시오.

(1) $(x+1)^2+4(x+1)+3$

(2) $(x-3)^3-1$

(3) $(x^2-4x)^2-2x^2+8x-15$

(1) $x+1=X$라 하면
$(x+1)^2+4(x+1)+3=X^2+4X+3=(X+1)(X+3)$
$\qquad\qquad\qquad\qquad =(x+1+1)(x+1+3)$
$\qquad\qquad\qquad\qquad =(x+2)(x+4)$

(2) $x-3=X$라 하면
$(x-3)^3-1=X^3-1$
$\qquad\qquad =(X-1)(X^2+X+1)$
$\qquad\qquad =(x-3-1)\{(x-3)^2+(x-3)+1\}$
$\qquad\qquad =(x-4)(x^2-5x+7)$

(3) 주어진 식은 $(x^2-4x)^2-2(x^2-4x)-15$이므로
$x^2-4x=X$라 하면
$(x^2-4x)^2-2(x^2-4x)-15$
$=X^2-2X-15=(X+3)(X-5)$
$=(x^2-4x+3)(x^2-4x-5)$
$=(x-1)(x-3)(x+1)(x-5)$

📋 (1) $(x+2)(x+4)$ (2) $(x-4)(x^2-5x+7)$
(3) $(x-1)(x-3)(x+1)(x-5)$

3　　　　　　　　　　　　　　▶ 24639-0078

> 다음 식을 인수분해하시오.
>
> (1) x^4-x^2-6
>
> (2) $x^4+2x^2y^2-8y^4$
>
> (3) x^4+4x^2+16

(1) $x^2=X$라 하면

$$x^4-x^2-6=X^2-X-6$$
$$=(X+2)(X-3)$$
$$=(x^2+2)(x^2-3)$$

(2) $x^2=a$, $y^2=b$라 하면

$$x^4+2x^2y^2-8y^4=a^2+2ab-8b^2$$
$$=(a+4b)(a-2b)$$
$$=(x^2+4y^2)(x^2-2y^2)$$

(3) $x^4+4x^2+16=(x^4+8x^2+16)-4x^2$
$$=(x^2+4)^2-(2x)^2$$
$$=(x^2+2x+4)(x^2-2x+4)$$

📖 (1) $(x^2+2)(x^2-3)$　(2) $(x^2+4y^2)(x^2-2y^2)$
(3) $(x^2+2x+4)(x^2-2x+4)$

---

3. 복잡한 식의 인수분해(2)

4　　　　　　　　　　　　　　▶ 24639-0079

> 다음 식을 인수분해하시오.
>
> (1) $x^2+xy+yz+zx$
>
> (2) x^2-y^2+x-y

(1) $x^2+xy+yz+zx=xy+yz+x^2+zx$
$$=(x+z)y+(x+z)x$$
$$=(x+z)(x+y)$$

(2) $x^2-y^2+x-y=x^2+x-y^2-y$
$$=x^2+x-y(y+1)$$
$$=(x-y)(x+y+1)$$

📖 (1) $(x+z)(x+y)$　(2) $(x-y)(x+y+1)$

5　　　　　　　　　　　　　　▶ 24639-0080

> 다항식 $x^3-5x^2-2x+24$를 인수분해하시오.

$P(x)=x^3-5x^2-2x+24$라 하면

$P(-2)=(-2)^3-5\times(-2)^2-2\times(-2)+24=0$이므로

$P(x)$는 $x+2$를 인수로 갖는다.

조립제법을 이용하여 $P(x)$를 인수분해하면

$$
\begin{array}{r|rrrr}
-2 & 1 & -5 & -2 & 24 \\
   &   & -2 & 14 & -24 \\
\hline
   & 1 & -7 & 12 & 0 \\
\end{array}
$$

$P(x)=(x+2)(x^2-7x+12)$
$$=(x+2)(x-3)(x-4)$$

📖 $(x+2)(x-3)(x-4)$

대표유형 01 공식을 이용한 인수분해

▶ 24639-0081

다항식 $8x^3+27$이 $(2x+a)(4x^2+bx+c)$로 인수분해될 때, 세 정수 a, b, c에 대하여 $a-b+c$의 값을 구하시오.

MD의 한마디!

주어진 다항식을 인수분해하기 위해서 어떤 공식을 사용해야 하는지 판단해야 합니다.

① $(2x)^3=8x^3$, $3^3=27$이므로 주어진 식을 $(2x)^3+3^3$으로 변형합니다.

② 인수분해 공식 $a^3+b^3=(a+b)(a^2-ab+b^2)$을 이용하여 인수분해합니다.

MD's Solution

$(2x)^3=8x^3$, $3^3=27$이므로 주어진 식은 $\underline{(2x)^3+3^3}$이다.

 ↳ 인수분해 공식을 적용하기 위해 $8x^3$을 $(2x)^3$, 27을 3^3으로 생각해야 해.

즉, $(2x)^3+3^3$에서 $\underline{2x=\alpha,\ 3=\beta}$라 하면

 ↳ 공식에 익숙해지기 전까지는 이렇게 공식을 적용하기 쉽도록 문자로 치환하는 것이 좋아.

$8x^3+27=\alpha^3+\beta^3$이고 이를 인수분해하면 $(\alpha+\beta)(\alpha^2-\alpha\beta+\beta^2)$이다.

즉, 주어진 식을 인수분해한 결과가 $\underline{(2x+3)(4x^2-6x+9)}$이므로

 ↳ 인수분해 공식을 적용한 후에는 원래 식으로 반드시 바꾸어야 한다는 것을 잊지 않도록 하자.

$a=3,\ b=-6,\ c=9$

따라서 $a-b+c=18$

답 18

유제

01-1

▶ 24639-0082

다항식 $x^2+4y^2+z^2+4xy-4yz-2zx$가 $(x+ay+bz)^2$으로 인수분해될 때, 두 상수 a, b에 대하여 $a+b$의 값은?

① 1   ② 2   ③ 3

④ 4   ⑤ 5

$x^2+4y^2+z^2+4xy-4yz-2zx$
$=x^2+(2y)^2+(-z)^2+2\times x\times 2y+2\times 2y\times(-z)$
$\qquad\qquad\qquad\qquad +2\times(-z)\times x$
$=(x+2y-z)^2$

이므로 $a=2$, $b=-1$

따라서 $a+b=1$

답 ①

01-2

▶ 24639-0083

다항식 $2x^3-16y^3-12x^2y+24xy^2$을 인수분해하시오.

$2x^3-16y^3-12x^2y+24xy^2$
$=2(x^3-8y^3-6x^2y+12xy^2)$
$=2\{x^3-(2y)^3-3\times x^2\times 2y+3\times x\times(2y)^2\}$
$=2(x-2y)^3$

답 $2(x-2y)^3$

대표유형 02 공통부분이 있는 식의 인수분해

다항식 $(x+2)^3+3(x+2)^2+3x+7$이 $(x+a)^3$으로 인수분해될 때, 상수 a의 값을 구하시오.

MD의 한마디!

공통부분이 있는 복잡한 식을 인수분해할 때
① 공통부분을 한 문자로 치환하여 그 문자에 대한 식으로 나타냅니다.
② ①에서 얻은 식을 인수분해합니다.
③ 치환한 문자에 원래의 식을 대입하여 다시 인수분해합니다.

MD's Solution

$x+2=X$라 하면
↳ 공통부분이 여러 번 나오는 경우는 치환을 하는 것이 인수분해 공식을 적용하는 데 도움이 돼.

주어진 다항식은 $(X+2)^3+3(X+2)^2+3(X+2)+1$에서 X^3+3X^2+3X+1이다.
↳ 조립제법을 이용하여 인수분해해도 되지만, 인수분해 공식을 적용하면 계산과정이 더 간단해져.

인수분해 공식 $X^3+3X^2y+3Xy^2+y^3=(X+y)^3$을 이용하면

X^3+3X^2+3X+1
$=(X+1)^3$
$=(X+2+1)^3$ → 치환을 이용해서 인수분해를 했다면 반드시 원래 문자로 되돌려 놓아야 해.
$=(X+3)^3$
따라서 $a=3$

답 3

유제

02-1
▸ 24639-0085

다항식
$(x^2-3x)(x^2-3x+3)+2$가 $(x+a)(x+b)(x^2-3x+1)$
로 인수분해될 때, 두 상수 a, b에 대하여 a^2+b^2의 값을 구하시오. (단, $a<b$)

$x^2-3x=X$라 하면
$(x^2-3x)(x^2-3x+3)+2$
$=X(X+3)+2$
$=X^2+3X+2$
$=(X+2)(X+1)$
$=(x^2-3x+2)(x^2-3x+1)$
$=(x-1)(x-2)(x^2-3x+1)$
$a<b$에서 $a=-2$, $b=-1$이므로
$a^2+b^2=5$

답 5

02-2
▸ 24639-0086

다항식 $(x-1)(x-3)(x+2)(x+4)+24$를 인수분해하면
$(x+3)(x-2)P(x)$이다. 이차식 $P(x)$에 대하여 $P(2)$의 값을 구하시오.

$(x-1)(x-3)(x+2)(x+4)+24$
$=(x-1)(x+2)(x-3)(x+4)+24$
$=(x^2+x-2)(x^2+x-12)+24$
$x^2+x=X$라 하면
$(X-2)(X-12)+24$
$=X^2-14X+48$
$=(X-6)(X-8)$
$=(x^2+x-6)(x^2+x-8)$
$=(x+3)(x-2)(x^2+x-8)$
따라서 $P(x)=x^2+x-8$이므로
$P(2)=-2$

답 -2

대표유형 03 x^4+ax^2+b 꼴의 인수분해   ▶ 24639-0087

다음 중 다항식 x^4-5x^2+4의 인수가 <u>아닌</u> 것은?

① $x-1$ ② $x-4$ ③ x^2-1 ④ x^2-4 ⑤ x^2-3x+2

MD의 한마디!

x^4+ax^2+b 꼴의 다항식은 다음과 같이 인수분해할 수 있습니다.
① $x^2=X$로 치환하여 주어진 식을 X에 대한 이차식 X^2+aX+b로 나타냅니다.
② X^2+aX+b가 인수분해되는 경우 이 이차식을 인수분해한 후에 X에 x^2을 대입하여 다시 인수분해합니다.

MD's Solution

$x^2=X$라 하면 → 사차항, 이차항, 상수항으로 구성된 식은 x^2을 한 문자로 치환하여 이차식으로 바꾸면 인수분해가 쉬워져.

$x^4-5x^2+4 = X^2-5X+4 = (X-1)(X-4) = (x^2-1)(x^2-4)$
                                           ↳ 반드시 원래 문자로 되돌려 놓아야 해. 꼭!

즉, 주어진 식을 인수분해한 결과는 $(x+1)(x-1)(x+2)(x-2)$ 이다.
                                   ↳ 더 이상 인수분해를 할 수 없을 때까지 인수분해를 해야 한다는 점 꼭 기억하자.

따라서 보기 중 인수가 아닌 것은 ② $x-4$ 이다.
                       ↳ 더 이상 인수분해를 할 수 없을 때까지 인수분해를 한 후에 인수가 포함되는지 여부를 판단하는 게 좋아.

[참고] ⑤의 $x^2-3x+2=(x-1)(x-2)$이므로 주어진 다항식의 인수이다.
                 ↳ 인수끼리 곱해서 얻은 식도 원래 식의 인수야.

답 ②

유제

03-1   ▶ 24639-0088

다항식 $x^4+5x^2y^2-6y^4$이
$$(x+ay)(x-by)(x^2+cy^2)$$
으로 인수분해될 때, 세 자연수 a, b, c에 대하여 $a+b+c$의 값은?

① 4   ② 5   ③ 6
④ 7   ⑤ 8

$x^2=X$, $y^2=Y$라 하면
$$\begin{aligned}x^4+5x^2y^2-6y^4 &= X^2+5XY-6Y^2\\ &= (X-Y)(X+6Y)\\ &= (x^2-y^2)(x^2+6y^2)\\ &= (x+y)(x-y)(x^2+6y^2)\end{aligned}$$
따라서 $a=1$, $b=1$, $c=6$이므로
$a+b+c=1+1+6=8$

답 ⑤

03-2   ▶ 24639-0089

상수항과 계수가 모두 자연수인 이차식 $P(x)$에 대하여 다항식 x^4-14x^2+1이 $P(x)P(-x)$로 인수분해될 때, $P(5)$의 값을 구하시오.

주어진 다항식 x^4-14x^2+1에서 $x^2=X$라 하면 $X^2-14X+1$이고 이 식은 유리수의 범위에서 인수분해되지 않는다.
$x^4-14x^2+1=(x^4+2x^2+1)-16x^2$이라 하면
인수분해 공식 $a^2-b^2=(a+b)(a-b)$에 의하여
$$\begin{aligned}(x^4+2x^2+1)-16x^2 &= (x^2+1)^2-(4x)^2\\ &= (x^2+4x+1)(x^2-4x+1)\end{aligned}$$
이차식 $P(x)$는 상수항과 계수가 모두 자연수이고
$x^2-4x+1=(-x)^2+4\times(-x)+1$이므로
$P(x)=x^2+4x+1$
따라서 $P(5)=25+20+1=46$

답 46

다항식 $x^2+3xy+2y^2-x-3y-2$가 $(x+ay+b)(x+cy-2)$로 인수분해될 때, $a+b+c$의 값은?

(단, a, b, c는 상수이다.)

① 1　　　　② 2　　　　③ 3　　　　④ 4　　　　⑤ 5

MD의 한마디!

여러 가지 문자로 표현된 식은 다음과 같이 인수분해할 수 있습니다.

① 문자의 차수가 다른 경우 ⇨ 차수가 가장 낮은 문자에 대하여 내림차순으로 정리한 후 인수분해합니다.

② 문자의 차수가 같은 경우 ⇨ 어느 한 문자에 대하여 내림차순으로 정리한 후 인수분해합니다.

MD's Solution

주어진 다항식을 x에 대하여 내림차순으로 정리하면

↳ 차수가 높은 항부터 낮은 항의 순으로 나열하는 것을 내림차순이라고 해.

$x^2+(3y-1)x+2y^2-3y-2$ 이고 y에 대한 이차식 $2y^2-3y-2$는 $(2y+1)(y-2)$로 인수분해된다.

↳ 필요에 따라 식의 일부분만을 인수분해하는 경우도 있다는 점을 잊지말자.

$x^2+(3y-1)x+2y^2-3y-2$

$=x^2+(3y-1)x+(2y+1)(y-2)$

↳ $(2y+1)(y-2)$에서 두 식 $2y+1$, $y-2$를 더하면 x항에 곱해진 $3y-1$과 같으므로 인수분해가 한 번 더 가능해.

$=\{x+(2y+1)\}\{x+(y-2)\}$

↳ 이런 인수분해는 익숙해지기 전까지 상당히 어려우니 여러 번 연습해두자.

$=(x+2y+1)(x+y-2)$

↳ 이때 부호★ 실수가 많으니 조심하자.

따라서 $a=2$, $b=1$, $c=1$이므로

$a+b+c=4$

답 ④

✂ **유제**

04-1
▸ 24639-0091

다음 중 $ab(a-b)+bc(b-c)+ca(c-a)$를 인수분해한 것은?

① $(a+b)(b-c)(c-a)$　② $(a-b)(b+c)(c-a)$

③ $(a-b)(b-c)(c+a)$　④ $(a-b)(b-c)(c-a)$

⑤ $(a-b)(b-c)(a-c)$

$ab(a-b)+bc(b-c)+ca(c-a)$를 전개하여 a에 대한 내림차순으로 정리한 후 인수분해하면 다음과 같다.

$(b-c)a^2-(b^2-c^2)a+bc(b-c)$

$=(b-c)a^2-(b-c)(b+c)a+bc(b-c)$

$=(b-c)\{a^2-(b+c)a+bc\}$

$=(b-c)(a-b)(a-c)=(a-b)(b-c)(a-c)$

답 ⑤

04-2
▸ 24639-0092

다항식 $x^3+(y-3)x^2+(2-3y)x+2y$가

$(x+a)(x+b)(x+cy)$로 인수분해될 때, 세 상수 a, b, c에 대하여 $a^2+b^2+c^2$의 값을 구하시오. (단, $a<b$)

주어진 식을 전개한 후 y에 대하여 내림차순으로 정리하면

$(x^2-3x+2)y+x^3-3x^2+2x$

$=(x^2-3x+2)y+(x^2-3x+2)x$

$=(x^2-3x+2)(x+y)$

$=(x-1)(x-2)(x+y)$

따라서 $a=-2$, $b=-1$, $c=1$이므로

$a^2+b^2+c^2=6$

답 6

대표유형 **05** 인수정리와 조립제법을 이용한 인수분해 ▶ 24639-0093

다항식 $x^3+5x^2-8x-12$가 x의 계수가 1인 세 일차식의 곱으로 인수분해될 때, 세 일차식의 합은?

① $3x+4$ ② $3x+5$ ③ $3x+6$ ④ $3x+7$ ⑤ $3x+8$

MD의 한마디!

다항식 $P(x)$가 $x-a$로 나누어떨어지면 인수정리에 의하여 $P(a)=0$인 것을 이용합니다.
① $P(a)=0$인 상수 a의 값을 구합니다.
② 조립제법을 이용하여 $P(x)$를 $x-a$로 나누었을 때의 몫 $Q(x)$를 구하여 $P(x)=(x-a)Q(x)$로 나타냅니다.
③ 다항식 $Q(x)$가 더 이상 인수분해가 되지 않을 때까지 인수분해합니다.

MD's Solution

$P(x)=x^3+5x^2-8x-12$라 하면 $P(-1)=0$이므로
　→ $P(a)=0$인 a는 ±(상수항 12의 약수), 즉 ±1, ±2, ±3, ±4, ±6, ±12 중에서 찾을 수 있어.

다항식 $P(x)$는 $x+1$을 인수로 갖는다.
　→ $P(-1)=0$이므로 인수정리에 의하여 알 수 있어.

조립제법을 이용하여 인수분해하면 다음과 같다.

```
-1 | 1   5   -8   -12
   |    -1   -4    12
   ---------------------
     1   4  -12    0
```
→ 인수를 제대로 찾았다면 이 부분은 반드시 0이 될 거야.
　만약 0이 아니면 계산과정에서 실수를 찾아보자.

$P(x)=(x+1)(x^2+4x-12)$ → 조립제법의 결과로 얻은 이차식이 인수분해가 더 되는지 확인해봐야 해!
$x^2+4x-12=(x-2)(x+6)$이므로
$P(x)=(x+1)(x-2)(x+6)$ → $P(x)=(-x-1)(-x+2)(x+6)$으로 인수분해될 수도 있지만, 일차식의 x의 계수가 1인 조건을 만족시키지 않아.

따라서 세 일차식의 합은 $3x+5$이다.

답 ②

유제

05-1 ▶ 24639-0094

다음 중 다항식 $x^4+x^3-6x^2-4x+8$의 인수가 <u>아닌</u> 것은?

① $x-1$ ② $x-2$ ③ $x+2$
④ x^2-2x+1 ⑤ x^2+4x+4

$P(x)=x^4+x^3-6x^2-4x+8$이라 하면 $P(1)=0$, $P(2)=0$
이므로 인수정리에 의하여 다항식 $P(x)$는 $x-1$, $x-2$를 인수로
갖는다. 조립제법을 이용하여 $P(x)$를 인수분해하면

```
1 | 1   1   -6   -4    8
  |     1    2   -4   -8
2 | 1   2   -4   -8 |  0
  |     2    8    8
    1   4    4 |  0
```

$P(x)=(x-1)(x-2)(x^2+4x+4)=(x-1)(x-2)(x+2)^2$
따라서 $P(x)$의 인수가 아닌 것은 x^2-2x+1이다.

답 ④

05-2 ▶ 24639-0095

다항식 $P(x)=x^3+3x^2+ax+4$가 $x+2$를 인수로 가질 때, $P(x)=(x+2)Q(x)$를 만족시키는 다항식 $Q(x)$에 대하여 $Q(3)$의 값을 구하시오. (단, a는 상수이다.)

다항식 $P(x)$가 $x+2$를 인수로 가지므로 인수정리에 의하여
$P(-2)=(-2)^3+3\times(-2)^2+a\times(-2)+4=-2a+8=0$
$a=4$
조립제법을 이용하여 $P(x)$를 인수분해하면

```
-2 | 1   3    4    4
   |    -2   -2   -4
   --------------------
     1   1    2 |  0
```

이므로 $P(x)=(x+2)(x^2+x+2)$이다.
따라서 $Q(x)=x^2+x+2$이므로
$Q(3)=3^2+3+2=14$

답 14

$x=3+\sqrt{2}$, $y=3-\sqrt{2}$일 때, x^2y+xy^2-x-y의 값은?

① 32   ② 36   ③ 40   ④ 48   ⑤ 52

톡톡

MD의 한마디!

구하는 식이 복잡하게 주어진 경우의 식의 값은 다음과 같은 과정으로 구합니다.

① 값을 구하려는 식이 복잡한 경우는 주어진 식을 인수분해 공식, 곱셈 공식 등을 이용하여 간단히 합니다.

② $x+y$, xy의 값을 구하고 이를 이용하여 주어진 식의 값을 구합니다.

MD's Solution

$x^2y + xy^2 - x - y$를 인수분해하면

→ x, y의 값을 직접 대입하는 방식은 계산이 너무 복잡하기 때문에 먼저 주어진 식을 간단히 하는 게 좋아.

$x^2y + xy^2 - x - y = x^2y + (y^2-1)x - y = (xy-1)(x+y)$

→ 인수분해한 식이 $x+y$, xy에 대한 식으로 나타나는 경우가 많아.

한편 $x+y = (3+\sqrt{2})+(3-\sqrt{2}) = 6$, $xy = (3+\sqrt{2})(3-\sqrt{2}) = 7$이므로

→ x, y의 값은 복잡하지만 $x+y$, xy의 값은 간단해서 이를 이용하면 계산과정이 더 간단해져.

$x^2y + xy^2 - x - y = (xy-1)(x+y) = (7-1) \times 6 = 36$

답 ②

유제

06-1
▸ 24639-0097

$a-b=1$, $ab=4$일 때, $ab(a^2+b^2)-2ab(ab+2)+2a^2+2b^2$의 값은?

① 6   ② 8   ③ 10
④ 12   ⑤ 14

$ab(a^2+b^2)-2ab(ab+2)+2a^2+2b^2$
$=ab(a^2+b^2)-2ab(ab+2)+2(a^2+b^2)$
$=(ab+2)(a^2+b^2)-2ab(ab+2)$
$=(ab+2)(a^2+b^2-2ab)$
$=(ab+2)(a-b)^2$

따라서

$ab(a^2+b^2)-2ab(ab+2)+2a^2+2b^2$
$=(ab+2)(a-b)^2=(4+2)\times 1^2=6$

답 ①

06-2
▸ 24639-0098

$\dfrac{100^3+1}{99\times100+1}$의 값을 구하시오.

$x=100$이라 하면 주어진 식은

$\dfrac{x^3+1}{(x-1)x+1} = \dfrac{(x+1)(x^2-x+1)}{x^2-x+1} = x+1$

따라서 구하는 식의 값은

$100+1=101$

답 101

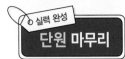
단원 마무리

본문 39~40쪽

1

▶ 24639-0099

다음 중 다항식 x^6-y^6의 인수가 <u>아닌</u> 것은?

① $x-y$　　　② $x+y$　　　③ x^2-y^2

④ x^2-xy+y^2　　　⑤ $x^2+2xy+y^2$

답 ⑤

풀이 주어진 식을 인수분해하면

x^6-y^6

$=(x^3)^2-(y^3)^2$

$=(x^3-y^3)(x^3+y^3)$

$=(x-y)(x^2+xy+y^2)(x+y)(x^2-xy+y^2)$

따라서 인수가 아닌 것은 ⑤ $x^2+2xy+y^2$이다.

2

▶ 24639-0100

다항식 $(x^2-2x)^2-2x^2+4x-3$을 인수분해하면 $(x+a)^2(x+b)(x+c)$이다. 세 상수 a, b, c에 대하여 $a^2+b^2+c^2$의 값을 구하시오.

답 11

풀이 주어진 다항식 $(x^2-2x)^2-2(x^2-2x)-3$에서

$x^2-2x=X$라 하면

$X^2-2X-3=(X+1)(X-3)$

$\qquad\qquad\quad =(x^2-2x+1)(x^2-2x-3)$

$\qquad\qquad\quad =(x-1)^2(x+1)(x-3)$

따라서 $a^2+b^2+c^2=11$

[참고]

$a=-1$, $b=1$, $c=-3$ 또는 $a=-1$, $b=-3$, $c=1$이다.

3

▶ 24639-0101

다항식 $(x-y+6)(x^2+y^2-2xy+11)-60$의 인수인 것을 **보기** 중에서 있는 대로 고른 것은?

┌─ 보기 ─────────────────┐
│ ㄱ. $x-y-1$　　　　ㄴ. $x-y+1$ │
│ ㄷ. $x-y+2$　　　　ㄹ. $x+y+2$ │
└───────────────────────┘

① ㄱ, ㄴ　　　② ㄱ, ㄷ　　　③ ㄴ, ㄷ

④ ㄴ, ㄹ　　　⑤ ㄷ, ㄹ

답 ③

풀이 $(x-y+6)(x^2+y^2-2xy+11)-60$

$=(x-y+6)\{(x-y)^2+11\}-60$

$x-y=X$라 하면

$(x-y+6)\{(x-y)^2+11\}-60$

$=(X+6)(X^2+11)-60$

$=X^3+6X^2+11X+6$

$P(X)=X^3+6X^2+11X+6$이라 하면

$P(-1)=-1+6-11+6=0$이므로

인수정리에 의하여 $X+1$은 다항식 $P(X)$의 인수이다.

조립제법을 이용하여 다항식 $P(X)$를 인수분해하면

$$
\begin{array}{r|rrrr}
-1 & 1 & 6 & 11 & 6 \\
   &   & -1 & -5 & -6 \\
\hline
   & 1 & 5 & 6 & 0
\end{array}
$$

이므로 $P(X)=(X+1)(X^2+5X+6)$이고

X^2+5X+6을 한 번 더 인수분해하면

$X^2+5X+6=(X+2)(X+3)$이므로

$P(X)=(X+1)(X+2)(X+3)$

$\qquad\quad =(x-y+1)(x-y+2)(x-y+3)$

따라서 주어진 다항식의 인수인 것은 ㄴ. $x-y+1$, ㄷ. $x-y+2$이다.

4

▶ 24639-0102

다항식 $x^4+4x^3+5x^2+4x+1$이 $(x^2+x+a)(x^2+bx+c)$로 인수분해될 때, 세 정수 a, b, c에 대하여 $a+b+c$의 값은?

① 1　　　② 2　　　③ 3

④ 4　　　⑤ 5

답 ⑤

풀이 주어진 식의 각 항을 x^2으로 묶으면

$x^2\left(x^2+4x+5+\dfrac{4}{x}+\dfrac{1}{x^2}\right)$

괄호 안의 식을 정리하면

$x^2+\dfrac{1}{x^2}+4\left(x+\dfrac{1}{x}\right)+5$

$=\left(x+\dfrac{1}{x}\right)^2-2+4\left(x+\dfrac{1}{x}\right)+5$

$=\left(x+\dfrac{1}{x}\right)^2+4\left(x+\dfrac{1}{x}\right)+3$

$=\left(x+\dfrac{1}{x}+1\right)\left(x+\dfrac{1}{x}+3\right)$

따라서 주어진 식은 $x^2\left(x+\dfrac{1}{x}+1\right)\left(x+\dfrac{1}{x}+3\right)$이고 이 식을 두 이차식의 곱으로 나타내면 $(x^2+x+1)(x^2+3x+1)$이다.

즉, $a=1$, $b=3$, $c=1$이므로

$a+b+c=5$

5

▶ 24639-0103

정삼각형이 아닌 삼각형의 세 변의 길이 a, b, c에 대하여
$$a^2+b^2-2ab-bc+ca=0$$
이 성립할 때, 이 삼각형은 어떤 삼각형인가?

① $a=b$인 이등변삼각형

② $b=c$인 이등변삼각형

③ $c=a$인 이등변삼각형

④ 빗변의 길이가 a인 직각삼각형

⑤ 빗변의 길이가 b인 직각삼각형

답 ①

풀이 주어진 등식 $a^2+b^2-2ab-bc+ca=0$의 좌변을 c에 대하여 내림차순으로 정리하면
$$(a-b)c+a^2+b^2-2ab$$
$$=(a-b)c+(a-b)^2$$
$$=(a-b)(a-b+c)$$
따라서 $(a-b)(a-b+c)=0$에서 $a=b$ 또는 $b=a+c$
a, b, c는 삼각형의 세 변의 길이이므로 한 변의 길이는 나머지 두 변의 길이의 합보다 항상 작다.
즉, $b<a+c$이므로 주어진 등식을 만족하는 경우는 $a=b$일 때이다.
따라서 $a=b$인 이등변삼각형이다.

6

▶ 24639-0104

다항식 $x^4-3x^3+x^2+ax+b$가 $(x-1)^2P(x)$로 인수분해될 때, $P(a-b)$의 값은? (단, a, b는 상수이다.)

① 12   ② 14   ③ 16

④ 18   ⑤ 20

답 ④

풀이 $f(x)=x^4-3x^3+x^2+ax+b$라 하자.
다항식 $f(x)$가 $(x-1)^2$을 인수로 가지므로
$f(x)=(x-1)Q(x)$라 할 때, $Q(x)$도 $x-1$을 인수로 가진다.
즉, $f(x)$, $Q(x)$는 $x-1$로 나누어떨어지므로
조립제법을 이용하여 $f(x)$를 인수분해하면

1	1	−3	1	a	b
		1	−2	−1	$a-1$
1	1	−2	−1	$a-1$	$a+b-1$
		1	−1	−2	
	1	−1	−2	$a-3$	

이므로 $a+b-1=0$, $a-3=0$이다.
즉, $a=3$, $b=-2$

$$x^4-3x^3+x^2+3x-2=(x-1)^2(x^2-x-2)$$
$$=(x-1)^2(x+1)(x-2)$$
따라서 $P(x)=(x+1)(x-2)$이고 $a-b=5$이므로
$$P(a-b)=P(5)=6\times3=18$$

7

| 2020학년도 11월 고1 학력평가 10번 |

▶ 24639-0105

그림과 같이 세 모서리의 길이가 각각 x, x, $x+3$인 직육면체 모양에 한 모서리의 길이가 1인 정육면체 모양의 구멍이 두 개 있는 나무 블록이 있다. 세 정수 a, b, c에 대하여 이 나무 블록의 부피를 $(x+a)(x^2+bx+c)$로 나타낼 때, $a\times b\times c$의 값은? (단, $x>1$)

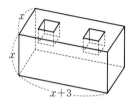

① −5   ② −4   ③ −3

④ −2   ⑤ −1

답 ②

풀이 나무 블록의 부피는
$$x^2(x+3)-1^3\times2=x^3+3x^2-2$$
$P(x)=x^3+3x^2-2$라 하면 $P(-1)=0$이므로 인수정리에 의하여 $x+1$은 $P(x)$의 인수이다.
조립제법을 이용하여 $P(x)$를 인수분해하면 다음과 같다.

−1	1	3	0	−2
		−1	−2	2
	1	2	−2	0

$P(x)=(x+1)(x^2+2x-2)$이므로
$a=1$, $b=2$, $c=-2$
따라서 $a\times b\times c=-4$

8 | 2021학년도 11월 고1 학력평가 16번 | ▸ 24639-0106

2 이상의 네 자연수 a, b, c, d에 대하여
$(14^2+2\times14)^2-18\times(14^2+2\times14)+45=a\times b\times c\times d$
일 때, $a+b+c+d$의 값은?

① 56   ② 58   ③ 60
④ 62   ⑤ 64

답 ③

풀이 $14=X$로 놓으면
$(14^2+2\times14)^2-18\times(14^2+2\times14)+45$
$=(X^2+2X)^2-18(X^2+2X)+45$
$=(X^2+2X-3)(X^2+2X-15)$
$=(X-1)(X+3)(X-3)(X+5)$
$X=14$를 대입하면
$(14-1)\times(14+3)\times(14-3)\times(14+5)$
$=13\times17\times11\times19$
따라서 $a+b+c+d=60$

9 ▸ 24639-0107

등식 $9\times11\times13\times15+16=n^2$을 만족시키는 자연수 n의 값을 구하시오.

답 139

풀이 $x=12$라 하면 주어진 등식의 좌변은
$(x-3)(x-1)(x+1)(x+3)+16$
$=(x^2-9)(x^2-1)+16$
$=x^4-10x^2+25$
$=(x^2-5)^2$
$(x^2-5)^2=n^2$에서 $x^2-5=n$
따라서 $n=12^2-5=139$

서술형

10 ▸ 24639-0108

최고차항의 계수가 1인 다항식 $P(x)$에 대하여 다항식 x^4+4가 $P(x)P(x-2)$로 인수분해될 때, $P(4)$의 값을 구하시오.

답 26

풀이 주어진 다항식 x^4+4에서 $x^2=X$라 하면 X^2+4이고 이 식은 유리수의 범위에서 인수분해되지 않는다.
$x^4+4=(x^4+4x^2+4)-4x^2$이라 하면
인수분해 공식 $a^2-b^2=(a+b)(a-b)$에 의하여

$(x^4+4x^2+4)-4x^2=(x^2+2)^2-(2x)^2$
$\qquad\qquad\qquad\quad=(x^2+2x+2)(x^2-2x+2)$ ······ ❶
$P(x)=x^2-2x+2$ 또는 $P(x)=x^2+2x+2$이다.
(ⅰ) $P(x)=x^2-2x+2$인 경우
$P(x-2)=(x-2)^2-2(x-2)+2=x^2-6x+10$이므로
$P(x-2)$는 x^4+4의 인수가 아니다.
(ⅱ) $P(x)=x^2+2x+2$인 경우
$P(x-2)=(x-2)^2+2(x-2)+2=x^2-2x+2$이므로
$P(x-2)$는 x^4+4의 인수이다.
(ⅰ), (ⅱ)에서 $P(x)=x^2+2x+2$ ······ ❷
따라서 $P(4)=16+8+2=26$ ······ ❸

채점 기준	배점
❶ A^2-B^2 꼴로 변형하여 인수분해하기	40 %
❷ 조건을 만족시키는 $P(x)$ 구하기	40 %
❸ $P(4)$의 값 구하기	20 %

11 ▸ 24639-0109

다항식 $x^3+2x^2-21x+k$의 서로 다른 세 인수가 $x-1$, $x-a$, $x+b$일 때, 세 자연수 k, a, b에 대하여 $k+a+b$의 값을 구하시오.

답 27

풀이 주어진 다항식을 $f(x)$라 하면 $x-1$을 인수로 가지므로 인수정리에 의하여
$f(1)=1+2-21+k=-18+k=0$에서
$k=18$ ······ ❶
다항식 $f(x)$를 조립제법을 이용하여 인수분해하면 다음과 같다.

$$\begin{array}{r|rrrr} 1 & 1 & 2 & -21 & 18 \\ & & 1 & 3 & -18 \\ \hline & 1 & 3 & -18 & 0 \end{array}$$

$f(x)=(x-1)(x^2+3x-18)$
$\qquad=(x-1)(x-3)(x+6)$ ······ ❷
a, b는 자연수이므로 $a=3$, $b=6$
따라서 $k+a+b=27$ ······ ❸

채점 기준	배점
❶ 인수정리를 이용하여 k의 값 구하기	40 %
❷ 인수분해 공식을 이용하여 세 일차식의 곱으로 인수분해하기	40 %
❸ $k+a+b$의 값 구하기	20 %

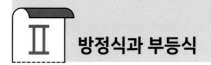

II 방정식과 부등식

 복소수와 이차방정식

1. 다항식의 덧셈과 곱셈

1 ▶ 24639-0110

다음 복소수의 실수부분과 허수부분을 각각 구하시오.

(1) $4+5i$ 　　　(2) $2-\sqrt{2}i$ 　　　(3) $3i$

(1) 실수부분: 4, 허수부분: 5

(2) 실수부분: 2, 허수부분: $-\sqrt{2}$

(3) 실수부분: 0, 허수부분: 3

답 (1) 4, 5　(2) 2, $-\sqrt{2}$　(3) 0, 3

2 ▶ 24639-0111

다음 등식을 만족시키는 두 실수 a, b의 곱 ab의 값을 구하시오.

(1) $(2a-6)+(b-2)i=0$

(2) $(a-1)+(b+2)i=3+7i$

(1) $2a-6=0$에서 $a=3$이고 $b-2=0$에서 $b=2$이므로

$ab=3\times 2=6$

(2) $a-1=3$에서 $a=4$이고 $b+2=7$에서 $b=5$이므로

$ab=4\times 5=20$

답 (1) 6　(2) 20

3 ▶ 24639-0112

다음 복소수의 켤레복소수를 $a+bi$ (a, b는 실수)의 꼴로 나타내시오.

(1) $3+2i$ 　　　(2) $2i$ 　　　(3) -3

(1) 주어진 복소수의 허수부분이 2이므로 켤레복소수는 $3-2i$

(2) 주어진 복소수의 허수부분이 2이므로 켤레복소수는 $-2i$

(3) 주어진 복소수의 허수부분이 0이므로 켤레복소수는 -3

답 (1) $3-2i$　(2) $-2i$　(3) -3

2. 복소수의 사칙연산

4 ▶ 24639-0113

다음을 계산하여 $a+bi$ (a, b는 실수)의 꼴로 나타내시오.

(1) $(2+i)+(1+2i)$ 　　　(2) $(2\sqrt{2}-3i)-(\sqrt{2}+i)$

(3) $(1+i)(2+i)$ 　　　(4) $(2+i)(2-i)$

(1) $(2+i)+(1+2i)=(2+1)+(1+2)i$

$=3+3i$

(2) $(2\sqrt{2}-3i)-(\sqrt{2}+i)=(2\sqrt{2}-\sqrt{2})+(-3-1)i$

$=\sqrt{2}-4i$

(3) $(1+i)(2+i)=2+i+2i+i^2$

$=(2-1)+(1+2)i$

$=1+3i$

(4) $(2+i)(2-i)=4-i^2$

$=4+1$

$=5$

답 (1) $3+3i$　(2) $\sqrt{2}-4i$　(3) $1+3i$　(4) 5

5 ▶ 24639-0114

다음을 계산하여 $a+bi$ (a, b는 실수)의 꼴로 나타내시오.

(1) $\dfrac{1}{1+i}$ 　　　(2) $\dfrac{1-2i}{2+i}$

(1) $\dfrac{1}{1+i}=\dfrac{1-i}{(1+i)(1-i)}=\dfrac{1-i}{2}=\dfrac{1}{2}-\dfrac{1}{2}i$

(2) $\dfrac{1-2i}{2+i}=\dfrac{(1-2i)(2-i)}{(2+i)(2-i)}=\dfrac{2-i-4i-2}{4+1}=\dfrac{-5i}{5}=-i$

답 (1) $\dfrac{1}{2}-\dfrac{1}{2}i$　(2) $-i$

6 ▶ 24639-0115

다음을 계산하여 $a+bi$ (a, b는 실수)의 꼴로 나타내시오.

(1) $\sqrt{-4}+\sqrt{-9}$ 　　　(2) $\sqrt{-3}\sqrt{-12}$

(3) $\dfrac{8}{\sqrt{-2}}$

(1) $\sqrt{-4}+\sqrt{-9}=2i+3i=5i$

(2) $\sqrt{-3}\sqrt{-12}=\sqrt{3}i\times 2\sqrt{3}i=-6$

(3) $\dfrac{8}{\sqrt{-2}}=\dfrac{8}{\sqrt{2}i}=\dfrac{8i}{-\sqrt{2}}=-4\sqrt{2}i$

답 (1) $5i$　(2) -6　(3) $-4\sqrt{2}i$

3. 이차방정식

7
▶ 24639-0116

다음 이차방정식의 근을 구하고, 그 근이 실근인지 허근인지 말하시오.

(1) $x^2-6x+5=0$

(2) $x^2+12x+36=0$

(3) $3x^2-x+1=0$

(1) $x^2-6x+5=0$에서 $(x-1)(x-5)=0$이므로

$x=1$ 또는 $x=5$

따라서 서로 다른 두 실근을 갖는다.

(2) $x^2+12x+36=0$에서 $(x+6)^2=0$이므로

$x=-6$

따라서 중근을 갖는다.

(3) $3x^2-x+1=0$에서 근의 공식을 적용하면

$$x=\frac{1\pm\sqrt{(-1)^2-4\times3\times1}}{2\times3}=\frac{1\pm\sqrt{11}i}{6}$$

이므로 서로 다른 두 허근을 갖는다.

🔲 (1) 서로 다른 두 실근 (2) 중근 (3) 서로 다른 두 허근

8
▶ 24639-0117

다음 이차방정식의 근을 판별하시오.

(1) $x^2-5x+2=0$

(2) $4x^2+4x+1=0$

(3) $x^2+x+1=0$

(1) 이차방정식 $x^2-5x+2=0$의 판별식을 D라 하면

$D=(-5)^2-4\times1\times2=17>0$이므로 서로 다른 두 실근을 갖는다.

(2) 이차방정식 $4x^2+4x+1=0$의 판별식을 D라 하면

$\frac{D}{4}=2^2-4\times1=0$이므로 중근을 갖는다.

(3) 이차방정식 $x^2+x+1=0$의 판별식을 D라 하면

$D=1^2-4\times1\times1=-3<0$이므로 서로 다른 두 허근을 갖는다.

🔲 (1) 서로 다른 두 실근 (2) 중근 (3) 서로 다른 두 허근

4. 이차방정식의 근과 계수의 관계

9
▶ 24639-0118

다음 이차방정식의 두 근의 합과 곱을 각각 구하시오.

(1) $x^2-x-12=0$ (2) $x^2+x+3=0$

(3) $9x^2-6x+1=0$

(1) 이차방정식 $x^2-x-12=0$에서 근과 계수의 관계에 의하여 합은 1이고 곱은 -12이다.

(2) 이차방정식 $x^2+x+3=0$에서 근과 계수의 관계에 의하여 합은 -1이고 곱은 3이다.

(3) 이차방정식 $9x^2-6x+1=0$에서 근과 계수의 관계에 의하여 합은 $\frac{2}{3}$이고 곱은 $\frac{1}{9}$이다.

🔲 (1) 합: 1, 곱: -12 (2) 합: -1, 곱: 3 (3) 합: $\frac{2}{3}$, 곱: $\frac{1}{9}$

10
▶ 24639-0119

이차방정식 $x^2-4x+2=0$의 두 근을 α, β라 할 때, 다음 식의 값을 구하시오.

(1) $\alpha+\beta$ (2) $\alpha\beta$ (3) $\frac{1}{\alpha}+\frac{1}{\beta}$

(4) $\alpha^2+\beta^2$ (5) $(\alpha-\beta)^2$ (6) $(\alpha+1)(\beta+1)$

이차방정식 $x^2-4x+2=0$의 두 근이 α, β이므로 근과 계수의 관계에 의하여 $\alpha+\beta=4$, $\alpha\beta=2$이다.

(1) $\alpha+\beta=4$

(2) $\alpha\beta=2$

(3) $\frac{1}{\alpha}+\frac{1}{\beta}=\frac{\alpha+\beta}{\alpha\beta}=\frac{4}{2}=2$

(4) $\alpha^2+\beta^2=(\alpha+\beta)^2-2\alpha\beta=4^2-2\times2=12$

(5) $(\alpha-\beta)^2=(\alpha+\beta)^2-4\alpha\beta=4^2-4\times2=8$

(6) $(\alpha+1)(\beta+1)=\alpha\beta+\alpha+\beta+1=2+4+1=7$

🔲 (1) 4 (2) 2 (3) 2 (4) 12 (5) 8 (6) 7

11
▶ 24639-0120

다음 두 수를 근으로 하고 x^2의 계수가 1인 이차방정식을 구하시오.

(1) 2, -3 (2) $2-i$, $2+i$

근과 계수의 관계에 의하여

(1) 합은 $2-3=-1$이고 곱은 $2\times(-3)=-6$이므로 이차항의 계수가 1인 이차방정식은

$x^2+x-6=0$

(2) 합은 $(2-i)+(2+i)=4$이고 곱은 $(2-i)(2+i)=4+1=5$이므로 이차항의 계수가 1인 이차방정식은

$x^2-4x+5=0$

🔲 (1) $x^2+x-6=0$ (2) $x^2-4x+5=0$

두 실수 a, b에 대하여 $\dfrac{ai}{1-i}+\dfrac{2}{1+i}=b+i$일 때, $a+b$의 값을 구하시오. (단, $i=\sqrt{-1}$)

MD의 한마디!

① 주어진 식의 좌변을 $p+qi$ (p, q는 실수) 꼴로 정리한 뒤,

② 실수부분은 실수부분끼리, 허수부분은 허수부분끼리 서로 같음을 이용합니다.

MD's Solution

주어진 식의 좌변을 통분하면

$$\dfrac{ai}{1-i}+\dfrac{2}{1+i}=\dfrac{ai(1+i)+2(1-i)}{(1-i)(1+i)}=\dfrac{(2-a)+(a-2)i}{2}=\underset{\text{실수부분}}{\underbrace{\dfrac{2-a}{2}}}+\underset{\text{허수부분}}{\underbrace{\dfrac{a-2}{2}}}i$$

└→ 실수일 때와 마찬가지로 통분을 하면 돼.

$$\dfrac{ai(1+i)}{(1-i)(1+i)}+\dfrac{2(1-i)}{(1-i)(1+i)}$$

이므로 복소수가 서로 같을 조건에 의하여

$$\dfrac{2-a}{2}=b, \quad \dfrac{a-2}{2}=1$$

따라서 $a=4$, $b=-1$이므로

$$a+b=4+(-1)=3$$

답 3

유제

01-1

▶ 24639-0122

실수 a에 대하여 $(1-i)a^2+2a+3i=3+2i$일 때, a의 값을 구하시오. (단, $i=\sqrt{-1}$)

$(1-i)a^2+2a+3i=(a^2+2a)+(-a^2+3)i$

이므로 복소수가 서로 같을 조건에 의하여

$a^2+2a=3$, $-a^2+3=2$

먼저 $a^2+2a-3=(a-1)(a+3)=0$이므로

$a=1$ 또는 $a=-3$이고,

또한, $a^2-1=(a-1)(a+1)=0$이므로

$a=1$ 또는 $a=-1$

따라서 $a=1$

답 1

01-2

▶ 24639-0123

두 실수 a, b에 대하여 $(a+b)-(a-b)i=1+3i$일 때, ab의 값을 구하시오. (단, $i=\sqrt{-1}$)

$(a+b)-(a-b)i=(a+b)+(-a+b)i$

이므로 복소수가 서로 같을 조건에 의하여

$a+b=1$, $-a+b=3$

위의 두 식을 연립하여 풀면 $a=-1$, $b=2$이므로

$ab=-2$

답 -2

대표유형 **02** 복소수의 사칙연산
▶ 24639-0124

복소수 $(7+3i)+\dfrac{1+i}{1-i}$의 실수부분을 a, 허수부분을 b라 할 때, $a+b$의 값을 구하시오. (단, $i=\sqrt{-1}$)

MD의 한마디!

① 분모의 켤레복소수인 $1+i$를 분모와 분자에 곱합니다.

② 거듭제곱을 계산할 때, $i^2=-1$임에 유의하여 다항식의 곱셈과 같이 계산합니다.

③ 실수부분은 실수부분끼리 허수부분은 허수부분끼리 계산합니다.

MD's Solution

$\dfrac{1+i}{1-i}=\dfrac{(1+i)(1+i)}{(1-i)(1+i)}=\dfrac{1^2+2i+i^2}{1^2-i^2}=\dfrac{2i}{2}=i$ 이므로

↳ 분모의 켤레복소수를 분모와 분자에 모두 곱하는 것이 중요해.

$(7+3i)+\dfrac{1+i}{1-i}=(7+3i)+i=7+(3+1)i=7+4i$ 이다.

↳ 실수부분은 실수부분끼리 허수부분은 허수부분끼리 계산해야 해.

즉, 복소수 $(7+3i)+\dfrac{1+i}{1-i}$ 의 실수부분은 7이고 허수부분은 4이므로 $a=7$, $b=4$

따라서 $a+b=7+4=11$

답 11

유제

02-1
▶ 24639-0125

복소수 $\dfrac{(3+2i)(4-i)}{1+i}$의 실수부분을 a, 허수부분을 b라 할 때, $a+b$의 값은? (단, $i=\sqrt{-1}$)

① 1   ② 2   ③ 3

④ 4   ⑤ 5

$(3+2i)(4-i)=12-3i+8i+2=14+5i$에서

$\dfrac{(3+2i)(4-i)}{1+i}=\dfrac{(14+5i)(1-i)}{(1+i)(1-i)}=\dfrac{14-14i+5i+5}{1^2-i^2}$

$\qquad\qquad\qquad\quad=\dfrac{19-9i}{2}$

이므로 $a=\dfrac{19}{2}$, $b=-\dfrac{9}{2}$

따라서 $a+b=\dfrac{19}{2}+\left(-\dfrac{9}{2}\right)=5$

답 ⑤

02-2
▶ 24639-0126

복소수 $(1+2i)(a+3i)$의 실수부분과 허수부분의 합이 9일 때, 실수 a의 값을 구하시오. (단, $i=\sqrt{-1}$)

$(1+2i)(a+3i)=a+3i+2ai-6$

$\qquad\qquad\qquad=(a-6)+(2a+3)i$

이므로 실수부분은 $a-6$, 허수부분은 $2a+3$이다.

$(a-6)+(2a+3)=9$에서

$3a-3=9$

$3a=12$

따라서 $a=4$

답 4

복소수 $z=2+3i$와 그 켤레복소수 $\bar{z}$에 대하여 $z\bar{z}+z+\bar{z}$의 값을 구하시오. (단, $i=\sqrt{-1}$)

MD의 한마디! 복소수 $a+bi$(a, b는 실수)의 켤레복소수는 $a-bi$임을 이용하여 계산합니다.

MD's Solution

$\bar{z}=2-3i$ 이므로
└▸ 켤레복소수는 원래 복소수에서 허수부분의 부호를 바꾸면 돼.

$z\bar{z}=(2+3i)(2-3i)=2^2-(3i)^2=4+9=13$

$z+\bar{z}=(2+3i)+(2-3i)=(2+2)+(3-3)i=4$ ➔ 한 복소수와 그 켤레복소수는 합과 곱이 모두 실수가 되는 관계야.

따라서 $z\bar{z}+z+\bar{z}=13+4=17$

답 17

유제

03-1 ▸ 24639-0128

복소수 $z=3+\sqrt{2}i$와 그 켤레복소수 $\bar{z}$에 대하여 $z^2+(\bar{z})^2+z\bar{z}$의 값을 구하시오. (단, $i=\sqrt{-1}$)

$\bar{z}=3-\sqrt{2}i$에서
$z^2=(3+\sqrt{2}i)^2=9+6\sqrt{2}i-2=7+6\sqrt{2}i$
$(\bar{z})^2=(3-\sqrt{2}i)^2=9-6\sqrt{2}i-2=7-6\sqrt{2}i$이므로
$z^2+(\bar{z})^2=(7+6\sqrt{2}i)+(7-6\sqrt{2}i)=14$이고
$z\bar{z}=(3+\sqrt{2}i)(3-\sqrt{2}i)=3^2-(\sqrt{2}i)^2=9+2=11$이므로
$z^2+(\bar{z})^2+z\bar{z}=14+11=25$

답 25

[다른 풀이]
$\bar{z}=3-\sqrt{2}i$이므로
$z+\bar{z}=(3+\sqrt{2}i)+(3-\sqrt{2}i)=6$
$z\bar{z}=(3+\sqrt{2}i)(3-\sqrt{2}i)=9+2=11$
$z^2+(\bar{z})^2+z\bar{z}=(z+\bar{z})^2-z\bar{z}=6^2-11=25$

03-2 ▸ 24639-0129

복소수 $a=\dfrac{2}{1+i}$와 그 켤레복소수 $\bar{a}$에 대하여 $a^3+(\bar{a})^3$의 값은? (단, $i=\sqrt{-1}$)

① -2 ② -4 ③ -6
④ -8 ⑤ -10

$a=\dfrac{2}{1+i}=\dfrac{2(1-i)}{(1+i)(1-i)}=\dfrac{2(1-i)}{1^2-i^2}$
$\quad=\dfrac{2(1-i)}{2}=1-i$

이므로 $\bar{a}=1+i$

$a^3+(\bar{a})^3=(a+\bar{a})^3-3a\bar{a}(a+\bar{a})$이므로
$a^3+(\bar{a})^3$
$=\{(1-i)+(1+i)\}^3-3(1-i)(1+i)\{(1-i)+(1+i)\}$
$=2^3-3\times2\times2=8-12=-4$

따라서 $a^3+(\bar{a})^3=-4$

답 ②

대표유형 04 음수의 제곱근
▶ 24639-0130

등식 $\sqrt{-3}\sqrt{-27}+\dfrac{\sqrt{18}}{\sqrt{-2}}=a+bi$를 만족시키는 두 실수 a, b에 대하여 ab의 값을 구하시오. (단, $i=\sqrt{-1}$)

MD의 한마디!

음수의 제곱근은 다음의 성질을 이용하여 계산합니다.

① $a>0$일 때, $\sqrt{-a}=\sqrt{a}i$

② $a<0$, $b<0$일 때 $\sqrt{a}\sqrt{b}=-\sqrt{ab}$, $a>0$, $b<0$일 때 $\dfrac{\sqrt{a}}{\sqrt{b}}=-\sqrt{\dfrac{a}{b}}$

MD's Solution

$-3<0$, $-27<0$ 이므로 $\sqrt{-3}\sqrt{-27}=-\sqrt{(-3)\times(-27)}$ 임에 주의해야 해.

$\sqrt{-3}\sqrt{-27}+\dfrac{\sqrt{18}}{\sqrt{-2}}=-\sqrt{(-3)\times(-27)}-\sqrt{\dfrac{18}{-2}}=-\sqrt{81}-\sqrt{-9}=-\sqrt{9^2}-\sqrt{3^2}i=-9-3i$

$-2<0$, $18>0$ 이므로 $\dfrac{\sqrt{18}}{\sqrt{-2}}=-\sqrt{\dfrac{18}{-2}}$ 임에 주의해야 해.

따라서 $a=-9$, $b=-3$이므로 $ab=(-9)\times(-3)=27$

[다른 풀이]

$\sqrt{-3}\sqrt{-27}+\dfrac{\sqrt{18}}{\sqrt{-2}}=\sqrt{3}i\times\sqrt{27}i+\dfrac{\sqrt{18}}{\sqrt{2}i}=\sqrt{3\times27}i^2+\dfrac{\sqrt{18}i}{\sqrt{2}i^2}=-\sqrt{9^2}-\sqrt{\dfrac{18}{2}}i=-9-3i$

$\sqrt{-3}=\sqrt{3}i$

따라서 $a=-9$, $b=-3$이므로 $ab=(-9)\times(-3)=27$

답 27

유제

04-1
▶ 24639-0131

등식 $\sqrt{-2}\sqrt{-8}+\sqrt{2}\sqrt{-8}=a+bi$를 만족시키는 두 실수 a, b에 대하여 $a+b$의 값을 구하시오. (단, $i=\sqrt{-1}$)

$\sqrt{-2}\sqrt{-8}=\sqrt{2}i\sqrt{8}i=\sqrt{2\times8}i^2=-\sqrt{4^2}=-4$

$\sqrt{2}\sqrt{-8}=\sqrt{2}\sqrt{8}i=\sqrt{16}i=4i$

이므로

$\sqrt{-2}\sqrt{-8}+\sqrt{2}\sqrt{-8}=-4+4i$

따라서 $a=-4$, $b=4$이므로

$a+b=(-4)+4=0$

답 0

[참고]

$\sqrt{-2}\sqrt{-8}=-\sqrt{(-2)(-8)}=-\sqrt{4^2}=-4$

04-2
▶ 24639-0132

등식 $\sqrt{2}\left(\sqrt{a}i-\dfrac{2}{\sqrt{-2}}\right)=-2+2i$를 만족시키는 음수 a의 값을 구하시오. (단, $i=\sqrt{-1}$)

$\sqrt{2}\times\sqrt{a}i-\sqrt{2}\times\dfrac{2}{\sqrt{-2}}=\sqrt{2}\times\sqrt{-a}i^2-\sqrt{2}\times\dfrac{2}{\sqrt{2}i}$

$=-\sqrt{-2a}+2i$

$-\sqrt{-2a}=-2$에서

$a=-2$

답 -2

대표유형 05 이차방정식의 판별식

x에 대한 이차방정식 $x^2-2x+k+9=0$이 서로 다른 두 실근을 갖도록 하는 정수 k의 최댓값은?

① -10 ② -9 ③ -8 ④ -7 ⑤ -6

MD의 한마디!

이차방정식 $ax^2+bx+c=0$의 판별식을 $D=b^2-4ac$라고 하면 $D>0$일 때 서로 다른 두 실근을 가짐을 이용하여 정수 k의 값을 구합니다.

MD's Solution

x에 대한 이차방정식 $x^2-2x+k+9=0$이 서로 다른 두 실근을 갖기 위해서는 이 이차방정식의 판별식을 D라 하면

$D=(-2)^2-4\times1\times(k+9)=4-4k-36=-4k-32$

$\quad\quad$└→ 이차방정식 $x^2-2x+k+9=0$에서 이차항의 계수가 1이므로 $4\times1\times(k+9)$ 대신 $4\times(k+9)$라고 해도 돼.

$-4k-32>0$에서 $4k<-32$, $k<-8$

$\quad\quad$└→ 이차방정식이 서로 다른 두 실근을 가지므로 $D>0$ 이어야 해.

k가 정수이므로 $k<-8$에서 구하는 정수 k의 최댓값은 -9이다.

$\quad\quad$└→ -8보다 작은 정수이기 때문에 -8은 정답이 될 수 없어.

답 ②

유제

05-1
▸ 24639-0134

x에 대한 이차방정식 $x^2+5x-a+11=0$이 서로 다른 두 허근을 갖도록 하는 모든 자연수 a의 값의 합을 구하시오.

주어진 이차방정식의 판별식을 D라 하면
$D=5^2-4\times1\times(-a+11)$
$\quad=25+4a-44$
$\quad=4a-19$

주어진 이차방정식이 서로 다른 두 허근을 갖기 위해서는 판별식 $D<0$이어야 한다.

$4a-19<0$에서 $a<\dfrac{19}{4}$이므로 자연수 a의 값은 1, 2, 3, 4이고 그 합은 10이다.

답 10

05-2
▸ 24639-0135

x에 대한 이차방정식 $kx^2-2(2k-1)x+4k-3=0$이 실근을 갖도록 하는 실수 k의 최댓값은?

① 1   ② 2   ③ 3
④ 4   ⑤ 5

주어진 방정식이 x에 대한 이차방정식이므로 $k\neq0$이고, 이 이차방정식의 판별식을 D라 하면

$\dfrac{D}{4}=(2k-1)^2-k\times(4k-3)$
$\quad=4k^2-4k+1-4k^2+3k$
$\quad=-k+1$

주어진 이차방정식이 실근을 갖기 위해서는 판별식 $D\geq0$이어야 한다.

따라서 $-k+1\geq0$, $k\leq1$이므로 구하는 실수 k의 최댓값은 1이다.

답 ①

대표유형 06 이차방정식의 근과 계수의 관계 ▶ 24639-0136

이차방정식 $2x^2+3x+4=0$의 두 근을 α, β라 할 때, $\dfrac{1}{\alpha}+\dfrac{1}{\beta}$의 값을 구하시오.

MD의 한마디! 이차방정식 $2x^2+3x+4=0$의 두 근이 α, β이므로 근과 계수의 관계에 의하여 $\alpha+\beta=-\dfrac{3}{2}$, $\alpha\beta=2$입니다.

MD's Solution

이차방정식 $2x^2+3x+4=0$의 두 근이 α, β 이므로 근과 계수의 관계에 의하여

↳ 두 근의 합 또는 두 근의 곱을 구할 때는 이차방정식의 근의 공식을 이용하여 α, β 의 값을 직접 구하는 것보다 근과 계수의 관계를 이용하는 것이 편리해. ★

$$\alpha+\beta=-\frac{3}{2},\ \alpha\beta=\frac{4}{2}=2$$

따라서 $\dfrac{1}{\alpha}+\dfrac{1}{\beta}=\dfrac{\alpha+\beta}{\alpha\beta}=\dfrac{-\frac{3}{2}}{2}=-\dfrac{3}{4}$

답 $-\dfrac{3}{4}$

유제

06-1 ▶ 24639-0137

이차방정식 $3x^2+4x-2=0$의 두 근을 α, β라 할 때, $(\alpha-\beta)^2$의 값을 구하시오.

이차방정식 $3x^2+4x-2=0$의 두 근이 α, β이므로 근과 계수의 관계에 의하여

$$\alpha+\beta=-\frac{4}{3},\ \alpha\beta=-\frac{2}{3}$$

따라서

$$(\alpha-\beta)^2=(\alpha+\beta)^2-4\alpha\beta$$
$$=\left(-\frac{4}{3}\right)^2-4\times\left(-\frac{2}{3}\right)=\frac{40}{9}$$

답 $\dfrac{40}{9}$

06-2 ▶ 24639-0138

x에 대한 이차방정식 $(a+1)x^2-3x+a-8=0$의 두 실근이 a, $a-3$일 때, 상수 a의 값을 구하시오. (단, $a\neq-1$)

이차방정식 $(a+1)x^2-3x+a-8=0$의 두 실근이 a, $a-3$이므로 근과 계수의 관계에 의하여

$$a+(a-3)=\frac{3}{a+1},\ (2a-3)(a+1)=3\quad\cdots\cdots\ \text{㉠}$$

$$a(a-3)=\frac{a-8}{a+1}\quad\cdots\cdots\ \text{㉡}$$

㉠에서 $2a^2-a-6=0$, $(2a+3)(a-2)=0$이므로

$$a=-\frac{3}{2}\ \text{또는}\ a=2$$

(i) $a=-\dfrac{3}{2}$을 ㉡에 대입하면

좌변은 $-\dfrac{3}{2}\times\left(-\dfrac{3}{2}-3\right)=\dfrac{27}{4}$이고

우변은 $\dfrac{-\frac{3}{2}-8}{-\frac{3}{2}+1}=\dfrac{-\frac{19}{2}}{-\frac{1}{2}}=19$가 되어 ㉠, ㉡을 동시에 만족

시키지 못한다.

(ii) $a=2$를 ㉡에 대입하면

좌변은 $2\times(2-3)=-2$이고

우변은 $\dfrac{2-8}{2+1}=-2$가 되어 ㉠, ㉡을 동시에 만족시킨다.

(i), (ii)에 의하여 구하는 a의 값은 2이다. 답 2

1

▶ 24639-0139

등식 $(2+i)a+(1-i)b=4-i$를 만족시키는 두 실수 a, b의 합 $a+b$의 값은? (단, $i=\sqrt{-1}$)

① 1   ② 2   ③ 3

④ 4   ⑤ 5

답 ③

풀이 $(2+i)a+(1-i)b=(2a+b)+(a-b)i$

이므로 복소수가 서로 같을 조건에 의하여

$2a+b=4$, $a-b=-1$

위의 두 식을 연립하면 $a=1$, $b=2$

따라서 $a+b=1+2=3$

2 | 2023학년도 11월 고1 학력평가 8번 |

▶ 24639-0140

실수부분이 1인 복소수 z에 대하여 $\dfrac{z}{2+i}+\dfrac{\bar{z}}{2-i}=2$일 때, $z\bar{z}$의 값은? (단, $i=\sqrt{-1}$)

① 2   ② 4   ③ 6

④ 8   ⑤ 10

답 ⑤

풀이 복소수 z의 실수부분이 1이므로

$z=1+ai$(a는 실수)라 하면

$\bar{z}=1-ai$이므로 이를 주어진 식에 대입하면

$$\dfrac{z}{2+i}+\dfrac{\bar{z}}{2-i}=\dfrac{1+ai}{2+i}+\dfrac{1-ai}{2-i}$$

$$=\dfrac{(1+ai)(2-i)+(1-ai)(2+i)}{(2+i)(2-i)}$$

$$=\dfrac{2+a+(2a-1)i+2+a+(1-2a)i}{5}$$

$$=\dfrac{2a+4}{5}=2$$

에서 $a=3$

따라서 $z\bar{z}=(1+3i)(1-3i)=1^2-(3i)^2=10$

3

▶ 24639-0141

$z=\dfrac{1+i}{\sqrt{2}}$라 할 때, $z^2+z^4+z^6+\cdots+z^{20}$의 값은?

(단, $i=\sqrt{-1}$)

① $-1-i$ ② $-1+i$ ③ $1-i$

④ $1+i$ ⑤ $2i$

답 ②

풀이 $z^2=\left(\dfrac{1+i}{\sqrt{2}}\right)^2=\dfrac{1+2i+i^2}{2}=i$, $z^4=z^2z^2=i^2=-1$

$z^6=z^4z^2=(-1)\times i=-i$, $z^8=z^4z^4=(-1)\times(-1)=1$

이므로

$z^2+z^4+z^6+z^8=i+(-1)+(-i)+1=0$

따라서

$z^2+z^4+z^6+\cdots+z^{20}$

$=(z^2+z^4+z^6+z^8)+(z^{10}+z^{12}+z^{14}+z^{16})+z^{18}+z^{20}$

$=0+z^8(z^2+z^4+z^6+z^8)+z^{18}(1+z^2)$

$=i(1+i)=-1+i$

[참고]

$z^{18}=z^8\times z^8\times z^2=1\times 1\times i=i$

4

▶ 24639-0142

$z_n=i^n+(-i)^n$이라 할 때, 다음 **보기**의 설명 중 옳은 것만을 있는 대로 고른 것은? (단, n은 자연수이고, $i=\sqrt{-1}$)

---- **보기** ----

ㄱ. $z_2=-2$

ㄴ. $z_2\times z_4\times z_6=8$

ㄷ. $z_1+z_2+z_3+\cdots+z_{10}=-2$

---

① ㄱ   ② ㄱ, ㄴ   ③ ㄱ, ㄷ

④ ㄴ, ㄷ   ⑤ ㄱ, ㄴ, ㄷ

답 ⑤

풀이 ㄱ. $n=2$를 대입하면

$z_2=i^2+(-i)^2=i^2+i^2=(-1)+(-1)=-2$ (참)

ㄴ. ㄱ에서 $z_2=-2$

$n=4$를 대입하면

$z_4=i^4+(-i)^4$

$=i\times i\times i\times i+(-i)\times(-i)\times(-i)\times(-i)$

$=i^2\times i^2+(-i)^2\times(-i)^2$

$=(-1)\times(-1)+(-1)\times(-1)$

$=1+1=2$

$n=6$을 대입하면 $z_6=i^6+(-i)^6$에서

$i^6=i\times i\times i\times i\times i\times i=i^4\times i^2=i^2=-1$이고

마찬가지로 $(-i)^6=(-i)^4\times(-i)^2=-1$이므로

$z_6=(-1)+(-1)=-2$

따라서 $z_2\times z_4\times z_6=(-2)\times 2\times(-2)=8$ (참)

ㄷ. $i^2=-1$, $i^3=i^2\times i=-i$, $i^4=1$, $i^5=i^4\times i=i$, $\cdots$이므로

i^n은 i, -1, $-i$, 1의 순으로 반복되고

$(-i)^2=-1$, $(-i)^3=(-i)^2\times(-i)=i$,

$(-i)^4=(-i)^3\times(-i)=1$, $(-i)^5=(-i)^4\times(-i)=-i$,

$\cdots$이므로 $(-i)^n$은 $-i$, -1, i, 1의 순으로 반복된다.

또한 $z_1=i+(-i)=0$

$z_2=i^2+(-i)^2=-2$

$z_3=i^3+(-i)^3=0$

$z_4=i^4+(-i)^4=2$

에서 z_n은 0, -2, 0, 2의 순으로 값이 반복된다.

이를 일반화하면 음이 아닌 정수 n에 대하여

$z_{4n+1}=0$, $z_{4n+2}=-2$, $z_{4n+3}=0$, $z_{4n+4}=2$임을 알 수 있다.

$z_1+z_2+z_3+\cdots+z_{10}$

$=(z_1+z_2+z_3+z_4)+(z_5+z_6+z_7+z_8)+z_9+z_{10}$

$=0+0+z_9+z_{10}$

$=-2$ (참)

따라서 옳은 것은 ㄱ, ㄴ, ㄷ이다.

---

5 ▶ 24639-0143

$0<a<b$일 때,

$$\dfrac{\sqrt{a}}{\sqrt{-a}}-\dfrac{\sqrt{b-a}}{\sqrt{a-b}}$$

를 간단히 하면?

① -2 ② -1 ③ 0

④ $-i$ ⑤ $-2i$

답 ③

풀이 $0<a<b$에서 $-a<0$, $a-b<0$, $b-a>0$이므로

$\dfrac{\sqrt{a}}{\sqrt{-a}}-\dfrac{\sqrt{b-a}}{\sqrt{a-b}}=-\sqrt{-\dfrac{a}{a}}+\sqrt{-\dfrac{a-b}{a-b}}$

$=-\sqrt{-1}+\sqrt{-1}=0$

---

6 ▶ 24639-0144

x에 대한 이차방정식 $ax^2+ax+a-3=0$의 두 근의 곱이 -2이고, x에 대한 이차방정식 $2bx^2-(a+5)x+6b=0$의 두 근의 합이 1일 때, $a+b$의 값은?

(단, a, b는 0이 아닌 상수이다.)

① 2 ② 3 ③ 4

④ 5 ⑤ 6

답 ③

풀이 이차방정식 $ax^2+ax+a-3=0$의 두 근의 곱이 -2이므로 이차방정식의 근과 계수의 관계에 의하여

$\dfrac{a-3}{a}=-2$, $a-3=-2a$, $a=1$ ...... ㉠

또 이차방정식 $2bx^2-(a+5)x+6b=0$의 두 근의 합이 1이므로 이차방정식의 근과 계수의 관계에 의하여

$\dfrac{a+5}{2b}=1$, $a+5=2b$ ...... ㉡

㉠을 ㉡에 대입하면

$6=2b$, $b=3$

따라서 $a+b=1+3=4$

---

7 | 2023학년도 9월 고1 학력평가 25번 | ▶ 24639-0145

x에 대한 이차방정식 $x^2-px+p+19=0$이 서로 다른 두 허근을 갖는다. 한 허근의 허수부분이 2일 때, 양의 실수 p의 값을 구하시오.

답 10

풀이 이차방정식 $x^2-px+p+19=0$의 한 허근의 허수부분이 2이므로 한 허근을 $\alpha=a+2i$ (a는 실수, $i=\sqrt{-1}$)이라 하면 다른 한 허근은 α의 켤레복소수 $\overline{\alpha}=a-2i$이다.

이차방정식의 근과 계수의 관계에 의하여

$\alpha+\overline{\alpha}=2a=p$이고

$x^2-2ax+2a+19=0$에서

$\alpha\overline{\alpha}=a^2+4=2a+19$, $a^2-2a-15=0$

$(a+3)(a-5)=0$, $a=-3$ 또는 $a=5$

p는 양의 실수이므로 $p=2\times5=10$

---

8 ▶ 24639-0146

x에 대한 이차방정식 $x^2+ax+9=0$은 중근을 갖고, x에 대한 이차방정식 $x^2+9x+4a=0$은 서로 다른 두 허근을 갖도록 하는 실수 a의 값을 구하시오.

답 6

풀이 이차방정식 $x^2+ax+9=0$이 중근을 가지므로 판별식을 D_1이라 하면

$D_1=a^2-4\times9=0$, $a^2=36$

$a=6$ 또는 $a=-6$ ...... ㉠

이차방정식 $x^2+9x+4a=0$이 서로 다른 두 허근을 가지므로 판별식을 D_2라 하면

$D_2=9^2-4\times4a<0$, $81-16a<0$

$a>\dfrac{81}{16}$ ...... ㉡

따라서 ㉠, ㉡을 동시에 만족시키는 a의 값은 6이다.

---

9 ▶ 24639-0147

이차식 $f(x)$에 대하여 이차방정식 $f(2x-5)=0$의 두 근을 α, β라 할 때, $\alpha+\beta=3$, $\alpha\beta=-7$을 만족시킨다. 이차방정식 $f(x)-2x+9=0$의 두 근의 합이 2일 때, $f(x)$를 $x+1$로 나눈 나머지는?

① -12 ② -11 ③ -10

④ -9 ⑤ -8

답 ①

풀이 이차방정식 $f(2x-5)=0$의 두 근 α, β에 대하여 $\alpha+\beta=3$, $\alpha\beta=-7$이므로 최고차항의 계수를 a라 하면

$f(2x-5)=ax^2-3ax-7a$

$2x-5=t$라 하면 $x=\dfrac{t+5}{2}$에서

$f(t)=a\left(\dfrac{t+5}{2}\right)^2-3a\times\dfrac{t+5}{2}-7a$

$\qquad=\dfrac{a}{4}t^2+at-\dfrac{33}{4}a$

즉, $f(x)=\dfrac{a}{4}x^2+ax-\dfrac{33}{4}a$

이차방정식 $f(x)-2x+9=\dfrac{a}{4}x^2+(a-2)x-\dfrac{33}{4}a+9=0$의 두 근의 합은 근과 계수의 관계에 의하여

$\dfrac{-(a-2)}{\dfrac{a}{4}}=-4+\dfrac{8}{a}$

즉, $-4+\dfrac{8}{a}=2$에서 $a=\dfrac{4}{3}$이므로

$f(x)=\dfrac{1}{3}x^2+\dfrac{4}{3}x-11$

나머지정리에 의하여 이차식 $f(x)$를 $x+1$로 나눈 나머지는

$f(-1)=-12$

서술형

10

▶ 24639-0148

등식 $\sqrt{a}\sqrt{-3}+\dfrac{\sqrt{27}}{\sqrt{a}}=-3+bi$를 만족시키는 두 실수 a, b의 곱 ab의 값을 구하시오. (단, $ab\neq0$이고, $i=\sqrt{-1}$)

답 9

풀이 (i) $a>0$인 경우

$\sqrt{a}\sqrt{-3}+\dfrac{\sqrt{27}}{\sqrt{a}}=\sqrt{a}\sqrt{3}i+\dfrac{\sqrt{27}}{\sqrt{a}}=\sqrt{3a}i+\sqrt{\dfrac{27}{a}}$

이때 $3a>0$에서 $\sqrt{3a}$는 허수부분이고, $\dfrac{27}{a}>0$이므로 $\sqrt{\dfrac{27}{a}}$은 실수부분이다.

따라서 $\sqrt{\dfrac{27}{a}}=-3$, $\sqrt{3a}=b$이어야 하지만, $\sqrt{\dfrac{27}{a}}=-3$을 만족시키는 실수 a는 존재하지 않는다. ······ ❶

(ii) $a<0$인 경우

$\sqrt{a}\sqrt{-3}+\dfrac{\sqrt{27}}{\sqrt{a}}=-\sqrt{-3a}-\sqrt{\dfrac{27}{a}}$

이때 $-3a>0$에서 $-\sqrt{-3a}$는 실수부분이고,

$\dfrac{27}{a}<0$에서 $-\sqrt{\dfrac{27}{a}}=-\sqrt{-\dfrac{27}{a}}i$이므로 $-\sqrt{\dfrac{27}{a}}$은 허수부분이다.

따라서 $-\sqrt{-3a}=-3$이므로

$a=-3$ ······ ❷

$-\sqrt{-\dfrac{27}{a}}=b$이므로

$b=-\sqrt{-\dfrac{27}{(-3)}}=-\sqrt{9}=-\sqrt{3^2}=-3$ ······ ❸

(i), (ii)에 의하여

$ab=(-3)\times(-3)=9$ ······ ❹

채점 기준	배점
❶ $a>0$인 경우 문제 해결하기	30 %
❷ $a<0$인 경우 a의 값 구하기	30 %
❸ $a<0$인 경우 b의 값 구하기	30 %
❹ ab의 값 구하기	10 %

11

▶ 24639-0149

x에 대한 이차방정식 $x^2-(k+1)x+3k=0$의 두 근의 차가 1일 때, 양수 k의 값을 구하시오.

답 10

풀이 이차방정식 $x^2-(k+1)x+3k=0$의 두 근을 α, β라 하면

$|\alpha-\beta|=1$ ······ ❶

이차방정식의 근과 계수의 관계에 의하여

$\alpha+\beta=k+1$, $\alpha\beta=3k$ ······ ❷

이때 $|\alpha-\beta|^2=(\alpha-\beta)^2=(\alpha+\beta)^2-4\alpha\beta$이므로

$1^2=(k+1)^2-4\times3k$

$k^2-10k=0$

$k(k-10)=0$

$k=0$ 또는 $k=10$

따라서 양수 k의 값은 10이다. ······ ❸

채점 기준	배점
❶ (두 근의 차)$=1$을 식으로 나타내기	20 %
❷ $\alpha+\beta$, $\alpha\beta$의 값을 바르게 나타내기	30 %
❸ 양수 k의 값 구하기	50 %

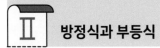 **이차방정식과 이차함수**

본문 54~56쪽

개념 CHECK

1. 이차방정식과 이차함수의 관계

1
▶ 24639-0150

다음 이차함수의 그래프와 x축의 위치 관계를 말하시오.

(1) $y=x^2-4x-5$
(2) $y=x^2-2x+1$
(3) $y=-x^2+3x-10$

(1) 이차방정식 $x^2-4x-5=0$의 판별식을 D라 하면
$$\frac{D}{4}=(-2)^2-1\times(-5)=4+5=9>0$$이므로
이차함수 $y=x^2-4x-5$의 그래프는 x축과 서로 다른 두 점에서 만난다.
(2) 이차방정식 $x^2-2x+1=0$의 판별식을 D라 하면
$$\frac{D}{4}=(-1)^2-1\times1=0$$이므로
이차함수 $y=x^2-2x+1$의 그래프는 x축과 한 점에서 만난다.
(3) 이차방정식 $-x^2+3x-10=0$의 판별식을 D라 하면
$$D=3^2-4\times(-1)\times(-10)=-31<0$$이므로
이차함수 $y=-x^2+3x-10$의 그래프는 x축과 만나지 않는다.
답 (1) 서로 다른 두 점에서 만난다.   (2) 한 점에서 만난다.(접한다.)
    (3) 만나지 않는다.

2
▶ 24639-0151

이차함수 $y=x^2-4x+k$의 그래프와 x축의 위치 관계가 다음과 같을 때, 실수 k의 값 또는 범위를 구하시오.

(1) 서로 다른 두 점에서 만난다.
(2) 한 점에서 만난다.
(3) 만나지 않는다.

이차방정식 $x^2-4x+k=0$의 판별식을 D라 하면
$$\frac{D}{4}=(-2)^2-1\times k=4-k$$에서
이차함수 $y=x^2-4x+k$의 그래프와 x축이
(1) 서로 다른 두 점에서 만나려면 $4-k>0$이어야 하므로 $k<4$
(2) 한 점에서 만나려면 $4-k=0$이어야 하므로 $k=4$
(3) 만나지 않으려면 $4-k<0$이어야 하므로 $k>4$
답 (1) $k<4$ (2) $k=4$ (3) $k>4$

2. 이차함수의 그래프와 직선의 위치 관계

3
▶ 24639-0152

이차함수 $y=x^2+3x+1$의 그래프와 다음 직선의 위치 관계를 말하시오.

(1) $y=2x+1$ (2) $y=x-3$

(1) 이차방정식 $x^2+3x+1=2x+1$, 즉 $x^2+x=0$의 판별식을 D라 하면
$$D=1^2-4\times1\times0>0$$이므로 이차함수 $y=x^2+3x+1$의 그래프와 직선 $y=2x+1$은 서로 다른 두 점에서 만난다.
(2) 이차방정식 $x^2+3x+1=x-3$, 즉 $x^2+2x+4=0$의 판별식을 D라 하면
$$\frac{D}{4}=1^2-1\times4=-3<0$$이므로 이차함수 $y=x^2+3x+1$의 그래프와 직선 $y=x-3$은 만나지 않는다.
답 (1) 서로 다른 두 점에서 만난다.   (2) 만나지 않는다.

4
▶ 24639-0153

이차함수 $y=x^2-3x+k$의 그래프와 직선 $y=x+1$의 위치 관계가 다음과 같을 때, 실수 k의 값 또는 범위를 구하시오.

(1) 서로 다른 두 점에서 만난다.
(2) 한 점에서 만난다.
(3) 만나지 않는다.

이차함수 $y=x^2-3x+k$의 그래프와 직선 $y=x+1$의 위치 관계는 이차방정식 $x^2-3x+k=x+1$, 즉 $x^2-4x+k-1=0$의 실근의 개수를 이용하여 판별할 수 있으므로 이 이차방정식의 판별식을 D라 하면
$$\frac{D}{4}=(-2)^2-(k-1)=5-k$$
(1) 서로 다른 두 점에서 만나려면 $5-k>0$이어야 하므로 $k<5$
(2) 한 점에서 만나려면 $5-k=0$이어야 하므로 $k=5$
(3) 만나지 않으려면 $5-k<0$이어야 하므로 $k>5$
답 (1) $k<5$ (2) $k=5$ (3) $k>5$

3. 이차함수의 최대·최소

5

▶ 24639-0154

다음 이차함수의 최댓값 또는 최솟값을 구하시오.

(1) $y=x^2-4x+5$

(2) $y=-2x^2+4x+1$

(1) $y=x^2-4x+5$에서 $y=(x-2)^2+1$이므로 최댓값은 없고 최
솟값은 $x=2$일 때 1이다.

(2) $y=-2x^2+4x+1$에서
$y=-2(x^2-2x)+1=-2(x-1)^2+3$이므로 최댓값은 $x=1$
일 때 3이고 최솟값은 없다.

📖 (1) 최솟값: 1
(2) 최댓값: 3

6

▶ 24639-0155

다음 주어진 범위에서 이차함수의 최댓값과 최솟값을 구하시오.

(1) $y=x^2+3$ $(-1\leq x\leq2)$

(2) $y=x^2-5x+3$ $(-2\leq x\leq1)$

(3) $y=-x^2+2x+1$ $(0\leq x\leq3)$

(1) $y=x^2+3$에서 $x=2$일 때 최댓값은 7이고, $x=0$일 때 최솟값
은 3이다.

(2) $y=x^2-5x+3=\left(x-\dfrac{5}{2}\right)^2-\dfrac{13}{4}$이므로 $x=-2$일 때 최댓값
은 17이고, $x=1$일 때 최솟값은 -1이다.

(3) $y=-x^2+2x+1=-(x-1)^2+2$이므로 $x=1$일 때 최댓값은
2이고, $x=3$일 때 최솟값은 -2이다.

📖 (1) 최댓값: 7, 최솟값: 3
(2) 최댓값: 17, 최솟값: -1
(3) 최댓값: 2, 최솟값: -2

대표유형 **01** 이차방정식과 이차함수의 관계

▶ 24639-0156

이차함수 $y=2x^2+ax-2$의 그래프가 x축과 만나는 두 점의 x좌표가 α, $\alpha+2$일 때, 상수 a의 값을 구하시오.

MD의 한마디!

톡톡 이차함수 $y=2x^2+ax-2$의 그래프가 x축과 만나는 두 점의 x좌표 α, $\alpha+2$는 이차방정식 $2x^2+ax-2=0$의 두 실근과 같습니다.

MD's Solution

이차함수 $y=2x^2+ax-2$의 그래프가 x축과 만나는 두 점의 x좌표 α, $\alpha+2$는

이차방정식 $2x^2+ax-2=0$의 두 실근과 같으므로 이차방정식의 근과 계수의 관계에 의하여

$\alpha+(\alpha+2)=-\dfrac{a}{2}$ ····· ㉠

$\alpha\times(\alpha+2)=-1$ ····· ㉡

㉡에서 $\alpha^2+2\alpha+1=0$, 즉 $(\alpha+1)^2=0$이므로 $\alpha=-1$

$\alpha=-1$을 ㉠에 대입하여 정리하면

$-1+(-1+2)=-\dfrac{a}{2}$

따라서 구하는 상수 a의 값은 0이다.

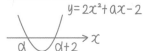

y의 값이 0일 때 x의 값이므로
이차방정식 $2x^2+ax-2=0$의 실근과 같아.

답 0

유제

01-1
▶ 24639-0157

이차함수 $y=x^2-ax+2a-8$의 그래프가 x축과 만나는 두 점의 x좌표의 차가 4일 때, 실수 a의 값을 구하시오.

이차함수 $y=x^2-ax+2a-8$의 그래프가 x축과 만나는 두 점의 좌표를 각각 α, β $(\alpha<\beta)$라 하면 α, β는 이차방정식 $x^2-ax+2a-8=0$의 두 실근과 같으므로 이차방정식의 근과 계수의 관계에 의하여 $\alpha+\beta=a$, $\alpha\beta=2a-8$이고

x축과 만나는 두 점의 x좌표의 차가 4이므로

$\beta-\alpha=4$

$(\beta-\alpha)^2=(\alpha-\beta)^2=(\alpha+\beta)^2-4\alpha\beta$에서

$4^2=a^2-4(2a-8)$, $a^2-8a+16=0$, $(a-4)^2=0$

따라서 $a=4$

답 4

01-2
▶ 24639-0158

이차함수 $y=-x^2+4x+a$의 그래프가 x축과 만나는 서로 다른 두 점의 x좌표는 1, b이다. 이때 $b-a$의 값을 구하시오.
(단, a, b는 상수이다.)

이차함수 $y=-x^2+4x+a$의 그래프가 x축과 만나는 두 점의 x좌표 1, b는 이차방정식 $-x^2+4x+a=0$의 두 실근과 같으므로 이차방정식의 근과 계수의 관계에 의하여

$1+b=-\dfrac{4}{-1}=4$에서 $b=3$

$1\times b=\dfrac{a}{-1}=-a$에서 $a=-3$

따라서 $b-a=3-(-3)=6$

답 6

▶ 24639-0159

대표유형 02 이차함수의 그래프와 x축의 위치 관계

이차함수 $y=x^2-4x+a$의 그래프가 x축에 접하고 이차함수 $y=2x^2-3bx+b^2+a$의 그래프가 x축과 만나지 않도록 하는 실수 a와 자연수 b에 대하여 $a+b$의 최댓값을 구하시오.

MD의 한마디! 이차함수 $y=ax^2+bx+c$의 그래프가 x축과 만나는 점의 개수는 이차방정식 $ax^2+bx+c=0$의 서로 다른 실근의 개수와 같습니다.

MD's Solution

이차함수 $y=x^2-4x+a$의 그래프가 x축에 접하므로 이차방정식 $x^2-4x+a=0$은 중근을 갖는다.
이 이차방정식의 판별식을 D_1이라 하면 → 이차함수의 그래프와 x축과의 관계를 이차방정식의 판별식과 연결짓는 생각은 아주 중요해!

$\dfrac{D_1}{4}=(-2)^2-1\times a=0$에서 $a=4$ ⋯⋯ ㉠

한편 이차함수 $y=2x^2-3bx+b^2+a$의 그래프가 x축과 만나지 않으므로

이차방정식 $2x^2-3bx+b^2+a=0$의 판별식을 D_2라 하면 → 이차방정식 $2x^2-3bx+b^2+a=0$이 허근을 갖게 되는 이유야!

$D_2=(-3b)^2-4\times2\times(b^2+a)=9b^2-8b^2-8a=b^2-8a<0$ ⋯⋯ ㉡

㉠을 ㉡에 대입하면 $b^2-32<0$에서 b는 자연수이므로 $1\leq b\leq5$
따라서 $5\leq a+b\leq9$에서 $a+b$의 최댓값은 9이다. → $5^2=25$, $6^2=36$이기 때문에 b는 5보다 작거나 같은 자연수가 되는 거야!

답 9

유제

02-1
▶ 24639-0160

이차함수 $y=2x^2-5x+k$의 그래프와 x축이 만나지 않도록 하는 자연수 k의 최솟값을 구하시오.

이차함수 $y=2x^2-5x+k$의 그래프와 x축이 만나지 않으려면 이차방정식 $2x^2-5x+k=0$이 서로 다른 두 허근을 가져야 한다.
이 이차방정식의 판별식을 D라 하면
$D=(-5)^2-4\times2\times k<0$에서
$25-8k<0$
$k>\dfrac{25}{8}$
따라서 자연수 k의 최솟값은 4이다.

답 4

02-2
▶ 24639-0161

이차함수 $y=x^2-(2a+1)x+b+3$의 그래프가 점 $(1, 4)$를 지나고 x축과 접할 때, 실수 a, b에 대하여 $2a+b$의 최댓값을 구하시오.

이차함수 $y=x^2-(2a+1)x+b+3$의 그래프가 점 $(1, 4)$를 지나므로 $4=1^2-(2a+1)+b+3$, $b=2a+1$
또 이차함수 $y=x^2-(2a+1)x+2a+4$의 그래프가 x축과 접하므로 이차방정식 $x^2-(2a+1)x+2a+4=0$의 판별식을 D라 하면
$D=\{-(2a+1)\}^2-4\times(2a+4)=0$
$4a^2-4a-15=0$
$(2a+3)(2a-5)=0$에서 $a=-\dfrac{3}{2}$ 또는 $a=\dfrac{5}{2}$
한편 $2a+b=2a+(2a+1)=4a+1$이고
$4a+1=4\times\left(-\dfrac{3}{2}\right)+1=-5$, $4a+1=4\times\dfrac{5}{2}+1=11$
따라서 $2a+b$의 최댓값은 11이다.

답 11

대표유형 03 이차함수의 그래프와 직선의 위치 관계

▸ 24639-0162

이차함수 $y=2x^2-4x-12$의 그래프와 직선 $y=2x-a$가 서로 다른 두 점에서 만나도록 하는 정수 a의 최댓값을 구하시오.

MD의 한마디!

이차함수 $y=2x^2-4x-12$의 그래프와 직선 $y=2x-a$가 서로 다른 두 점에서 만나려면 이차방정식 $2x^2-4x-12=2x-a$는 서로 다른 두 실근을 가져야 합니다.

MD's Solution

이차함수 $y=2x^2-4x-12$의 그래프와 직선 $y=2x-a$가 서로 다른 두 점에서 만나려면

이차방정식 $2x^2-4x-12=2x-a$, 즉 $2x^2-6x-12+a=0$은 서로 다른 두 실근을 가져야 한다.

x에 대한 이차방정식 $2x^2-6x-12+a=0$의 판별식을 D라 하면

$\dfrac{D}{4}=(-3)^2-2\times(-12+a)>0$ 에서

⎣→ 이차방정식이 서로 다른 두 실근을 가지려면 $D>0$이어야 해.

$33-2a>0$

$a<\dfrac{33}{2}$

따라서 정수 a의 최댓값은 16이다.

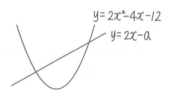

위 그림처럼 x, y의 값이 각각 같은 두 점이 존재해야 하므로 이차방정식 $2x^2-4x-12=2x-a$는 서로 다른 두 실근을 가져야 해.

답 16

유제

03-1
▸ 24639-0163

이차함수 $y=-2x^2+4x$의 그래프와 직선 $y=x+k$가 만나지 않도록 하는 정수 k의 최솟값을 구하시오.

이차함수 $y=-2x^2+4x$의 그래프와 직선 $y=x+k$가 만나지 않으려면 이차방정식 $-2x^2+4x=x+k$, 즉 $2x^2-3x+k=0$이 서로 다른 두 허근을 가져야 한다.

x에 대한 이차방정식 $2x^2-3x+k=0$의 판별식을 D라 하면

$D=(-3)^2-4\times2\times k<0$에서

$9-8k<0$

$k>\dfrac{9}{8}$

따라서 정수 k의 최솟값은 2이다.

답 2

03-2
▸ 24639-0164

이차함수 $y=x^2-4x+a$의 그래프가 x축과 직선 $y=2x+b$에 동시에 접하도록 하는 두 실수 a, b에 대하여 $a+b$의 값을 구하시오.

이차함수 $y=x^2-4x+a$의 그래프가 x축과 접하려면 이차방정식 $x^2-4x+a=0$이 중근을 가져야 하므로 이차방정식 $x^2-4x+a=0$의 판별식을 D_1이라 하면

$\dfrac{D_1}{4}=(-2)^2-a=0$, $a=4$

또한, 이차함수 $y=x^2-4x+4$의 그래프가 직선 $y=2x+b$에 접하려면 이차방정식 $x^2-4x+4=2x+b$, 즉 $x^2-6x+4-b=0$이 중근을 가져야 하므로 이차방정식 $x^2-6x+4-b=0$의 판별식을 D_2라 하면

$\dfrac{D_2}{4}=(-3)^2-(4-b)=0$에서

$b=-5$

따라서 $a+b=4+(-5)=-1$

답 -1

대표유형 04 **이차함수의 최대·최소** ▸ 24639-0165

이차함수 $f(x)=-x^2+ax+b-2$가 $x=2$에서 최댓값 10을 가질 때, 두 상수 a, b의 합 $a+b$의 값을 구하시오.

🔊 **톡톡**
MD의 한마디! | $f(x)=a(x-p)^2+q$ $(a<0)$일 때, 이차함수 $f(x)$는 $x=p$에서 최댓값 q를 갖습니다.

MD's Solution

$f(x)=-x^2+ax-\left(\dfrac{a}{2}\right)^2+\left(\dfrac{a}{2}\right)^2+b-2$

$\quad =-\left(x-\dfrac{a}{2}\right)^2+\left(\dfrac{a}{2}\right)^2+b-2$ → 꼭짓점의 좌표를 구할 때는 완전제곱식의 꼴로 변형해야 해.

함수 $f(x)$는 $x=\dfrac{a}{2}$에서 최댓값 $\left(\dfrac{a}{2}\right)^2+b-2$ 를 갖는다.

이때 $\dfrac{a}{2}=2$ 이므로 $a=4$ 이고 $\left(\dfrac{4}{2}\right)^2+b-2=10$ 이므로 $b=8$

따라서 $a+b=4+8=12$

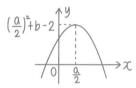

이차항의 계수가 -1이므로 꼭짓점의 y좌표가 최댓값*이야.

[다른 풀이]
이차항의 계수가 -1인 이차함수 $f(x)$가 $x=2$에서 최댓값 10을 가지므로
$f(x)=-(x-2)^2+10=-x^2+4x+6$
이때 $a=4$, $b-2=6$ 이므로 $a=4$, $b=8$
따라서 $a+b=4+8=12$

답 12

유제

04-1 ▸ 24639-0166

이차함수 $f(x)=-x^2-4x+16$은 $x=a$에서 최댓값 b를 갖는다. $a+b$의 값을 구하시오.

$f(x)=-(x^2+4x+4)+4+16$
$\quad =-(x+2)^2+20$
이므로 $x=-2$에서 최댓값 20을 갖는다.
따라서 $a=-2$, $b=20$이므로
$a+b=(-2)+20=18$

답 18

04-2 ▸ 24639-0167

이차함수 $y=x^2-8x+11$이 $x=a$에서 최솟값 b를 가질 때, 이차함수 $y=-x^2+ax+b$의 최댓값은?

① -1　　② -2　　③ -3
④ -4　　⑤ -5

$y=x^2-8x+11$
$\quad =(x^2-8x+16-16)+11$
$\quad =(x-4)^2-5$
이므로 $x=4$일 때 최솟값 -5를 갖는다.
따라서 $a=4$, $b=-5$
한편
$y=-x^2+4x-5$
$\quad =-(x^2-4x+4-4)-5$
$\quad =-(x-2)^2-1$
이므로 최댓값은 -1이다.

답 ①

대표유형 05 제한된 범위에서 이차함수의 최대·최소 ▶ 24639-0168

$0 \le x \le 3$에서 이차함수 $f(x) = 3x^2 - 6x + 2a^2 - 3a$의 최댓값과 최솟값의 합이 24일 때, 양수 a의 값을 구하시오.

MD의 한마디!

함수 $f(x) = 3(x-1)^2 + 2a^2 - 3a - 3$이고 함수 $y = f(x)$의 그래프의 꼭짓점의 x좌표 1은 $0 \le x \le 3$에 속하므로 최솟값은 $f(1)$이고 최댓값은 $f(0)$, $f(3)$ 중 큰 값입니다.

MD's Solution

$f(x) = 3(x^2 - 2x) + 2a^2 - 3a = 3(x-1)^2 + 2a^2 - 3a - 3$

함수 $y = f(x)$의 그래프의 꼭짓점의 x좌표 1은 $0 \le x \le 3$에 속하므로

이차함수 $f(x)$의 최솟값은 $f(1)$이다.

→ 정의역이 제한된 범위일 때에는 꼭짓점의 x좌표가 제한된 범위에 속하는지 꼭 확인해야 해.

한편 $f(0) = 2a^2 - 3a$이고

$f(3) = 2a^2 - 3a + 9$에서 $f(3) = f(0) + 9$이므로 $f(3) > f(0)$

따라서 최댓값은 $f(3) = 2a^2 - 3a + 9$이다.

→ 이차함수의 그래프의 꼭짓점이 제한된 범위에 속하므로 제한된 범위의 양 끝 값의 함숫값 중 큰 값이 최댓값이 되는 거야. ★

또한 최댓값과 최솟값의 합이 24이므로

$f(1) + f(3) = (2a^2 - 3a - 3) + (2a^2 - 3a + 9) = 4a^2 - 6a + 6$에서

$4a^2 - 6a + 6 = 24$, $2a^2 - 3a - 9 = 0$, $(2a+3)(a-3) = 0$

$a = -\dfrac{3}{2}$ 또는 $a = 3$

따라서 양수 a의 값은 3이다.

답 3

유제

05-1 ▶ 24639-0169

$-2 \le x \le 2$에서 이차함수 $y = -x^2 + 2x - 4$의 최댓값을 구하시오.

$f(x) = -x^2 + 2x - 4$라 하면

$f(x) = -(x^2 - 2x + 1) - 3 = -(x-1)^2 - 3$

이때 꼭짓점의 x좌표 1은 $-2 \le x \le 2$에 속하므로 이차함수 $f(x)$의 최댓값은 -3이다.

답 -3

05-2 ▶ 24639-0170

등식 $\sqrt{x-4}\sqrt{1-x} = -\sqrt{(x-4)(1-x)}$를 만족시키는 모든 실수 x에 대하여 이차함수 $y = x^2 - 6x + 11$의 최댓값을 M, 최솟값을 m이라 할 때, $M + m$의 값은?

① 2   ② 4   ③ 6
④ 8   ⑤ 10

$a < 0$, $b < 0$일 때, $\sqrt{a}\sqrt{b} = -\sqrt{ab}$이므로

등식 $\sqrt{x-4}\sqrt{1-x} = -\sqrt{(x-4)(1-x)}$를 만족시키는 실수 x의 값의 범위는 $1 < x < 4$

한편 $x = 1$, $x = 4$일 때에도 등식을 만족시키므로

실수 x의 값의 범위는 $1 \le x \le 4$이다.

한편 $y = x^2 - 6x + 11 = (x-3)^2 + 2$

이때 꼭짓점의 x좌표 3은 $1 \le x \le 4$에 속하므로 이차함수 $y = x^2 - 6x + 11$의 최솟값은 2이다.

또 $x = 1$일 때, $y = (1-3)^2 + 2 = 6$이고

$x = 4$일 때, $y = (4-3)^2 + 2 = 3$이므로

$M = 6$

따라서 $M + m = 6 + 2 = 8$

답 ④

그림과 같이 한 변의 길이가 10인 정삼각형 ABC에 대하여 선분 AB 위의 점 P, 선분 AC 위의 점 Q, 선분 BC 위의 두 점 R, S를 꼭짓점으로 하는 직사각형 PRSQ의 넓이가 최대가 되도록 하는 선분 PQ의 길이를 구하시오.

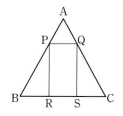

MD의 한마디!

이차함수의 최대 · 최소의 활용문제는 다음과 같은 순서로 해결합니다.
① 미지수로 설정할 것을 x로 정하고 x의 값의 범위를 구합니다.
② 최댓값과 최솟값을 구하려는 식을 x에 대한 함수로 나타냅니다.
③ ①에서 구한 x의 값의 범위에서 최댓값과 최솟값을 구합니다.

MD's Solution

→ 미지수를 설정할 때는 제한된 조건이 있는지 확인해야 해.

점 A에서 선분 PQ, 선분 BC에 내린 수선의 발을 각각 H, I라 하자.
$\overline{PQ}=a\,(0<a<10)$라 하면 두 선분 AH, AI는 각각 정삼각형 APQ, ABC의 높이이므로

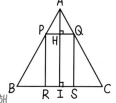

$\overline{AH}=\dfrac{\sqrt{3}}{2}a$, $\overline{AI}=5\sqrt{3}$, $\overline{PR}=\overline{HI}=\overline{AI}-\overline{AH}=5\sqrt{3}-\dfrac{\sqrt{3}}{2}a$

직사각형 PRSQ의 넓이를 $S(a)$라 하면 → 정의역이 제한된 범위이므로 정의역에 속하는지 확인해야 해.

$S(a)=\overline{PQ}\times\overline{PR}=a\left(5\sqrt{3}-\dfrac{\sqrt{3}}{2}a\right)=-\dfrac{\sqrt{3}}{2}(a^2-10a+25)+\dfrac{25\sqrt{3}}{2}=-\dfrac{\sqrt{3}}{2}(a-5)^2+\dfrac{25\sqrt{3}}{2}$

이므로 $a=5$일 때, 직사각형 PRSQ의 넓이 $S(a)$는 최댓값 $\dfrac{25\sqrt{3}}{2}$ 을 갖는다.
따라서 선분 PQ의 길이는 5이다. ㉠ 5

✂ **유제**

06-1
▸ 24639-0172

어느 문구점에서 가격이 1,000원인 볼펜은 한 달 동안 200개 판매된다고 한다. 볼펜의 가격을 100원씩 올릴 때마다 한 달 동안 판매되는 볼펜의 개수는 10개씩 줄어든다고 할 때, 이 문구점에서 한 달 동안 볼펜이 판매된 금액의 합의 최댓값을 구하시오.

가격을 $100x$원씩 올리면 판매되는 볼펜의 개수는 $10x$개씩 줄어든다.
$10x-200\leq0$에서 $0\leq x\leq20$
볼펜이 판매된 금액의 합은 한 개당 가격에 판매개수를 곱한 것과 같으므로 가격이 $1000+100x$원일 때의 판매된 금액의 합은
$(1000+100x)(200-10x)$
$=200000+10000x-1000x^2$
$=-1000(x^2-10x+25-25)+200000$
$=-1000(x-5)^2+225000\,(0\leq x\leq20)$
이므로 $x=5$일 때 최댓값 225000을 갖는다.
따라서 한 달 동안 볼펜이 판매된 금액의 합의 최댓값은 225000원이다.

㉠ 225000원

06-2
▸ 24639-0173

그림과 같이 직각삼각형 ABC의 변 CA 위의 점 D에서 두 변 AB, BC에 내린 수선의 발을 각각 E, F라 하자. 직사각형 EBFD의 넓이의 최댓값은 $\overline{EB}=a$일 때, b이다. 두 상수 a, b에 대하여 $a+b$의 값을 구하시오.

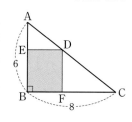

$\overline{EB}=x$라 하면 $0<x<6$이므로 $\overline{AE}=6-x$이고
두 직각삼각형 ABC와 AED는 서로 닮은 도형이므로
$\overline{AB}:\overline{BC}=\overline{AE}:\overline{ED}$, $6:8=6-x:\overline{ED}$에서
$\overline{ED}=\dfrac{4(6-x)}{3}$

직사각형 EBFD의 넓이를 구하면
$x\times\dfrac{4(6-x)}{3}=-\dfrac{4}{3}(x^2-6x)=-\dfrac{4}{3}(x^2-6x+9-9)$
$\qquad\qquad\qquad\qquad=-\dfrac{4}{3}(x-3)^2+12$

즉 직사각형 EBFD의 넓이의 최댓값은 $\overline{EB}=3$일 때 12이다.
따라서 $a=3$, $b=12$이므로 $a+b=15$ ㉠ 15

단원 마무리

본문 63~64쪽

1 ▶ 24639-0174

이차함수 $y=3x^2-6x+1$의 그래프가 x축과 서로 다른 두 점에서 만날 때, 두 점의 x좌표의 합은?

① 1   ② 2   ③ 3

④ 4   ⑤ 5

답 ②

풀이 이차함수 $y=3x^2-6x+1$의 그래프가 x축과 서로 다른 두 점에서 만날 때, 두 점의 x좌표의 합은 이차방정식 $3x^2-6x+1=0$의 두 실근의 합과 같다.
따라서 이차방정식 $3x^2-6x+1=0$의 두 실근의 합은 근과 계수의 관계에 의하여

(두 근의 합)$=-\dfrac{(-6)}{3}=2$

2 ▶ 24639-0175

이차함수 $y=-2x^2+6x-k$의 그래프가 x축과 서로 다른 두 점에서 만나도록 하는 정수 k의 최댓값을 M, x축과 만나지 않도록 하는 정수 k의 최솟값을 m이라 할 때, $M+m$의 값은?

① 6   ② 7   ③ 8

④ 9   ⑤ 10

답 ④

풀이 이차함수 $y=-2x^2+6x-k$의 그래프와 x축이 서로 다른 두 점에서 만나면 이차방정식 $-2x^2+6x-k=0$이 서로 다른 두 실근을 가지므로 이 이차방정식의 판별식을 D라 하면

$\dfrac{D}{4}=3^2-(-2)\times(-k)>0$에서

$9-2k>0$, $k<\dfrac{9}{2}$

이고, 정수 k의 최댓값은 4이므로 $M=4$
한편, 이차함수 $y=-2x^2+6x-k$의 그래프와 x축이 만나지 않으려면 이차방정식 $-2x^2+6x-k=0$이 서로 다른 두 허근을 가져야 하므로

$\dfrac{D}{4}<0$에서

$9-2k<0$, $k>\dfrac{9}{2}$

이고, 정수 k의 최솟값은 5이므로 $m=5$
따라서 $M+m=4+5=9$

3 ▶ 24639-0176

x에 대한 이차함수 $y=x^2-(2a-k)x+\dfrac{k^2}{4}-4k+a^2$의 그래프가 실수 k의 값에 관계없이 항상 x축과 접할 때, 상수 a의 값은?

① 1   ② 2   ③ 3

④ 4   ⑤ 5

답 ④

풀이 x에 대한 이차함수 $y=x^2-(2a-k)x+\dfrac{k^2}{4}-4k+a^2$의 그래프가 x축에 접하므로 이차방정식
$x^2-(2a-k)x+\dfrac{k^2}{4}-4k+a^2=0$의 판별식을 D라 하면

$D=\{-(2a-k)\}^2-4\left(\dfrac{k^2}{4}-4k+a^2\right)$

$\quad=4a^2-4ak+k^2-k^2+16k-4a^2$

$\quad=-4ak+16k$

$\quad=(-4a+16)k=0$

이 식이 실수 k의 값에 관계없이 성립해야 하므로
$-4a+16=0$, $a=4$

4 ▶ 24639-0177

이차함수 $y=-x^2+x+k$의 그래프가 직선 $y=2x+1$과 서로 다른 두 점에서 만나고 직선 $y=-x+6$과는 만나지 않도록 하는 모든 정수 k의 값의 합은?

① 6   ② 7   ③ 8

④ 9   ⑤ 10

답 ⑤

풀이 이차함수 $y=-x^2+x+k$의 그래프와 직선 $y=2x+1$이 서로 다른 두 점에서 만나므로 이차방정식 $-x^2+x+k=2x+1$은 서로 다른 두 실근을 가져야 한다.
이차방정식 $x^2+x+1-k=0$의 판별식을 D_1이라 하면
$D_1=1^2-4\times(1-k)=1-4+4k$

$\quad=4k-3$

$D_1>0$에서 $4k-3>0$, $k>\dfrac{3}{4}$ ······ ㉠

한편 이차함수 $y=-x^2+x+k$의 그래프와 직선 $y=-x+6$이 서로 만나지 않으므로 이차방정식 $-x^2+x+k=-x+6$은 서로 다른 두 허근을 가져야 한다.
이차방정식 $x^2-2x+6-k=0$의 판별식을 D_2라 하면
$\dfrac{D_2}{4}=(-1)^2-(6-k)=1-6+k$

$\quad=k-5$

$D_2<0$에서 $k-5<0$, $k<5$ ······ ㉡

㉠, ㉡에서 $\dfrac{3}{4}<k<5$이므로 정수 k의 값은 1, 2, 3, 4이고 그 합은 $1+2+3+4=10$이다.

5 | 2022학년도 9월 고1 학력평가 |　▶ 24639-0178

이차함수 $y=\dfrac{1}{2}(x-k)^2$의 그래프와 직선 $y=x$가 서로 다른 두 점 A, B에서 만난다. 두 점 A, B에서 x축에 내린 수선의 발을 각각 C, D라 하자. 선분 CD의 길이가 6일 때, 상수 k의 값은?

① $\dfrac{7}{2}$　　　　② 4　　　　③ $\dfrac{9}{2}$

④ 5　　　　⑤ $\dfrac{11}{2}$

답 ②

풀이

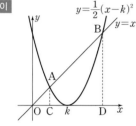

위 그림에서 점 C의 좌표를 $(t,\,0)$이라 하면 선분 CD의 길이가 6이므로 점 D의 좌표는 $(t+6,\,0)$이고
두 점 A, B의 x좌표가 t, $t+6$이므로
이차방정식 $\dfrac{1}{2}(x-k)^2=x$, 즉 $x^2-2(k+1)x+k^2=0$의 서로 다른 두 실근이 t, $t+6$이다.
이차방정식의 근과 계수의 관계에 의하여
$t+(t+6)=2(k+1)$, $t=k-2$
$t(t+6)=(k-2)(k+4)=k^2$
$k^2+2k-8=k^2$, $2k-8=0$
따라서 $k=4$

[참고]
문제에서 두 점 C, D의 위치를 정해주지 않았으므로 점 C의 x좌표가 점 D의 x좌표보다 작다고 해도 무방하다.

6　　▶ 24639-0179

실수 a에 대하여 이차함수 $y=x^2-ax+a^2+3a-4$의 최솟값을 $f(a)$라 하자. 함수 $f(a)$의 최솟값은?

① -1　　　　② -3　　　　③ -5

④ -7　　　　⑤ -9

답 ④

풀이 주어진 이차함수의 식을 변형하면
$y=\left\{x^2-ax+\left(\dfrac{a}{2}\right)^2-\left(\dfrac{a}{2}\right)^2\right\}+a^2+3a-4$

$=\left(x-\dfrac{a}{2}\right)^2-\dfrac{1}{4}a^2+a^2+3a-4$

$=\left(x-\dfrac{a}{2}\right)^2+\dfrac{3}{4}a^2+3a-4$

이므로 $f(a)=\dfrac{3}{4}a^2+3a-4$

또 $f(a)=\dfrac{3}{4}a^2+3a-4=\dfrac{3}{4}(a^2+4a)-4$

$=\dfrac{3}{4}(a^2+4a+4-4)-4$

$=\dfrac{3}{4}(a^2+4a+4)-\dfrac{3}{4}\times4-4$

$=\dfrac{3}{4}(a+2)^2-7$

따라서 $f(a)$의 최솟값은 -7이다.

7　　▶ 24639-0180

최고차항의 계수가 양수인 이차함수 $f(x)$가 다음 조건을 만족시킬 때, 모든 실수 a의 값의 합은?

　(가) 이차방정식 $f(x)=0$의 서로 다른 두 실근은 0과 6이다.
　(나) $-1\le x\le a$에서 함수 $f(x)$의 최댓값과 최솟값의 합은 0이다. (단, $a>-1$)

① $3+\sqrt{2}$　　　② $3+2\sqrt{2}$　　　③ $6+\sqrt{2}$

④ $6+2\sqrt{2}$　　　⑤ $6+3\sqrt{2}$

답 ④

풀이 이차함수 $f(x)$를 조건 (가)에 의해
$f(x)=kx(x-6)$ $(k>0)$
이라 하면 $f(x)=k(x-3)^2-9k$이므로 함수 $y=f(x)$의 그래프의 꼭짓점의 x좌표는 3이고, $f(-1)=f(7)$이다.
$-1\le x\le a$에서 함수 $f(x)$의 최댓값과 최솟값은 a의 값의 범위에 따라 다음과 같이 결정된다.
(i) $-1<a<3$일 때,
　　이차함수 $f(x)$는 $x=-1$에서 최댓값, $x=a$에서 최솟값을 가지므로 $-1\le x\le a$에서 함수 $f(x)$의 최댓값과 최솟값의 합은
　　$f(-1)+f(a)=k\times(-1)\times(-7)+ka(a-6)=0$
　　$7k+ka^2-6ka=0$
　　$a^2-6a+7=0$ $(\because k>0)$
　　$a=3\pm\sqrt{2}$
　　이다. 그런데 $-1<a<3$이므로 $a=3-\sqrt{2}$이다.
(ii) $3\le a<7$일 때,
　　이차함수 $f(x)$는 $x=-1$에서 최댓값, $x=3$에서 최솟값을 가지므로 $-1\le x\le a$에서 함수 $f(x)$의 최댓값과 최솟값의 합은
　　$f(-1)+f(3)=k\times(-1)\times(-7)+3k\times(-3)=0$
　　$-2k=0$이고, $k>0$이므로 조건을 만족시키는 실수 a의 값은 존재하지 않는다.
(iii) $a\ge7$일 때,
　　이차함수 $f(x)$는 $x=a$에서 최댓값, $x=3$에서 최솟값을 가지므로 $-1\le x\le a$에서 함수 $f(x)$의 최댓값과 최솟값의 합은
　　$f(a)+f(3)=ka(a-6)+3k\times(-3)=0$

$ka^2-6ka-9k=0$

$a^2-6a-9=0$ $(\because k>0)$

$a=3\pm3\sqrt{2}$

이다. 그런데 $a\geq7$이므로 $a=3+3\sqrt{2}$이다.

(i), (ii), (iii)에 의하여 구하는 실수 a의 값은 $3-\sqrt{2}$, $3+3\sqrt{2}$이고, 그 합은

$(3-\sqrt{2})+(3+3\sqrt{2})=6+2\sqrt{2}$

---

8 | 2023학년도 고1 11월 학력평가 17번 | ▶ 24639-0181

양수 k에 대하여 이차함수 $f(x)=-x^2+4x+k+3$의 그래프와 직선 $y=2x+3$이 서로 다른 두 점 $(\alpha, f(\alpha))$, $(\beta, f(\beta))$에서 만난다. $\alpha\leq x\leq\beta$에서 함수 $f(x)$의 최댓값이 10일 때, $\alpha\leq x\leq\beta$에서 함수 $f(x)$의 최솟값은?

① 1   ② 2   ③ 3

④ 4   ⑤ 5

답 ①

풀이 이차함수 $f(x)=-x^2+4x+k+3$에서

$f(x)=-(x-2)^2+k+7$이므로 이차함수의 그래프의 꼭짓점의 좌표는 $(2, k+7)$이다.

한편 직선 $y=2x+3$은 점 $(2, 7)$을 지나므로 이차함수 $y=f(x)$의 그래프와 직선 $y=2x+3$은 다음과 같다.

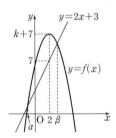

$\alpha<2<\beta$이므로 $\alpha\leq x\leq\beta$에서 함수 $f(x)$의 최댓값은 $f(2)$이고 최솟값은 $f(\alpha)$와 $f(\beta)$ 중 작은 값이다.

$f(2)=k+7=10$이므로 $k=3$

또한 $-x^2+4x+6=2x+3$에서 $(x+1)(x-3)=0$이므로

$\alpha=-1$, $\beta=3$

$f(-1)=-(-1-2)^2+10=1$

$f(3)=-(3-2)^2+10=9$

따라서 $-1\leq x\leq3$에서 함수 $f(x)$의 최솟값은 1이다.

---

9   ▶ 24639-0182

그림과 같이 길이가 64 m인 철망을 사용하여 바닥이 직사각형 모양인 울타리를 만들려고 한다. 바닥의 넓이의 최댓값을 구하시오. (단, 벽면에는 철망을 설치하지 않으며 철망의 두께는 무시한다.)

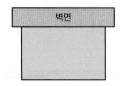

벽면

답 512 m²

풀이 직사각형 모양의 바닥의 세로의 길이를 x m라 하면 바닥의 가로의 길이는 $(64-2x)$ m이다.

바닥의 넓이를 $f(x)$라 하면

$f(x)=x(64-2x)=-2x^2+64x$

$\qquad=-2(x^2-32x+16^2-16^2)=-2(x-16)^2+512$

한편 $x>0$이고 $64-2x>0$에서 $0<x<32$이므로 함수 $f(x)$는 $x=16$일 때 최댓값 512를 갖는다.

따라서 바닥의 넓이의 최댓값은 512 m²이다.

서술형

10   ▶ 24639-0183

이차함수 $y=x^2$의 그래프를 x축의 방향으로 $m+3$만큼, y축의 방향으로 2만큼 평행이동한 그래프가 직선 $y=2x+1$과 접할 때, 실수 m의 값을 구하시오.

답 -3

풀이 이차함수 $y=x^2$의 그래프를 x축의 방향으로 $m+3$만큼, y축의 방향으로 2만큼 평행이동하면

$y=\{x-(m+3)\}^2+2$

$y=x^2-2(m+3)x+m^2+6m+11$ ······ ❶

이 이차함수의 그래프가 직선 $y=2x+1$과 접하므로

이차방정식 $x^2-2(m+3)x+m^2+6m+11=2x+1$이 중근을 갖는다.   ······ ❷

즉 이차방정식 $x^2-2(m+4)x+m^2+6m+10=0$의 판별식을 D라 하면

$\dfrac{D}{4}=(m+4)^2-(m^2+6m+10)=2m+6=0$ ······ ❸

따라서 $m=-3$ ······ ❹

채점 기준	배점
❶ 평행이동한 식 세우기	20 %
❷ 이차방정식 세우기	30 %
❸ 판별식이 0임을 이용하여 식 세우기	40 %
❹ m의 값 구하기	10 %

11

▶ 24639-0184

$x \le a$일 때, 이차함수 $f(x) = 2x^2 - 8x + 2a$의 최솟값이 8이 되도록 하는 모든 실수 a의 값의 합을 구하시오.

답 7

풀이 $f(x) = 2x^2 - 8x + 2a = 2(x-2)^2 - 8 + 2a$이므로 이차함수 $y = f(x)$의 그래프는 직선 $x = 2$를 축으로 하고 아래로 볼록한 포물선이다.

(i) $a < 2$일 때

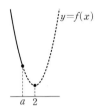

함수 $y = f(x)$의 그래프의 꼭짓점의 x좌표 2는 $x \le a$에 속하지 않으므로 $x = a$에서 최솟값 8을 가진다.
$f(a) = 2a^2 - 8a + 2a = 2a^2 - 6a$에서
$2a^2 - 6a = 8$
$2(a^2 - 3a - 4) = 0$
$(a+1)(a-4) = 0$
$a = -1$ 또는 $a = 4$
$a < 2$이므로 $a = -1$ ...... ❶

(ii) $a \ge 2$일 때

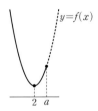

함수 $y = f(x)$의 그래프의 꼭짓점의 x좌표 2는 $x \le a$에 속하므로 $x = 2$에서 최솟값 8을 가진다.
$f(2) = -8 + 2a$에서
$-8 + 2a = 8$
$2a = 16$
$a = 8$ ...... ❷

(i), (ii)에 의하여 모든 실수 a의 값의 합은
$(-1) + 8 = 7$ ...... ❸

채점 기준	배점
❶ $a < 2$일 때 a의 값 구하기	40 %
❷ $a \ge 2$일 때 a의 값 구하기	40 %
❸ 모든 실수 a의 값의 합 구하기	20 %

06 여러 가지 방정식과 부등식

개념 CHECK 본문 65~71쪽

1. 삼차방정식과 사차방정식

1 ▶ 24639-0185

다음 방정식을 푸시오.

(1) $x^3 - 64x = 0$
(2) $x^4 - 6x^2 - 27 = 0$
(3) $x^3 + x^2 - 3x + 1 = 0$

(1) $x^3 - 64x = x(x^2 - 64) = x(x+8)(x-8) = 0$에서
$x = 0$ 또는 $x = \pm 8$
(2) $x^2 = X$라 하면 $X^2 - 6X - 27 = 0$
$(X+3)(X-9) = 0$에서 $X = -3$ 또는 $X = 9$
(i) $x^2 = -3$에서 $x = \pm\sqrt{3}i$
(ii) $x^2 = 9$에서 $x = \pm 3$
(i), (ii)에 의하여
$x = \pm\sqrt{3}i$ 또는 $x = \pm 3$
(3) $f(x) = x^3 + x^2 - 3x + 1$이라 하면
$f(1) = 0$이므로 조립제법을 이용하면

$$
\begin{array}{r|rrrr}
1 & 1 & 1 & -3 & 1 \\
  &   & 1 & 2 & -1 \\
\hline
  & 1 & 2 & -1 & 0 \\
\end{array}
$$

$x^3 + x^2 - 3x + 1 = (x-1)(x^2 + 2x - 1) = 0$
한편 $x^2 + 2x - 1 = 0$에서 $x = -1 \pm \sqrt{2}$이므로
$x = 1$ 또는 $x = -1 \pm \sqrt{2}$

답 (1) $x = 0$ 또는 $x = \pm 8$
(2) $x = \pm\sqrt{3}i$ 또는 $x = \pm 3$
(3) $x = 1$ 또는 $x = -1 \pm \sqrt{2}$

2. 연립이차방정식

2 ▶ 24639-0186

다음 연립이차방정식을 푸시오.

(1) $\begin{cases} x - y = 2 \\ x^2 + y^2 = 10 \end{cases}$

(2) $\begin{cases} x^2 - y^2 = 0 \\ x^2 - xy + 2y^2 = 8 \end{cases}$

(1) $x - y = 2$에서 $y = x - 2$이므로 이를 $x^2 + y^2 = 10$에 대입하면
$x^2 + (x-2)^2 = 10$, $x^2 - 2x - 3 = 0$
$(x+1)(x-3) = 0$이므로 $x = -1$ 또는 $x = 3$
$x = -1$일 때 $y = -3$
$x = 3$일 때 $y = 1$

(2) $x^2-y^2=0$에서 $(x+y)(x-y)=0$이므로

$x=-y$ 또는 $x=y$

(ⅰ) $x=-y$일 때

$x^2-xy+2y^2=8$에 대입하면

$x^2+x^2+2x^2=8$, $x^2=2$, $x=\pm\sqrt{2}$

$x=\sqrt{2}$일 때 $y=-\sqrt{2}$

$x=-\sqrt{2}$일 때 $y=\sqrt{2}$

(ⅱ) $x=y$일 때

$x^2-xy+2y^2=8$에 대입하면

$x^2-x^2+2x^2=8$, $x^2=4$, $x=\pm2$

$x=2$일 때 $y=2$

$x=-2$일 때 $y=-2$

📋 (1) $\begin{cases} x=-1 \\ y=-3 \end{cases}$ 또는 $\begin{cases} x=3 \\ y=1 \end{cases}$

(2) $\begin{cases} x=\sqrt{2} \\ y=-\sqrt{2} \end{cases}$ 또는 $\begin{cases} x=-\sqrt{2} \\ y=\sqrt{2} \end{cases}$ 또는 $\begin{cases} x=2 \\ y=2 \end{cases}$ 또는 $\begin{cases} x=-2 \\ y=-2 \end{cases}$

3. 연립일차부등식

3 ▶ 24639-0187

다음 연립일차부등식을 푸시오.

(1) $\begin{cases} 2x<8 \\ x+3>4 \end{cases}$

(2) $\begin{cases} 3x+7>4 \\ x+4<5 \end{cases}$

(3) $3x+2<2x+5<4x+1$

(1) $2x<8$에서 $x<4$이고

$x+3>4$에서 $x>1$이므로

구하는 연립일차부등식의 해는 $1<x<4$이다.

(2) $3x+7>4$에서 $3x>-3$, $x>-1$이고

$x+4<5$에서 $x<1$이므로

구하는 연립일차부등식의 해는 $-1<x<1$이다.

(3) $3x+2<2x+5$에서 $x<3$이고

$2x+5<4x+1$에서 $2x>4$, $x>2$이므로

구하는 연립일차부등식의 해는 $2<x<3$이다.

📋 (1) $1<x<4$ (2) $-1<x<1$ (3) $2<x<3$

4. 절댓값을 포함한 일차부등식

4 ▶ 24639-0188

다음 부등식을 푸시오.

(1) $|2x+3|\geq1$ (2) $|3x-2|<7$

(1) $2x+3\geq1$ 또는 $2x+3\leq-1$이므로 구하는 부등식의 해는

$x\geq-1$ 또는 $x\leq-2$이다.

(2) $-7<3x-2<7$이므로 $\begin{cases} -7<3x-2 & \cdots\cdots ㉠ \\ 3x-2<7 & \cdots\cdots ㉡ \end{cases}$에서

㉠을 풀면 $3x>-5$, 즉 $x>-\dfrac{5}{3}$

㉡을 풀면 $3x<9$, 즉 $x<3$

㉠, ㉡의 해를 수직선 위에 나타내면 다음과 같다.

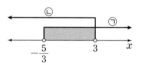

따라서 구하는 부등식의 해는 $-\dfrac{5}{3}<x<3$이다.

📋 (1) $x\leq-2$ 또는 $x\geq-1$ (2) $-\dfrac{5}{3}<x<3$

5 ▶ 24639-0189

부등식 $|x+1|+|x-3|\leq7$을 푸시오.

절댓값 기호 안의 식의 값의 0이 되게 하는 x의 값이 -1과 3이므로 이를 기준으로 하여 x의 값의 범위에 따라 절댓값 기호없이 나타내면 다음과 같다.

$|x+1|=\begin{cases} x+1 & (x\geq-1) \\ -(x+1) & (x<-1) \end{cases}$, $|x-3|=\begin{cases} x-3 & (x\geq3) \\ -(x-3) & (x<3) \end{cases}$

(ⅰ) $x\geq3$일 때

$(x+1)+(x-3)=2x-2$이므로

$2x-2\leq7$, $x\leq\dfrac{9}{2}$

따라서 $3\leq x\leq\dfrac{9}{2}$

(ⅱ) $-1\leq x<3$일 때

$(x+1)-(x-3)=4$에서 $4\leq7$이므로

$-1\leq x<3$일 때 부등식은 항상 성립한다.

(ⅲ) $x<-1$일 때

$-(x+1)-(x-3)=-2x+2$이므로

$-2x+2\leq7$, $x\geq-\dfrac{5}{2}$

따라서 $-\dfrac{5}{2}\leq x<-1$

(ⅰ), (ⅱ), (ⅲ)에 의하여 구하는 부등식의 해는 $-\dfrac{5}{2}\leq x\leq\dfrac{9}{2}$이다.

📋 $-\dfrac{5}{2}\leq x\leq\dfrac{9}{2}$

6 ▶ 24639-0190

다음 이차부등식을 푸시오.

(1) $x^2-2x-3>0$

(2) $x^2+x-6<0$

(3) $2x^2-x-1\leq0$

(4) $-x^2-x+6\leq0$

(1) $x^2-2x-3=(x+1)(x-3)>0$이므로 이차부등식의 해는
$x<-1$ 또는 $x>3$이다.

(2) $x^2+x-6=(x+3)(x-2)<0$이므로 이차부등식의 해는
$-3<x<2$이다.

(3) $2x^2-x-1=(2x+1)(x-1)\leq0$이므로 이차부등식의 해는
$-\dfrac{1}{2}\leq x\leq1$이다.

(4) $-x^2-x+6\leq0$에서
$x^2+x-6=(x+3)(x-2)\geq0$이므로 이차부등식의 해는
$x\leq-3$ 또는 $x\geq2$이다.

답 (1) $x<-1$ 또는 $x>3$ (2) $-3<x<2$

(3) $-\dfrac{1}{2}\leq x\leq1$ (4) $x\leq-3$ 또는 $x\geq2$

7 ▶ 24639-0191

다음 이차부등식을 푸시오.

(1) $x^2-4x+4>0$ (2) $-x^2-2x\leq1$

(3) $x^2+2x+4<0$ (4) $-2x^2+3x-4\geq0$

(1) $x^2-4x+4=(x-2)^2>0$이므로 이차부등식의 해는 $x\neq2$인
모든 실수이다.

(2) $x^2+2x+1\geq0$, 즉 $(x+1)^2\geq0$이므로 이차부등식의 해는 모든
실수이다.

(3) 이차방정식 $x^2+2x+4=0$의 판별식을 D라 하면
$D=2^2-4\times4=-12<0$
이므로 이차함수 $y=x^2+2x+4$의 그래프는 x축과 만나지 않
는다.
따라서 이차부등식의 해는 없다.

(4) $-2x^2+3x-4\geq0$에서 $2x^2-3x+4\leq0$
이차방정식 $2x^2-3x+4=0$의 판별식을 D라 하면
$D=(-3)^2-4\times2\times4=-23<0$
이므로 이차함수 $y=2x^2-3x+4$의 그래프는 x축과 만나지 않
는다.
따라서 이차부등식의 해는 없다.

답 (1) $x\neq2$인 모든 실수 (2) 모든 실수
(3) 해는 없다. (4) 해는 없다.

8 ▶ 24639-0192

다음 연립이차부등식을 푸시오.

(1) $\begin{cases} 2x-1\geq1 \\ x^2-2x<0 \end{cases}$

(2) $\begin{cases} x^2-4\geq0 \\ x^2+x-30<0 \end{cases}$

(1) $2x-1\geq1$에서 $x\geq1$ ...... ㉠
$x^2-2x=x(x-2)<0$에서 $0<x<2$ ...... ㉡

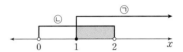

따라서 구하는 연립부등식의 해는 $1\leq x<2$이다.

(2) $x^2-4=(x+2)(x-2)\geq0$에서
$x\leq-2$ 또는 $x\geq2$ ...... ㉠
$x^2+x-30=(x+6)(x-5)<0$에서
$-6<x<5$ ...... ㉡

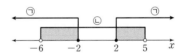

따라서 구하는 연립부등식의 해는
$-6<x\leq-2$ 또는 $2\leq x<5$

답 (1) $1\leq x<2$ (2) $-6<x\leq-2$ 또는 $2\leq x<5$

대표유형 01 조립제법을 이용한 삼차방정식과 사차방정식의 풀이

▶ 24639-0193

사차방정식 $x^4-8x^3+14x^2+8x-15=0$의 서로 다른 실근 중 최댓값을 M, 최솟값을 m이라 할 때, $M-m$의 값을 구하시오.

MD의 한마디!

$f(x)=x^4-8x^3+14x^2+8x-15$라 하면
① $f(a)=0$이 되도록 하는 상수 a의 값을 찾습니다.
② 조립제법을 이용하여 $f(x)=(x-a)g(x)$의 꼴로 인수분해합니다.

MD's Solution

$f(x)=x^4-8x^3+14x^2+8x-15$에서 $f(1)=f(-1)=0$이므로

$$\begin{array}{r|rrrrr} 1 & 1 & -8 & 14 & 8 & -15 \\ & & 1 & -7 & 7 & 15 \\ \hline -1 & 1 & -7 & 7 & 15 & \boxed{0} \\ & & -1 & 8 & -15 & \\ \hline & 1 & -8 & 15 & \boxed{0} \end{array}$$

→ $f(a)=0$이 되게 하는 상수 a의 값은 $\pm\dfrac{(상수항)}{(최고차항의 계수)}$ 의 약수 중에서 찾을 수 있으니 꼭 기억하고 활용하자.

→ 인수를 제대로 찾았다면 이 부분은 반드시 0이 될 거야. 만약 0이 아니라면 조립제법을 다시 해야 해.

즉, 주어진 사차식을 인수분해하면 $f(x)=(x+1)(x-1)(x^2-8x+15)=(x+1)(x-1)(x-3)(x-5)$
따라서 사차방정식 $f(x)=0$에서 서로 다른 실근은 $-1, 1, 3, 5$이므로 $M-m=5-(-1)=6$

답 6

유제

01-1

▶ 24639-0194

삼차방정식 $x^3-6x^2+5x+12=0$의 서로 다른 세 실근을 α, β, γ라 할 때, $\alpha^2+\beta^2+\gamma^2$의 값을 구하시오.

$f(x)=x^3-6x^2+5x+12$라 하면
$f(-1)=0$이므로

$$\begin{array}{r|rrrr} -1 & 1 & -6 & 5 & 12 \\ & & -1 & 7 & -12 \\ \hline & 1 & -7 & 12 & 0 \end{array}$$

$f(x)=(x+1)(x^2-7x+12)=(x+1)(x-3)(x-4)$
이므로 $(x+1)(x-3)(x-4)=0$에서
삼차방정식 $x^3-6x^2+5x+12=0$의 세 실근은 $-1, 3, 4$이다.
따라서 $\alpha^2+\beta^2+\gamma^2=26$

답 26

01-2

▶ 24639-0195

사차방정식 $x^4+2x^3+3x^2-2x-4=0$의 서로 다른 두 허근을 α, β라 할 때, $\dfrac{\beta}{\alpha}+\dfrac{\alpha}{\beta}$의 값은?

① -1 ② -2 ③ -3
④ -4 ⑤ -5

$f(x)=x^4+2x^3+3x^2-2x-4$라 하면
$f(1)=f(-1)=0$이므로

$$\begin{array}{r|rrrrr} 1 & 1 & 2 & 3 & -2 & -4 \\ & & 1 & 3 & 6 & 4 \\ \hline -1 & 1 & 3 & 6 & 4 & 0 \\ & & -1 & -2 & -4 & \\ \hline & 1 & 2 & 4 & 0 \end{array}$$

즉, $f(x)=(x+1)(x-1)(x^2+2x+4)$에서 사차방정식 $x^4+2x^3+3x^2-2x-4=0$의 서로 다른 두 허근은 이차방정식 $x^2+2x+4=0$의 두 허근과 같다.
한편 $\dfrac{\beta}{\alpha}+\dfrac{\alpha}{\beta}=\dfrac{\alpha^2+\beta^2}{\alpha\beta}=\dfrac{(\alpha+\beta)^2-2\alpha\beta}{\alpha\beta}$이고
근과 계수의 관계에 의하여 $\alpha+\beta=-2$, $\alpha\beta=4$이므로
$\dfrac{(\alpha+\beta)^2-2\alpha\beta}{\alpha\beta}=\dfrac{(-2)^2-2\times4}{4}=-1$

답 ①

대표유형 02 | **치환을 이용한 사차방정식의 풀이** ▸ 24639-0196

사차방정식 $(x^2+2x-2)(x^2+2x-9)+6=0$의 모든 음의 실근의 곱을 a, 모든 양의 실근의 합을 b라 할 때, $a+b$의 값을 구하시오.

MD의 한마디!

① $x^2+2x=X$라 하면 주어진 식은 X에 대한 이차방정식이 됩니다.
② ①에서 얻은 이차방정식을 풀어서 X의 값을 먼저 구한 후 다시 x의 값을 구합니다.

MD's Solution

→ 방정식이 복잡할 때에는 반복해서 등장하는 부분을 (치환)하여 간단하게 정리하는 게 편해.

$x^2+2x=X$라 하면

$(X-2)(X-9)+6=0$, $X^2-11X+24=0$, $(X-3)(X-8)=0$에서

$X=3$ 또는 $X=8$ → 구하는 실근은 X의 값이 아니고 x의 값임에 주의하자! 이때 X와 x 사이의 관계를 이용해서 다시 방정식을 풀어야 함을 잊지 않도록 하자.

(i) $X=3$일 때

$x^2+2x=3$에서 $x^2+2x-3=0$, $(x+3)(x-1)=0$이므로

$x=-3$ 또는 $x=1$

(ii) $X=8$일 때

$x^2+2x=8$에서 $x^2+2x-8=0$, $(x+4)(x-2)=0$이므로

$x=-4$ 또는 $x=2$

(i), (ii)에 의하여 $a=(-3)\times(-4)=12$, $b=1+2=3$

따라서 $a+b=12+3=15$

답 15

유제

02-1 ▸ 24639-0197

사차방정식 $x^4-3x^2-4=0$의 모든 실근의 합을 구하시오.

$x^2=X$라 하면 주어진 방정식은

$X^2-3X-4=0$, $(X+1)(X-4)=0$

$X=-1$ 또는 $X=4$

이때 $x^2=-1$을 만족시키는 실수 x는 존재하지 않는다.

또한, $x^2=4$에서 $x=2$ 또는 $x=-2$이므로 주어진 방정식의 모든 실근의 합은

$2+(-2)=0$

답 0

02-2 ▸ 24639-0198

사차방정식 $(x^2-x)^2+3(x^2-x)-18=0$의 모든 실근의 합을 구하시오.

$x^2-x=X$라 하면

$X^2+3X-18=0$, $(X+6)(X-3)=0$에서

$X=-6$ 또는 $X=3$

(i) $X=-6$일 때

$x^2-x=-6$, $x^2-x+6=0$에서

$D=(-1)^2-4\times1\times6=-23<0$이므로

이차방정식 $x^2-x+6=0$은 실근이 존재하지 않는다.

(ii) $X=3$일 때

$x^2-x=3$, $x^2-x-3=0$에서

$D=(-1)^2-4\times1\times(-3)=13>0$이므로

이차방정식 $x^2-x-3=0$은 서로 다른 두 실근이 존재하고 근과 계수의 관계에 의하여 그 합은 1이다.

(i), (ii)에 의하여 사차방정식의 모든 실근의 합은 1이다.

답 1

대표유형 03 삼차방정식 $x^3=1$의 한 허근의 성질

▶ 24639-0199

삼차방정식 $x^3=1$의 한 허근을 ω라고 할 때,

$$\frac{\omega^2}{\omega+1}+\frac{\omega^4}{\omega^2+1}+\frac{\omega^6}{\omega^3+1}+\frac{\omega^8}{\omega^4+1}+\frac{\omega^{10}}{\omega^5+1}+\frac{\omega^{12}}{\omega^6+1}$$

의 값을 구하시오.

MD의 한마디!

방정식 $x^3=1$의 한 허근이 ω이므로
① $\omega^3=1$
② $x^3-1=(x-1)(x^2+x+1)=0$이고 ω는 허수이므로 $\omega^2+\omega+1=0$이 성립합니다.

MD's Solution

삼차방정식 $x^3=1$의 한 허근이 ω이므로 $\omega^3=1$, $\omega^2+\omega+1=0$
↳ ω는 허수이므로 $\omega=1$은 될 수 없어.
이를 이용하여 주어진 식을 정리하면

$$\frac{\omega^2}{\omega+1}+\frac{\omega^4}{\omega^2+1}+\frac{\omega^6}{\omega^3+1}+\frac{\omega^8}{\omega^4+1}+\frac{\omega^{10}}{\omega^5+1}+\frac{\omega^{12}}{\omega^6+1}$$

→ $\omega^3=1$이므로 $\omega^4=\omega\times\omega\times\omega\times\omega=\omega^3\times\omega=\omega$와 같이 계산할 수 있어.

$$=\frac{\omega^2}{\omega+1}+\frac{\omega}{\omega^2+1}+\frac{1}{2}+\frac{\omega^2}{\omega+1}+\frac{\omega}{\omega^2+1}+\frac{1}{2}$$

$$=\frac{2\omega^2}{\omega+1}+\frac{2\omega}{\omega^2+1}+1$$

$\omega^2=-\omega-1$, $\omega=-\omega^2-1$이므로 → $\omega^2+\omega+1=0$에서 ω의 값을 구할 수도 있지만 식을 간단히 하기 위해서는 <u>관계식을 아는 것이 더 중요</u>해.

$$=\frac{2\omega^2}{\omega+1}+\frac{2\omega}{\omega^2+1}+1=\frac{-2(\omega+1)}{\omega+1}+\frac{-2(\omega^2+1)}{\omega^2+1}+1=-3$$

답 -3

유제

03-1

▶ 24639-0200

삼차방정식 $x^3=1$의 한 허근을 ω라 할 때, $\omega^4+\dfrac{1}{\omega^4}$의 값을 구하시오.

$\omega^3=1$, $\omega^2+\omega+1=0$이고
$\omega^4=\omega\times\omega\times\omega\times\omega=\omega^3\times\omega=\omega$이므로
$$\omega^4+\frac{1}{\omega^4}=\omega+\frac{1}{\omega}=\frac{\omega^2+1}{\omega}=\frac{-\omega}{\omega}=-1$$

답 -1

03-2

▶ 24639-0201

삼차방정식 $x^3=1$의 한 허근을 ω라 할 때,
$$(\omega+\omega^3+\omega^5+\omega^7+\omega^9+\omega^{11})$$
$$+\{\bar{\omega}+(\bar{\omega})^2+(\bar{\omega})^3+(\bar{\omega})^4+(\bar{\omega})^5+(\bar{\omega})^6\}$$
의 값을 구하시오. (단, $\bar{\omega}$는 ω의 켤레복소수이다.)

방정식 $x^3=1$의 한 허근이 ω이므로 $\omega^3=1$, $\omega^2+\omega+1=0$이고, $\bar{\omega}$도 이차방정식 $x^2+x+1=0$의 근이므로 근과 계수의 관계에 의하여
$\omega+\bar{\omega}=-1$, 즉 $\bar{\omega}=-\omega-1=\omega^2$
한편 $\omega^5=(\omega\times\omega\times\omega)\times(\omega\times\omega)=\omega^3\times\omega^2=\omega^2$이고
같은 방법으로 $\omega^7=\omega$, $\omega^9=1$, $\omega^{11}=\omega^2$
따라서
$$(\omega+\omega^3+\omega^5+\omega^7+\omega^9+\omega^{11})$$
$$+\{\bar{\omega}+(\bar{\omega})^2+(\bar{\omega})^3+(\bar{\omega})^4+(\bar{\omega})^5+(\bar{\omega})^6\}$$
$$=(\omega+1+\omega^2+\omega+1+\omega^2)+(\omega^2+\omega+1+\omega^2+\omega+1)$$
$$=4(\omega^2+\omega+1)=0$$

답 0

x, y에 대한 두 연립방정식 $\begin{cases} x-y=2 \\ ax^2+y=3, \end{cases}$ $\begin{cases} -2x+by=4 \\ x^2-y^2=12 \end{cases}$ 를 모두 만족시키는 해가 존재할 때, 두 상수 a, b에 대하여 $\dfrac{b}{a}$의 값을 구하시오.

MD의 한마디!

일차방정식과 이차방정식으로 이루어진 연립이차방정식은 다음과 같은 순서로 풉니다.
① 일차방정식을 한 문자에 대하여 정리합니다.
② ①에서 얻은 식을 이차방정식에 대입하여 풉니다.

MD's Solution

x, y에 대한 두 연립방정식 $\begin{cases} x-y=2 \\ x^2=y=3, \end{cases}$ $\begin{cases} -2x+by=4 \\ x^2-y^2=12 \end{cases}$ 를 모두 만족시키는 해가 존재하므로 그 해는 연립방정식

$\begin{cases} x-y=2 & \cdots\cdots ㉠ \\ x^2-y^2=12 & \cdots\cdots ㉡ \end{cases}$ 의 해이다.

→ 두 연립방정식을 모두 만족시키는 값은 네 개의 식을 모두 만족시키는 값이라는 뜻이야. 해를 구할 수 있도록 식을 선택해서 세운 연립방정식을 풀어야 해.

㉠에서 $y=x-2$를 ㉡에 대입하면 $x^2-(x-2)^2=12$, $4x-4=12$, $x=4$

→ 일차식과 이차식으로 된 연립방정식은 일차식을 이차식에 대입하여 문자를 소거하자.

이를 ㉠에 대입하면 $y=2$

$x=4$, $y=2$를 $ax^2+y=3$, $-2x+by=4$에 대입하면

$a\times4^2+2=3$에서 $16a=1$, $a=\dfrac{1}{16}$이고 $-2\times4+b\times2=4$에서 $2b=12$, $b=6$

따라서 $\dfrac{b}{a}=16\times6=96$ → $a=\dfrac{1}{16}$이므로 $\dfrac{1}{a}=16$이야.

답 96

유제

04-1 ▶ 24639-0203

x, y에 대한 연립방정식 $\begin{cases} 2x-y=1 \\ x^2-y^2=-5 \end{cases}$의 해를 $x=\alpha$, $y=\beta$라 할 때, $\alpha+\beta$의 최댓값은?

① 1   ② 2   ③ 3
④ 4   ⑤ 5

주어진 연립방정식 $\begin{cases} 2x-y=1 & \cdots\cdots ㉠ \\ x^2-y^2=-5 & \cdots\cdots ㉡ \end{cases}$에서

㉠에서 $y=2x-1$을 ㉡에 대입하면
$x^2-(2x-1)^2=-5$, $3x^2-4x-4=0$
$(3x+2)(x-2)=0$이므로 $x=-\dfrac{2}{3}$ 또는 $x=2$

(i) $x=-\dfrac{2}{3}$일 때 $y=2\times\left(-\dfrac{2}{3}\right)-1=-\dfrac{7}{3}$이므로
$\alpha=-\dfrac{2}{3}$, $\beta=-\dfrac{7}{3}$

(ii) $x=2$일 때 $y=2\times2-1=3$이므로 $\alpha=2$, $\beta=3$

(i), (ii)에 의하여 $\alpha+\beta$의 최댓값은 5이다. **답 ⑤**

04-2 ▶ 24639-0204

x, y에 대한 연립방정식 $\begin{cases} kx-y=5 \\ x^2-2y=6 \end{cases}$이 오직 한 쌍의 해 $x=\alpha$, $y=\beta$를 가질 때, $\alpha+\beta+k$의 값을 구하시오. (단, $k>0$)

주어진 연립방정식 $\begin{cases} kx-y=5 & \cdots\cdots ㉠ \\ x^2-2y=6 & \cdots\cdots ㉡ \end{cases}$

㉠에서 $y=kx-5$를 ㉡에 대입하면
$x^2-2(kx-5)=6$, $x^2-2kx+4=0$
이 이차방정식은 중근을 가지므로 판별식을 D라 하면
$\dfrac{D}{4}=(-k)^2-4=0$이고 $k>0$이므로 $k=2$
즉, $x^2-4x+4=0$이고 $(x-2)^2=0$이므로 $x=2$
㉠에 대입하면 $2\times2-y=5$에서 $y=-1$
따라서 $\alpha=2$, $\beta=-1$, $k=2$이므로
$\alpha+\beta+k=2+(-1)+2=3$

답 3

대표유형 05 두 이차방정식으로 이루어진 연립이차방정식 ▸ 24639-0205

연립방정식 $\begin{cases} 4x^2 - y^2 = 0 & \cdots\cdots ㉠ \\ x^2 - y = -1 & \cdots\cdots ㉡ \end{cases}$ 의 해를 $x = \alpha$, $y = \beta$라 할 때, $\alpha^2 + \beta^2$의 값을 구하시오.

MD의 한마디! 두 이차방정식으로 이루어진 연립이차방정식은 다음과 같은 순서로 풉니다.
① 하나의 이차방정식을 인수분해하여 두 일차방정식을 얻은 뒤,
② ①에서 얻은 일차방정식을 다른 이차방정식에 각각 대입하여 풉니다.

MD's Solution

→ 두 이차방정식으로 이루어진 연립이차방정식은 인수분해가 되는 이차방정식을 먼저 간단히 하면 문제를 해결할 수 있어.

㉠의 좌변을 인수분해하면

→ 이 경우는 일차방정식과 이차방정식으로 이루어진 연립이차방정식의 풀이 방법을 이용하면 돼.

$(2x+y)(2x-y)=0$에서 $2x+y=0$ 또는 $2x-y=0$

(i) $2x+y=0$일 때, 한 문자에 대하여 정리하면 $y=-2x$이고 이를 이차방정식 ㉡에 대입하면

$x^2-(-2x)=-1$, $x^2+2x+1=0$, $(x+1)^2=0$이므로 $x=-1$

$x=-1$을 $y=-2x$에 대입하면 $y=2$

(ii) $2x-y=0$일 때, 한 문자에 대하여 정리하면 $y=2x$이고 이를 이차방정식 ㉡에 대입하면

$x^2-2x=-1$, $x^2-2x+1=0$, $(x-1)^2=0$이므로 $x=1$

$x=1$을 $y=2x$에 대입하면 $y=2$

(i), (ii)에 의하여 구하는 연립방정식의 해는 $\begin{cases} x=-1 \\ y=2 \end{cases}$ 또는 $\begin{cases} x=1 \\ y=2 \end{cases}$ 이므로 $\alpha^2+\beta^2=5$

답 5

유제

05-1 ▸ 24639-0206

연립방정식 $\begin{cases} x^2 - 3xy + 2y^2 = 0 & \cdots\cdots ㉠ \\ x^2 - 3y^2 = 4 & \cdots\cdots ㉡ \end{cases}$ 의 해를 $x = \alpha$, $y = \beta$라 할 때, $\alpha + \beta$의 값을 구하시오. (단, $\alpha > 0$, $\beta > 0$)

㉠의 좌변을 인수분해하면 $(x-y)(x-2y)=0$이므로
$x=y$ 또는 $x=2y$

(i) $x=y$를 ㉡에 대입하면 $y^2=-2$이고, 조건을 만족시키는 실수 y는 존재하지 않는다.

(ii) $x=2y$를 ㉡에 대입하면 $y^2=4$이므로 $y=\pm 2$
$y=2$일 때 $x=4$, $y=-2$일 때 $x=-4$

(i), (ii)에 의하여 연립방정식의 해는 $\begin{cases} x=4 \\ y=2 \end{cases}$ 또는 $\begin{cases} x=-4 \\ y=-2 \end{cases}$

$\alpha > 0$, $\beta > 0$이므로 $\alpha = 4$, $\beta = 2$
따라서 $\alpha + \beta = 4 + 2 = 6$

답 6

05-2 ▸ 24639-0207

연립방정식 $\begin{cases} 2x^2 - 5xy + 2y^2 = 0 & \cdots\cdots ㉠ \\ 2x^2 - xy + y^2 = 16 & \cdots\cdots ㉡ \end{cases}$ 의 해 중에서 x, y가 모두 정수인 해를 $x = \alpha$, $y = \beta$라 할 때, $\alpha + \beta$의 최댓값은?

① -6 ② -2 ③ 2
④ 6 ⑤ 10

㉠의 좌변을 인수분해하면 $(2x-y)(x-2y)=0$이므로
$2x=y$ 또는 $x=2y$

(i) $y=2x$를 ㉡에 대입하면
$2x^2 - x \times 2x + (2x)^2 = 16$, $4x^2 = 16$, $x = \pm 2$
따라서 $x=2$일 때 $y=4$, $x=-2$일 때 $y=-4$

(ii) $x=2y$를 ㉡에 대입하면
$2 \times (2y)^2 - 2y \times y + y^2 = 16$, $7y^2 = 16$, $y = \pm \dfrac{4}{\sqrt{7}}$
이므로 x, y가 모두 정수인 해라는 조건에 모순이다.

따라서 연립방정식의 정수인 해는 $\begin{cases} x=2 \\ y=4 \end{cases}$ 또는 $\begin{cases} x=-2 \\ y=-4 \end{cases}$이므로

$\alpha + \beta$의 최댓값은 6이다.

답 ④

대표유형 06 연립일차부등식(1)

▶ 24639-0208

연립부등식 $\begin{cases} 2x < 12-x & \cdots\cdots ㉠ \\ -x+4 \le x+6 & \cdots\cdots ㉡ \end{cases}$ 을 만족시키는 모든 정수 x의 값의 합을 구하시오.

MD의 한마디!

연립일차부등식은 다음과 같은 순서로 풉니다.
① 각각의 일차부등식의 해를 구한 뒤,
② ①에서 구한 해를 수직선 위에 나타내어 공통부분을 구합니다.

MD's Solution

㉠을 풀면 $3x < 12$ 이므로 이 일차부등식의 해는 $x < 4$ 이다.
㉡을 풀면 $-2x \le 2$ 이므로 이 일차부등식의 해는 $x \ge -1$ 이다.
↳ 해를 구할 때 음수로 나누어야 하니까 부등호의 방향에 주의해야 해.★

㉠, ㉡의 해를 수직선 위에 나타내면 다음과 같다.

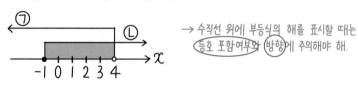

→ 수직선 위에 부등식의 해를 표시할 때는 등호 포함여부와 방향에 주의해야 해.

따라서 주어진 연립부등식의 해는 $-1 \le x < 4$ 이므로 정수 x는 $-1, 0, 1, 2, 3$으로
↳ 수직선 위에 나타낸 해의 공통부분을 찾으면 돼.
구하는 x의 값의 합은 $-1+0+1+2+3=5$

답 5

유제

06-1

▶ 24639-0209

연립부등식 $\begin{cases} 3x > x-6 & \cdots\cdots ㉠ \\ x+1 \le -x+11 & \cdots\cdots ㉡ \end{cases}$ 의 해가 $a < x \le b$
일 때, $a+b$의 값은?

① 1   ② 2   ③ 3

④ 4   ⑤ 5

㉠을 풀면 $2x > -6$이므로 이 일차부등식의 해는 $x > -3$이다.
㉡을 풀면 $2x \le 10$이므로 이 일차부등식의 해는 $x \le 5$이다.
㉠, ㉡의 해를 수직선 위에 나타내면 다음과 같다.

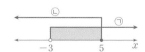

즉, 주어진 연립부등식의 해는 $-3 < x \le 5$이므로 $a=-3$, $b=5$
따라서 $a+b=2$

답 ②

06-2

▶ 24639-0210

연립부등식 $\begin{cases} -x+5 \ge 2x-4 \\ 4x-a \le x+9 \end{cases}$ 의 해가 $x \le 2$일 때, 상수 a의 값
은?

① -1 ② -2 ③ -3

④ -4 ⑤ -5

$-x+5 \ge 2x-4$에서 $3x \le 9$, $x \le 3$이고

$4x-a \le x+9$에서 $3x \le a+9$, $x \le \dfrac{a+9}{3}$이므로

두 일차부등식의 해는

$\dfrac{a+9}{3} < 3$일 때, $x \le \dfrac{a+9}{3}$이고, $\dfrac{a+9}{3} \ge 3$일 때 $x \le 3$

연립부등식의 해가 $x \le 2$이기 위해서는 $\dfrac{a+9}{3}=2$가 되어야 한다.

따라서 $\dfrac{a+9}{3}=2$에서 $a=2 \times 3-9=-3$

답 ③

대표유형 07 연립일차부등식(2)

▶ 24639-0211

연립부등식 $4x-6<3x+2\leq5x-4$를 만족시키는 정수 x의 최댓값을 M, 최솟값을 m이라 할 때, $M+m$의 값을 구하시오.

MD의 한마디! $A<B<C$ 꼴의 연립부등식은 $\begin{cases} A<B \\ B<C \end{cases}$와 같이 두 개의 일차부등식으로 고친 후 연립일차부등식의 해를 구합니다.

MD's Solution

연립부등식 $4x-6<3x+2\leq5x-4$를 두 개의 일차부등식으로 나타내면

$\begin{cases} 4x-6<3x+2 & \cdots\cdots \text{㉠} \\ 3x+2\leq5x-4 & \cdots\cdots \text{㉡} \end{cases}$ → 두 개의 연립일차부등식으로 나누어서 풀어야 함을 기억하자.

㉠을 풀면 $x<8$

㉡을 풀면 $-2x\leq-6$, $x\geq3$

㉠, ㉡의 해를 수직선에 나타내면 오른쪽과 같다. → 연립부등식의 해는 두 일차부등식의 해에서 공통부분이야.

즉, 연립부등식의 해는 $3\leq x<8$에서 $M=7$, $m=3$

따라서 $M+m=10$ → 정수의 최댓값 또는 최솟값을 찾을 때 등호가 포함되어 있는지를 꼼꼼히 살펴야 해.

답 10

유제

07-1 ▶ 24639-0212

연립부등식 $\dfrac{3}{10}x-\dfrac{1}{2}<\dfrac{1}{2}x+\dfrac{9}{10}\leq\dfrac{1}{10}x+\dfrac{5}{2}$를 만족시키는 정수 x의 최댓값은?

① 1 ② 2 ③ 3
④ 4 ⑤ 5

연립부등식 $\dfrac{3}{10}x-\dfrac{1}{2}<\dfrac{1}{2}x+\dfrac{9}{10}\leq\dfrac{1}{10}x+\dfrac{5}{2}$를 두 개의 일차부등식으로 나타내면

$\begin{cases} \dfrac{3}{10}x-\dfrac{1}{2}<\dfrac{1}{2}x+\dfrac{9}{10} & \cdots\cdots \text{㉠} \\ \dfrac{1}{2}x+\dfrac{9}{10}\leq\dfrac{1}{10}x+\dfrac{5}{2} & \cdots\cdots \text{㉡} \end{cases}$

㉠을 풀면 $-\dfrac{1}{5}x<\dfrac{7}{5}$, $x>-7$, ㉡을 풀면 $\dfrac{2}{5}x\leq\dfrac{8}{5}$, $x\leq4$

㉠, ㉡의 해를 수직선에 나타내면 다음과 같다.

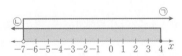

따라서 연립부등식의 해는 $-7<x\leq4$이므로 부등식을 만족시키는 정수 x의 최댓값은 4이다.

답 ④

07-2 ▶ 24639-0213

연립부등식 $2x+a\leq-3x+3a<4x+5a$를 만족시키는 정수 x의 개수가 4가 되도록 하는 모든 자연수 a의 값의 합을 구하시오.

$2x+a\leq-3x+3a<4x+5a$를 두 일차부등식으로 나타내면

$\begin{cases} 2x+a\leq-3x+3a & \cdots\cdots \text{㉠} \\ -3x+3a<4x+5a & \cdots\cdots \text{㉡} \end{cases}$

㉠을 풀면 $5x\leq2a$이므로 이 일차부등식의 해는 $x\leq\dfrac{2}{5}a$이다.

㉡을 풀면 $-7x<2a$이므로 이 일차부등식의 해는 $x>-\dfrac{2}{7}a$이다.

따라서 연립부등식의 해는 $-\dfrac{2}{7}a<x\leq\dfrac{2}{5}a$

a는 자연수이므로 부등식을 만족시키는 정수의 개수가 4가 되도록 ㉠, ㉡의 해를 수직선 위에 나타내면 오른쪽과 같다.

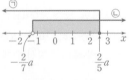

$-2\leq-\dfrac{2}{7}a\leq-1$에서 $\dfrac{7}{2}\leq a\leq7$ $\cdots\cdots$ ㉢

$2\leq\dfrac{2}{5}a<3$에서 $5\leq a<\dfrac{15}{2}$ $\cdots\cdots$ ㉣

㉢, ㉣을 동시에 만족시키는 자연수 a의 범위는 $5\leq a\leq7$이다.

따라서 조건을 만족시키는 자연수 a의 값은 5, 6, 7이므로 그 합은 18이다.

답 18

부등식 $|x+1|+|x-3|\leq6$을 만족시키는 정수 x의 개수를 구하시오.

MD의 한마디!

절댓값 기호를 없애기 위해
① 절댓값 기호 안의 식의 값이 0 이상인 경우와 0 미만인 경우로 나눈 뒤,
② 각 경우의 x의 값의 범위로 구간을 나누어서 부등식의 해를 구합니다.

MD's Solution

절댓값 기호 안의 식의 값이 0이 되는 x의 값이 -1과 3이므로 x의 값의 범위에 따라 절댓값 기호없이 나타내면 다음과 같다.

$$|x+1|\begin{cases} x+1 & (x\geq-1) \\ -(x+1) & (x<-1) \end{cases}, \quad |x-3|\begin{cases} x-3 & (x\geq3) \\ -(x-3) & (x<3) \end{cases}$$

→ -1과 3을 기준으로 세 구간으로 나누면 절댓값 기호를 없앨 수 있어.

(i) $x<-1$일 때, $|x+1|=-(x+1)$, $|x-3|=-(x-3)$ 이므로
$-(x+1)-(x-3)\leq6$ 에서 $-2x\leq4$, $x\geq-2$
이때 $x<-1$ 이므로 $-2\leq x<-1$ 이다.

(ii) $-1\leq x<3$일 때, $|x+1|=x+1$, $|x-3|=-(x-3)$ 이므로
$(x+1)-(x-3)\leq6$, $4\leq6$ 이고 → 항상 성립하므로 $-1\leq x<3$인 x에 대해서는 x의 값에 관계없이 성립한다는 뜻이야.
x의 값에 관계없이 항상 성립한다.

(iii) $x\geq3$일 때, $|x+1|=x+1$, $|x-3|=x-3$ 이므로
$(x+1)+(x-3)\leq6$, $2x\leq8$, $x\leq4$
이때 $x\geq3$이므로 $3\leq x\leq4$ 이다.

→ (i), (ii), (iii)에 해당되는 모든 x의 값의 범위가 주어진 부등식을 만족시키므로 부등식의 해가 돼.

(i), (ii), (iii)에 의하여 부등식의 해는 $-2\leq x\leq4$이므로 구하는 정수 x는 $-2, -1, 0, 1, 2, 3, 4$로 그 개수는 7이다.

답 7

유제

08-1　▶ 24639-0215

x에 대한 부등식 $|x-4|\leq a$를 만족시키는 정수 x의 개수가 11이 되도록 하는 자연수 a의 값을 구하시오.

$|x-4|\leq a$에서 $-a\leq x-4\leq a$
$4-a\leq x\leq4+a$
이 부등식을 만족시키는 정수 x의 개수는 11이므로
$(4+a)-(4-a)+1=11$, $2a=10$
따라서 $a=5$

답 5

08-2　▶ 24639-0216

부등식 $|x+6|-|3x|>0$을 만족시키는 모든 정수 x의 값들의 합을 구하시오.

(i) $x<-6$일 때, $-(x+6)-\{-(3x)\}>0$, $x>3$이고, 조건을 만족시키는 x의 값은 없다.

(ii) $-6\leq x<0$일 때, $(x+6)-\{-(3x)\}>0$, $x>-\dfrac{3}{2}$이므로
$-\dfrac{3}{2}<x<0$이다.

(iii) $x\geq0$일 때, $(x+6)-(3x)>0$, $x<3$이고, $0\leq x<3$이다.

(i), (ii), (iii)에 의하여 부등식의 해는
$-\dfrac{3}{2}<x<3$이고, 구하는 정수 x는 $-1, 0, 1, 2$로 그 합은
$-1+0+1+2=2$

답 2

▶ 24639-0217

대표유형 **09** 이차부등식의 풀이

이차방정식 $ax^2+bx+c=0$의 두 근이 1, 5일 때, 이차부등식 $ax^2+cx+b<0$의 해가 $\alpha<x<\beta$이다. $\beta-\alpha$의 값을 구하시오. (단, a는 0이 아닌 상수이고, b, c는 상수이다.)

MD의 한마디!

이차방정식 $ax^2+bx+c=0$의 두 근이 1, 5임을 이용하여 b, c를 a로 나타낸 후 이차부등식 $ax^2+cx+b<0$을 풉니다.

MD's Solution

→ 표현은 다르지만 같은 의미이기 때문에 상호간에 잘 사용할 수 있어야 해.

이차방정식 $ax^2+bx+c=0$의 두 실근이 1, 5이므로

$f(x)=ax^2+bx+c$라 하면 $f(1)=f(5)=0$이다.

즉, $f(x)=a(x-1)(x-5)=ax^2-6ax+5a$에서 $b=-6a$, $c=5a$

→ $f(1)=f(5)=0$이므로 인수정리에 의해서 다항식 $f(x)$는 $x-1$, $x-5$를 모두 인수로 가짐을 알 수 있어.

이를 이차부등식 $ax^2+cx+b<0$에 대입하면

$ax^2+5ax-6a<0$, $a(x^2+5x-6)<0$

(i) $a<0$일 때 이차부등식 $a(x^2+5x-6)<0$의 양변을 a로 나누면

$x^2+5x-6>0$, $(x+6)(x-1)>0$에서 해가 $x<-6$ 또는 $x>1$이므로 주어진 조건을 만족시키지 않는다.

→ 조건에서 주어진 해의 형태와 비교하면 모순임을 알 수 있지.

(ii) $a>0$일 때 이차부등식 $a(x^2+5x-6)<0$의 양변을 a로 나누면

$x^2+5x-6<0$, $(x+6)(x-1)<0$에서 $-6<x<1$이다.

(i), (ii)에 의하여 $\alpha=-6$, $\beta=1$이므로

$\beta-\alpha=1-(-6)=7$

답 7

유제

09-1

▶ 24639-0218

이차부등식 $x^2-2x-1<0$의 해가 $a<x<b$일 때, a^2+b^2의 값은?

① 2   ② 3   ③ 4

④ 5   ⑤ 6

이차방정식 $x^2-2x-1=0$의 해를 근의 공식을 이용하여 구하면

$x=1\pm\sqrt{(-1)^2-1\times(-1)}=1\pm\sqrt{2}$

따라서 주어진 이차부등식의 해는 $1-\sqrt{2}<x<1+\sqrt{2}$이고

$a=1-\sqrt{2}$, $b=1+\sqrt{2}$이므로

$a^2+b^2=(1-\sqrt{2})^2+(1+\sqrt{2})^2=(3-2\sqrt{2})+(3+2\sqrt{2})=6$

답 ⑤

[다른 풀이]

이차방정식 $x^2-2x-1=0$의 해가 a, b이므로 근과 계수의 관계에 의하여 $a+b=2$, $ab=-1$

따라서 $a^2+b^2=(a+b)^2-2ab=2^2-2\times(-1)=6$

09-2

▶ 24639-0219

이차부등식 $x^2+(a-1)x-a<0$을 만족시키는 정수 x의 개수가 4가 되도록 하는 자연수 a의 값은?

① 4   ② 6   ③ 8

④ 10   ⑤ 12

$x^2+(a-1)x-a=(x+a)(x-1)$이므로

$(x+a)(x-1)=0$에서 $x=-a$ 또는 $x=1$

이차부등식 $x^2+(a-1)x-a<0$의 해는

a가 자연수이므로 $-a<x<1$이고 이를 만족시키는 정수 x의 개수가 4이므로 $-a=-4$에서 $a=4$

답 ①

두 실수 a, b에 대하여 부등식 $ax^2+bx+a^2<0$의 해가 $1<x<3$일 때, $a+b$의 값을 구하시오.

MD의 한마디!

a, b의 값을 구하기 위해

① $a=0$일 때, 주어진 부등식의 해를 구하고,

② $a>0$일 때, 해가 $1<x<3$이고, x^2의 계수가 a인 이차부등식은 $a(x-1)(x-3)<0$임을 이용합니다.

MD's Solution

(i) $a=0$이면 → $a=0$이면 이차부등식이 아니므로 <u>$a=0$과 $a\neq0$인 경우로 나누어야 해.</u> ★

　　$bx<0$이므로 주어진 부등식의 해가 $1<x<3$이 되도록 하는 실수 b는 존재하지 않는다.

(ii) $a>0$이면

　　해가 $1<x<3$이고 x^2의 계수가 a인 이차부등식은

　　$a(x-1)(x-3)<0$, 즉 $ax^2-4ax+3a<0$

　　이 이차부등식이 $ax^2+bx+a^2<0$과 같으므로

　　$b=-4a$, $a^2=3a$

　　이때 $a^2-3a=a(a-3)=0$에서 $a\neq0$이므로 $a=3$

　　$b=-4a=-4\times3=-12$

　　(i), (ii)에 의하여 $a+b=3+(-12)=-9$

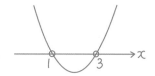

그림과 같이 이차함수 $y=3(x-1)(x-3)$의 그래프가 그려져야 해.

[참고] $a<0$이면 이차부등식 $ax^2+bx+a^2<0$의 양변을 a로 나누었을 때 $x^2+\dfrac{b}{a}x+a>0$이 되어

　　　 해가 $1<x<3$이 될 수 없다.

답 -9

유제

10-1

▸ 24639-0221

이차부등식 $x^2-4x-a>0$의 해가 $x<-1$ 또는 $x>b$일 때, 두 실수 a, b에 대하여 $a+b$의 값을 구하시오. (단, $b>-1$)

해가 $x<-1$ 또는 $x>b$이고, x^2의 계수가 1인 이차부등식은

$(x+1)(x-b)>0$, 즉 $x^2+(1-b)x-b>0$

이 이차부등식이 $x^2-4x-a>0$과 같으므로

$1-b=-4$, $-b=-a$

따라서 $a=5$, $b=5$이므로

$a+b=10$

답 10

10-2

▸ 24639-0222

이차함수 $f(x)$에 대하여 이차부등식 $f(x)\leq0$의 해가 $x=2$뿐이다. $f(0)=8$일 때, $f(5)$의 값을 구하시오.

이차함수 $f(x)=ax^2+bx+c$라 하자.

이차부등식 $ax^2+bx+c\leq0$의 해가 $x=2$뿐이므로 $a>0$이고 이차함수 $y=f(x)$의 그래프는 x축과 한 점 $(2, 0)$에서 접한다.

즉 $f(x)=a(x-2)^2$이고

$f(0)=a\times(-2)^2=4a=8$에서 $a=2$

따라서 $f(x)=2(x-2)^2$이므로

$f(5)=2\times3^2=18$

답 18

대표유형 **11** 항상 성립하는 이차부등식 ▸ 24639-0223

모든 실수 x에 대하여 부등식 $ax^2+2(a-4)x-3a+12\geq0$이 성립하도록 하는 정수 a의 개수를 구하시오.

MD의 한마디!

조건을 만족시키는 a의 값의 범위를 구하기 위해
① $a=0$일 때, 주어진 부등식의 해를 구하고,
② $a\neq0$일 때, 이차방정식 $ax^2+2(a-4)x-3a+12=0$의 판별식을 D라 하면 주어진 이차부등식이 모든 실수 x에 대하여 항상 성립할 조건은 $a>0$이고 $D\leq0$임을 이용합니다.

MD's Solution

(ⅰ) $a=0$일 때,
$-8x+12\geq0$, 즉 $x\leq\frac{3}{2}$이므로 모든 실수 x에 대하여 항상 성립하는 것은 아니다.

(ⅱ) $a\neq0$일 때,
이차방정식 $ax^2+2(a-4)x-3a+12=0$의 판별식을 D라 하면
　┗→ 판별식을 이용하려면 주어진 방정식이 이차방정식이어야 하므로 a의 값이 0이면 안돼.
$a>0$이고, $D\leq0$일 때 이차부등식 $ax^2+2(a-4)x-3a+12\geq0$이 항상 성립한다.
　┗→ 판별식의 부호에 따라 이차함수의 그래프와 x축의 위치 관계가 결정된다는 점에 주의해야 해.

$\frac{D}{4}=(a-4)^2-a(-3a+12)\leq0$, $4a^2-20a+16\leq0$, $(a-1)(a-4)\leq0$
이므로 $1\leq a\leq4$이다.

따라서 (ⅰ), (ⅱ)에 의하여 구하는 a의 값의 범위는 $1\leq a\leq4$이므로 정수 a는 1, 2, 3, 4이고 그 개수는 4이다.

답 4

유제

11-1 ▸ 24639-0224

모든 실수 x에 대하여 부등식 $(1-a)x^2+4x+a+4>0$이 성립하도록 하는 정수 a의 개수를 구하시오.

(ⅰ) $a=1$일 때,
$4x+5>0$, 즉 $x>-\frac{5}{4}$이므로 모든 실수 x에 대하여 항상 성립하는 것은 아니다.

(ⅱ) $a\neq1$일 때,
$1-a>0$, $a<1$이고, 이차방정식 $(1-a)x^2+4x+a+4=0$의 판별식을 D라 하면
$\frac{D}{4}=2^2-(1-a)(a+4)<0$, $a^2+3a<0$
$a(a+3)<0$이므로 $-3<a<0$이다.
이때 $a<1$이므로 $-3<a<0$이다.

(ⅰ), (ⅱ)에 의하여 $-3<a<0$이므로 정수 a는 -2, -1로 그 개수는 2이다.

답 2

11-2 ▸ 24639-0225

모든 실수 x에 대하여 이차부등식
$$-2x^2+kx+k+2\leq0$$
이 성립할 때, 실수 k의 값을 구하시오.

이차방정식 $-2x^2+kx+k+2=0$의 판별식을 D라 하면
주어진 부등식이 항상 성립하기 위해서는 $D\leq0$이어야 한다.
$D=k^2-4\times(-2)\times(k+2)\leq0$
$k^2+8k+16\leq0$, $(k+4)^2\leq0$
따라서 $k=-4$

답 -4

그림과 같이 이차함수 $y=f(x)$의 그래프가 x축과 만나는 두 점의 x좌표가 각각 -1, 3이고, y축과 만나는 점의 y좌표가 3이다. 이차부등식 $f(x)+5\geq0$을 만족시키는 정수 x의 개수를 구하시오.

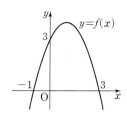

톡톡
MD의 한마디!

① 함수의 그래프를 통해 이차함수의 식을 구하고
② 이차부등식 $f(x)+5\geq0$의 해를 구합니다.

MD's Solution

이차함수 $y=f(x)$의 그래프가 x축과 두 점 $(-1,0)$, $(3,0)$에서 만나므로
$f(-1)=f(3)=0$ → 함수의 그래프가 지나는 점의 좌표를 대입하면 함수식을 만족해.
또한 인수정리에 의하여 이차식 $f(x)$의 최고차항의 계수를 a라 하면
$f(x)=a(x+1)(x-3)$ $(a<0)$
$\quad$ → 최고차항의 계수가 정해지지 않았으니 문자로 놓아야 해!
한편 이차함수 $y=f(x)$의 그래프가 y축과 점 $(0,3)$에서 만나므로 $f(0)=3$에서 $f(0)=a\times1\times(-3)=3$이고 $a=-1$
따라서 $f(x)=-(x+1)(x-3)=-x^2+2x+3$
이차부등식 $(-x^2+2x+3)+5\geq0$, $x^2-2x-8\leq0$, $(x+2)(x-4)\leq0$에서
$-2\leq x\leq4$이므로 구하는 정수 x는 $-2, -1, 0, 1, 2, 3, 4$로 그 개수는 **7**이다.
$\quad$ → 부등호의 모양을 보고 개수를 바로 $4-(-2)+1=7$이라고 할 수도 있어.

답 7

유제

12-1

▸ 24639-0227

그림과 같이 최고차항의 계수가 a $(a>0)$인 이차함수 $y=f(x)$의 그래프가 x축과 만나는 두 점의 x좌표가 각각 -3, 5이다. 이차부등식 $f(x)+32\geq0$의 해가 모든 실수일 때, 실수 a의 최댓값을 구하시오.

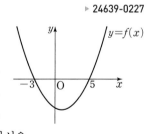

$f(x)=a(x+3)(x-5)$이고, 이차부등식 $f(x)+32\geq0$의 해가 모든 실수이려면 이차방정식 $a(x+3)(x-5)+32=0$, 즉 $ax^2-2ax-15a+32=0$의 판별식을 D라 할 때,
$\dfrac{D}{4}=(-a)^2-a(-15a+32)\leq0$, $16a^2-32a\leq0$
$a(a-2)\leq0$, $0\leq a\leq2$
따라서 조건을 만족시키는 a의 값의 범위는 $0<a\leq2$이므로 a의 최댓값은 2이다.

답 2

12-2

▸ 24639-0228

최고차항의 계수가 1인 두 이차함수 $y=f(x)$, $y=g(x)$의 그래프가 그림과 같을 때, 부등식 $f(x)\leq0\leq g(x)$를 만족시키는 정수 x의 개수를 구하시오.

$\quad$ (단, $f(-1)=f(5)=0$, $g(3)=g(7)=0$)

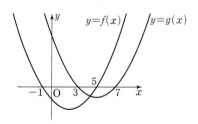

함수 $y=f(x)$의 그래프가 x축과 만나거나 x축보다 아래쪽에 있는 부분의 x의 값의 범위는 $-1\leq x\leq5$이고,
함수 $y=g(x)$의 그래프가 x축과 만나거나 x축보다 위쪽에 있는 부분의 x의 값의 범위는 $x\leq3$ 또는 $x\geq7$이다.
따라서 부등식 $f(x)\leq0\leq g(x)$를 만족시키는 x의 값의 범위는 $-1\leq x\leq3$이고, 정수 x는 $-1, 0, 1, 2, 3$으로 그 개수는 5이다.

답 5

대표유형 13 제한된 범위에서 항상 성립하는 이차부등식 ▶ 24639-0229

$0 \leq x \leq 3$인 모든 실수 x에 대하여 부등식 $x^2 - 4x - 2k + 14 \geq 0$이 성립하도록 하는 실수 k의 최댓값을 구하시오.

MD의 한마디! 이차항의 계수가 양수인 이차함수 $f(x)$에서 이차부등식 $f(x) \geq 0$이 항상 성립하는지의 여부를 판단하기 위해서는 주어진 구간에서 이차함수 $f(x)$의 최솟값이 0보다 크거나 같음을 이용하여 실수 k의 범위(또는 값)을 구합니다.

MD's Solution

이차함수의 최댓값 혹은 최솟값을 구하기 위해서는 꼭 식을 완전제곱식을 포함한 형태로 변형하도록 하자.

$f(x) = x^2 - 4x - 2k + 14$라 하면 $f(x) = (x-2)^2 - 2k + 10$
이때 꼭짓점의 x좌표 2는 $0 \leq x \leq 3$에 속하므로 최솟값은 $f(2)$이다.
$0 \leq x \leq 3$에서 부등식 $f(x) \geq 0$이 항상 성립하려면 이차함수 $y = f(x)$의 그래프가 오른쪽 그림과 같이 이차함수 $f(x)$의 최솟값이 0보다 크거나 같아야 한다.
$f(2) = -2k + 10 \geq 0$, $k \leq 5$
따라서 실수 k의 최댓값은 5이다.

부등식 $f(x) \geq 0$이 항상 성립한다는 것은 함수 $y = f(x)$의 그래프가 x축과 한 점에서만 만나거나 x축보다 위쪽에 그려진다는 뜻이야.

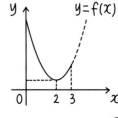

답 5

유제

13-1 ▶ 24639-0230

이차부등식 $x^2 - 3x \leq 0$을 만족시키는 모든 실수 x에 대하여 부등식 $x^2 - 2x + k \geq 0$이 성립하도록 하는 실수 k의 최솟값을 구하시오.

$x^2 - 3x \leq 0$에서
$x(x-3) \leq 0$, $0 \leq x \leq 3$
$f(x) = x^2 - 2x + k$라 하면
$f(x) = (x-1)^2 + k - 1$
이때 꼭짓점의 x좌표 1은 $0 \leq x \leq 3$에 속하므로 최솟값은 $f(1)$이다.
$0 \leq x \leq 3$에서 $f(x) \geq 0$이 항상 성립하려면 함수 $y = f(x)$의 그래프는 다음 그림과 같아야 한다.

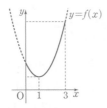

$f(1) = k - 1 \geq 0$, $k \geq 1$
따라서 실수 k의 최솟값은 1이다. 답 1

13-2 ▶ 24639-0231

두 이차함수 $f(x) = x^2 - x - 3$, $g(x) = \frac{1}{2}x^2 + x - k$에 대하여 $3 \leq x \leq 5$에서 $f(x) \geq g(x)$가 항상 성립하도록 하는 실수 k의 최솟값을 m이라 할 때, $2m$의 값을 구하시오.

$f(x) - g(x) = \frac{1}{2}x^2 - 2x - 3 + k \geq 0$에서

$h(x) = \frac{1}{2}x^2 - 2x - 3 + k$라 하면 $3 \leq x \leq 5$에서 $h(x) \geq 0$이 항상 성립하도록 하는 실수 k의 최솟값을 구하면 된다.

$h(x) = \frac{1}{2}(x^2 - 4x + 4 - 4) - 3 + k = \frac{1}{2}(x-2)^2 - 5 + k$

이때 꼭짓점의 x좌표 2는 $3 \leq x \leq 5$에 속하지 않으므로 최솟값은 $h(3)$이다.
$3 \leq x \leq 5$에서 $h(x) \geq 0$이 항상 성립하려면 이차함수 $y = h(x)$의 그래프는 다음 그림과 같아야 한다.

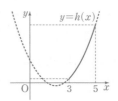

$h(3) = -\frac{9}{2} + k \geq 0$이어야 하므로 $k \geq \frac{9}{2}$

따라서 $m = \frac{9}{2}$이므로 $2m = 9$ 답 9

연립부등식 $\begin{cases} x^2-4x+4>0 & \cdots\cdots \text{㉠} \\ 2x^2-5x-3\leq0 & \cdots\cdots \text{㉡} \end{cases}$ 을 만족시키는 정수 x의 개수를 구하시오.

MD의 한마디!

연립이차부등식은 다음과 같은 순서로 풉니다.
① 각각의 부등식의 해를 구한 뒤,
② ①에서 구한 해를 수직선 위에 나타내어 공통부분을 구합니다.

MD's Solution

㉠을 풀면 $(x-2)^2>0$이므로 부등식의 해는 **$x\neq2$인 모든 실수**이다.
㉡을 풀면 $(2x+1)(x-3)\leq0$이므로 부등식의 해는 $-\dfrac{1}{2}\leq x\leq3$이다.
두 부등식 ㉠, ㉡의 해를 수직선 위에 나타내면 다음 그림과 같다.

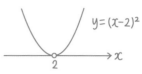
이차함수의 그래프가 $x=2$를 제외하고 x축보다 위쪽에 있어.

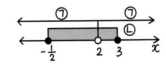

따라서 주어진 연립부등식의 해는 $-\dfrac{1}{2}\leq x<2$ 또는 $2<x\leq3$이므로 **정수 x의 값은 0, 1, 3**으로 그 개수는 3이다.
└▸ 2를 제외해야 한다는 점을 주의해야 해.

답 3

유제

14-1 ▸ 24639-0233

연립부등식 $\begin{cases} 2x^2-13x-15\geq0 & \cdots\cdots \text{㉠} \\ -x^2-6x-9\geq0 & \cdots\cdots \text{㉡} \end{cases}$ 을 만족시키는 정수 x의 개수는?

① 1   ② 2   ③ 3
④ 4   ⑤ 5

㉠을 풀면 $(2x-15)(x+1)\geq0$이므로 부등식의 해는
$x\leq-1$ 또는 $x\geq\dfrac{15}{2}$이다.
㉡을 풀면 $x^2+6x+9\leq0$, $(x+3)^2\leq0$이므로
부등식의 해는 $x=-3$이다.
따라서 주어진 연립부등식의 해는 $x=-3$뿐이므로 정수 x의 개수는 1이다.

답 ①

14-2 ▸ 24639-0234

연립부등식 $\begin{cases} x(x-4)\leq0 & \cdots\cdots \text{㉠} \\ \sqrt{x^2-6x+9}\geq x^2-6x+9 & \cdots\cdots \text{㉡} \end{cases}$ 를 만족시키는 모든 정수 x의 값들의 합을 구하시오.

㉠을 풀면 $0\leq x\leq4$이다.
㉡을 풀면 $\sqrt{(x-3)^2}\geq(x-3)^2$, $|x-3|\geq(x-3)^2$
$x\geq3$일 때 $x-3\geq(x-3)^2$, $x^2-7x+12\leq0$
$(x-3)(x-4)\leq0$에서 $3\leq x\leq4$
$x<3$일 때 $-(x-3)\geq(x-3)^2$, $x^2-5x+6\leq0$
$(x-2)(x-3)\leq0$에서 $2\leq x\leq3$이고 $x<3$이므로 $2\leq x<3$
따라서 부등식 ㉡의 해는 $2\leq x\leq4$이다.
두 부등식 ㉠, ㉡의 해를 수직선 위에 나타내면 다음 그림과 같다.

따라서 주어진 연립부등식의 해는 $2\leq x\leq4$이므로 정수 x의 값의 합은 $2+3+4=9$

답 9

대표유형 15 **해가 주어진 연립이차부등식** ▶ 24639-0235

x에 대한 연립부등식 $\begin{cases} x^2-10x+9\geq 0 & \cdots\cdots \text{㉠} \\ |x-4|<a & \cdots\cdots \text{㉡} \end{cases}$ 의 해가 존재하지 않도록 하는 양수 a의 최댓값을 구하시오.

톡톡
MD의 한마디! 연립이차부등식의 해가 존재하지 않는 경우는 $x^2-10x+9\geq 0$의 해와 $|x-4|<a$의 해를 수직선 위에 각각 나타내면 공통부분이 존재하지 않습니다.

MD's Solution

㉠을 풀면 $(x-1)(x-9)\geq 0$ 이므로 부등식의 해는 $x\leq 1$ 또는 $x\geq 9$이다.

㉡을 풀면 $-a<x-4<a$ 이므로 부등식의 해는 $4-a<x<4+a$이다.
→ $x\geq 4$일 때, $x-4<a$이므로 $x<4+a$
$x<4$일 때, $-x+4<a$이므로 $x>4-a$

두 부등식 ㉠, ㉡의 해를 수직선 위에 나타내면 다음 그림과 같다.

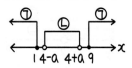

이때 ㉠, ㉡의 공통부분이 없어야 연립이차부등식의 해가 존재하지 않으므로
$1\leq 4-a$, $4+a\leq 9$에서 $a\leq 3$이다.
→ $1=4-a$가 성립하더라도 ㉠의 해에는 1이 포함되고, ㉡의 해에는 $4-a$가 포함되지 않으므로 공통부분이 생기지 않아.

따라서 조건을 만족시키는 a의 값의 범위는 $0<a\leq 3$이므로 양수 a의 최댓값은 3이다.

답 3

유제

15-1 ▶ 24639-0236

x에 대한 연립부등식

$\begin{cases} x^2-8x+7\leq 0 & \cdots\cdots \text{㉠} \\ x^2-(a+5)x+5a\geq 0 & \cdots\cdots \text{㉡} \end{cases}$

의 해가 $1\leq x\leq 2$ 또는 $5\leq x\leq 7$일 때, 상수 a의 값을 구하시오. (단, $a<5$)

㉠을 풀면 $(x-1)(x-7)\leq 0$에서 $1\leq x\leq 7$

㉡을 풀면 $(x-a)(x-5)\geq 0$에서 $a<5$이므로
$x\leq a$ 또는 $x\geq 5$

㉠, ㉡의 해의 공통부분이 $1\leq x\leq 2$ 또는 $5\leq x\leq 7$이 되려면 다음 그림과 같아야 하므로

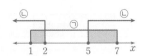

부등식 ㉡의 해가 $x\leq 2$ 또는 $x\geq 5$이어야 한다.
따라서 $a=2$

답 2

15-2 ▶ 24639-0237

x에 대한 연립부등식 $\begin{cases} x^2+5x-24\leq 0 \\ x^2-2kx-8k^2\geq 0 \end{cases}$ 의 해가 존재하도록 하는 자연수 k의 최댓값을 구하시오.

$x^2+5x-24\leq 0$에서 $(x+8)(x-3)\leq 0$이므로
$-8\leq x\leq 3$ $\cdots\cdots$ ㉠

$x^2-2kx-8k^2\geq 0$에서 $(x+2k)(x-4k)\geq 0$이고 k가 자연수이므로 $x\leq -2k$ 또는 $x\geq 4k$ $\cdots\cdots$ ㉡

주어진 연립이차부등식의 해가 존재하기 위해서는 다음 그림과 같이 ㉠, ㉡의 공통부분이 존재해야 하므로

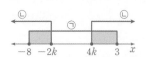

$-2k\geq -8$ 또는 $4k\leq 3$, 즉 $k\leq 4$ 또는 $k\leq \dfrac{3}{4}$이다.

따라서 $k>0$이므로 $0<k\leq 4$에서 자연수 k의 최댓값은 4이다.

답 4

가로의 길이가 $5x$, 세로의 길이가 $12x$인 직사각형 A와 가로의 길이가 $3(x+4)$, 세로의 길이가 $4(x+4)$인 직사각형 B가 있다. 두 직사각형 A, B가 다음 조건을 만족시킬 때, 자연수 x의 값을 구하시오.

> (개) 직사각형 A의 대각선의 길이는 직사각형 B의 대각선의 길이보다 길다.
> (내) 직사각형 A의 넓이는 직사각형 B의 넓이보다 작다.

MD의 한마디!

직사각형 A와 B의 대각선의 길이는 피타고라스 정리를 이용하면 각각 $13x$, $5(x+4)$이므로 넓이 조건까지 고려하여 연립이차부등식을 만들면 됩니다.

MD's Solution

대각선의 길이는 양수이어야 해.

직사각형 A의 대각선의 길이는 피타고라스 정리에 의하여 $(5x)^2+(12x)^2=(13x)^2$이므로 $13x$임을 알 수 있고, 같은 방법으로 직사각형 B의 대각선의 길이는 $\{3(x+4)\}^2+\{4(x+4)\}^2=\{5(x+4)\}^2$이므로 $5(x+4)$이다.

조건 (가)에 의하여 $13x>5(x+4)$이고, 부등식의 해는 $x>\dfrac{5}{2}$ ····· ㉠

직사각형 A의 넓이는 $5x\times12x=60x^2$이고, 직사각형 B의 넓이는 $3(x+4)\times4(x+4)=12(x+4)^2$이므로
조건 (나)에 의하여 $60x^2<12(x+4)^2$, $5x^2<x^2+8x+16$, $x^2-2x-4<0$ 이고,
부등식의 해는 $1-\sqrt5<x<1+\sqrt5$ ····· ㉡

㉠, ㉡의 공통범위는 $\dfrac{5}{2}<x<1+\sqrt5$ 이므로 자연수 x의 값은 3이다.

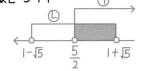

$\dfrac{5}{2}<3=1+\sqrt4<1+\sqrt5$

🖩 3

유제

16-1
▸ 24639-0239

가로의 길이가 x, 세로의 길이가 $x+4$인 직사각형을 A라 할 때, 이 직사각형의 가로의 길이와 세로의 길이를 모두 x만큼 늘린 직사각형을 B라 하자. 두 직사각형 A, B가 다음 조건을 만족시킬 때, 자연수 x의 값을 구하시오.

> (개) 직사각형 A의 둘레의 길이는 16보다 크다.
> (내) 직사각형 B의 넓이는 직사각형 A의 넓이의 3배보다 작다.

조건 (개)에 의하여
$2\{x+(x+4)\}>16$, $2x+4>8$이므로 $x>2$ ······ ㉠
직사각형 B의 가로의 길이는 $2x$, 세로의 길이는 $2x+4$이므로
조건 (내)에 의하여 $2x(2x+4)<3x(x+4)$
$x^2-4x<0$, $x(x-4)<0$이므로 $0<x<4$ ······ ㉡
㉠, ㉡의 공통범위는 $2<x<4$이므로 자연수 x의 값은 3이다.

🖩 3

16-2
▸ 24639-0240

어느 카페에서 커피 한 잔의 가격이 2,000원일 때, 하루에 200잔씩 팔린다고 한다. 이 카페에서 커피 한 잔의 가격을 100원씩 인하하면 하루 커피 판매량은 20잔씩 증가한다고 할 때, 커피의 하루 판매액이 432,000원 이상이 되게 하려고 한다. 커피 한 잔의 가격의 최댓값을 구하시오.

커피 한 잔의 가격을 $(2000-100x)$원이라고 하면 판매량은 $(200+20x)$잔이다. 이때 하루 판매액은 $(2000-100x)(200+20x)$원이므로
$(2000-100x)(200+20x)\geq432000$
$2000(20-x)(10+x)\geq432000$
$-x^2+10x+200\geq216$, $(x-2)(x-8)\leq0$
따라서 $2\leq x\leq8$에서 $1200\leq2000-100x\leq1800$이므로 커피 한 잔의 가격의 최댓값은 1800원이다.

🖩 1800원

본문 88~90쪽

실력 완성
단원 마무리

1 ▶ 24639-0241

x에 대한 삼차방정식 $x^3-ax^2-3=0$의 한 근이 -1일 때, 이 삼차방정식의 나머지 두 근의 합은? (단, a는 상수이다.)

① -3　② -2　③ -1
④ 0　⑤ 1

답 ①

풀이 $f(x)=x^3-ax^2-3$이라 하면
$f(-1)=(-1)^3-a\times(-1)^2-3=-1-a-3=0$에서
$a=-4$
조립제법을 이용하여 $f(x)$를 인수분해하면

$$
\begin{array}{r|rrrr}
-1 & 1 & 4 & 0 & -3 \\
  &   & -1 & -3 & 3 \\
\hline
  & 1 & 3 & -3 & 0
\end{array}
$$

$f(x)=(x+1)(x^2+3x-3)$
이때 이차방정식 $x^2+3x-3=0$에서 근과 계수의 관계에 의하여 두 근의 합은 -3

2 | 2023학년도 6월 고1 학력평가 16번 | ▶ 24639-0242

x에 대한 삼차방정식
$$(x-a)\{x^2+(1-3a)x+4\}=0$$
이 서로 다른 세 실근 1, α, β를 가질 때, $\alpha\beta$의 값은?
(단, a는 상수이다.)

① 4　② 6　③ 8
④ 10　⑤ 12

답 ③

풀이 주어진 삼차방정식 $(x-a)\{x^2+(1-3a)x+4\}=0$은 $x=a$를 실근으로 가지므로 다음과 같이 경우를 나누어 생각할 수 있다.
(i) $a=1$인 경우
이차방정식 $x^2+(1-3a)x+4=x^2-2x+4=0$
그런데 이차방정식 $x^2-2x+4=0$의 판별식을 D라 하면
$\dfrac{D}{4}=1^2-1\times4<0$이므로 실근을 갖지 않는다. 즉 α, β가 실근이라는 조건에 모순이다.
(ii) $a\neq1$인 경우
$x=1$은 이차방정식 $x^2+(1-3a)x+4=0$의 실근이므로
$1+(1-3a)+4=0$에서 $a=2$
$x^2+(1-3a)x+4=x^2-5x+4=0$에서
$(x-1)(x-4)=0$이므로 $x=1$, $x=4$

따라서 삼차방정식은 세 실근 1, 2, 4를 갖는다.
(i), (ii)에 의하여 $\alpha=2$, $\beta=4$ 또는 $\alpha=4$, $\beta=2$이므로 $\alpha\beta=8$

3 ▶ 24639-0243

사차방정식 $x^4+x^3-x-1=0$의 한 허근이 ω일 때, $1+2\omega+3\omega^2+4\omega^3+5\omega^4+6\omega^5=a+b\omega$이다. 두 정수 a, b에 대하여 ab의 값은?

① 4　② 6　③ 8
④ 10　⑤ 12

답 ③

풀이 $x^4+x^3-x-1=0$의 좌변을 조립제법을 이용하여 인수분해하면

$$
\begin{array}{r|rrrrr}
1 & 1 & 1 & 0 & -1 & -1 \\
  &   & 1 & 2 & 2 & 1 \\
\hline
-1 & 1 & 2 & 2 & 1 & 0 \\
  &   & -1 & -1 & -1 & \\
\hline
  & 1 & 1 & 1 & 0 &
\end{array}
$$

$x^4+x^3-x-1=(x-1)(x+1)(x^2+x+1)$이므로
ω는 이차방정식 $x^2+x+1=0$의 한 허근이다.
즉 $\omega^2+\omega+1=0$이고 $\omega^2=-\omega-1$에서
$\omega^3=\omega^2\times\omega=(-\omega-1)\times\omega=-\omega^2-\omega=1$
$\omega^4=\omega^3\times\omega=\omega$
$\omega^5=\omega^3\times\omega^2=\omega^2$이므로
$1+2\omega+3\omega^2+4\omega^3+5\omega^4+6\omega^5$
$=1+2\omega+3(-\omega-1)+4\times1+5\omega+6(-\omega-1)$
$=(1-3+4-6)+(2-3+5-6)\omega$
$=-4-2\omega$
따라서 $a=-4$, $b=-2$이므로 $ab=8$

4 ▶ 24639-0244

연립방정식
$$\begin{cases} 2x+y=1 & \cdots\cdots\ \text{㉠} \\ 2x^2+y^2=3 & \cdots\cdots\ \text{㉡} \end{cases}$$
의 해를 $x=\alpha$, $y=\beta$라 할 때, $\alpha+\beta$의 최댓값은?

① 1　② $\dfrac{4}{3}$　③ $\dfrac{5}{3}$
④ 2　⑤ $\dfrac{7}{3}$

답 ②

풀이 ㉠을 y에 대하여 정리하면
$y=-2x+1$　$\cdots\cdots$ ㉢
㉢을 ㉡에 대입하면
$2x^2+(-2x+1)^2=3$에서
$6x^2-4x-2=0$

$3x^2-2x-1=0$

$(x-1)(3x+1)=0$

$x=1$ 또는 $x=-\dfrac{1}{3}$

연립방정식의 해를 구하면 $\begin{cases} x=1 \\ y=-1 \end{cases}$ 또는 $\begin{cases} x=-\dfrac{1}{3} \\ y=\dfrac{5}{3} \end{cases}$

따라서 $\alpha+\beta=1+(-1)=0$ 또는 $\alpha+\beta=\left(-\dfrac{1}{3}\right)+\dfrac{5}{3}=\dfrac{4}{3}$이므로 구하는 최댓값은 $\dfrac{4}{3}$이다.

5
▶ 24639-0245

반지름의 길이가 서로 다른 두 원이 있다. 두 원의 둘레의 길이의 합은 22π이고 넓이의 합은 65π일 때, 두 원 중 큰 원의 반지름의 길이를 구하시오.

답 7

풀이 두 원의 반지름의 길이를 각각 x, y라 하면

$2\pi x+2\pi y=22\pi$, $x+y=11$ …… ㉠

$\pi x^2+\pi y^2=65\pi$, $x^2+y^2=65$ …… ㉡

㉠에서 $y=11-x$이므로

이를 ㉡에 대입하면

$x^2+(11-x)^2=65$, $x^2-11x+28=0$

$(x-4)(x-7)=0$이므로

$x=4$ 또는 $x=7$

$x=4$일 때 $y=7$이고, $x=7$일 때 $y=4$이므로

큰 원의 반지름의 길이는 7이다.

6
▶ 24639-0246

x에 대한 연립부등식

$$\begin{cases} 2x+3>-x+6 & \cdots\cdots ㉠ \\ 3x+4<2x+a & \cdots\cdots ㉡ \end{cases}$$

를 만족시키는 정수 x의 개수가 1일 때, 실수 a의 최댓값은?

① 6 ② 7 ③ 8

④ 9 ⑤ 10

답 ②

풀이 ㉠을 풀면 $3x>3$이므로 부등식의 해는 $x>1$이고,

㉡을 풀면 $x<a-4$이므로 연립부등식의 해는 $1<x<a-4$이다.

이때 $a-4\le1$이면 주어진 연립부등식의 해가 없으므로 $a-4>1$ 이어야 한다.

또 $1<x<a-4$를 만족시키는 정수 x의 개수가 1이기 위해서는 주어진 연립부등식의 해가 다음과 같아야 한다.

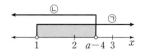

$2<a-4\le3$, 즉 $6<a\le7$이다.

따라서 실수 a의 최댓값은 7이다.

7
▶ 24639-0247

x에 대한 연립부등식 $\begin{cases} -x+2a\le2x+4 \\ bx-1\ge5x+7 \end{cases}$ 의 해가

$-4\le x\le-1$일 때, 두 상수 a, b에 대하여 a^2+b^2의 값은? (단, $b<5$)

① 17 ② 19 ③ 21

④ 23 ⑤ 25

답 ⑤

풀이 부등식 $-x+2a\le2x+4$를 풀면

$3x\ge2a-4$, $x\ge\dfrac{2a-4}{3}$

또 x에 대한 부등식 $bx-1\ge5x+7$을 풀면

$(b-5)x\ge8$, $x\le\dfrac{8}{b-5}$

주어진 연립부등식 $\begin{cases} -x+2a\le2x+4 \\ bx-1\ge5x+7 \end{cases}$ 의 해가 $-4\le x\le-1$이 므로

$\dfrac{2a-4}{3}=-4$에서 $2a-4=-12$, $a=-4$

$\dfrac{8}{b-5}=-1$에서 $-b+5=8$, $b=-3$

따라서 $a^2+b^2=25$

8
▶ 24639-0248

부등식 $|x-3|+2\sqrt{(x+1)^2}\le2x+5$를 만족시키는 정수 x의 개수는?

① 6 ② 7 ③ 8

④ 9 ⑤ 10

답 ②

풀이 $\sqrt{(x+1)^2}=|x+1|$이므로

부등식 $|x-3|+2|x+1|\le2x+5$를 풀면

(i) $x<-1$일 때

$-(x-3)-2(x+1)\le2x+5$, $-3x+1\le2x+5$

$5x\ge-4$, $x\ge-\dfrac{4}{5}$

$x<-1$이므로 해가 없다.

(ii) $-1\le x<3$일 때

$-(x-3)+2(x+1)\le2x+5$, $x+5\le2x+5$

$x\ge0$

이고 $0 \le x < 3$이므로 정수 x의 개수는 3이다.

(iii) $x \ge 3$일 때

$(x-3)+2(x+1) \le 2x+5$, $3x-1 \le 2x+5$

$x \le 6$

이고 $3 \le x \le 6$이므로 정수 x의 개수는 4이다.

(i), (ii), (iii)에 의하여 구하는 정수 x의 개수는 7이다.

9 | 2022학년도 6월 고1 학력평가 15번 | ▶ 24639-0249

이차다항식 $P(x)$가 다음 조건을 만족시킬 때, $P(-1)$의 값은?

> (가) 부등식 $P(x) \ge -2x-3$의 해는 $0 \le x \le 1$이다.
> (나) 방정식 $P(x) = -3x-2$는 중근을 갖는다.

① -3 ② -4 ③ -5
④ -6 ⑤ -7

답 ①

풀이 이차다항식 $P(x)$의 이차항의 계수를 a라 하면

조건 (가)에 의하여

$P(x)+2x+3=ax(x-1)$ $(a<0)$

이므로 $P(x)=ax^2-(a+2)x-3$

조건 (나)에 의하여

$P(x)+3x+2=ax^2-(a-1)x-1$이고

방정식 $ax^2-(a-1)x-1=0$은 중근을 가지므로

판별식을 D라 하면

$D=(a-1)^2-4 \times a \times (-1)=(a+1)^2=0$

에서 $a=-1$

따라서 $P(x)=-x^2-x-3$이므로 $P(-1)=-3$

10   ▶ 24639-0250

부등식 $x^2+4x-8 \le |x+2|$의 해가 $a \le x \le b$일 때, 이차부등식 $bx^2-ax-20<0$을 만족시키는 정수 x의 개수는? (단, a, b는 상수이다.)

① 6   ② 7   ③ 8
④ 9   ⑤ 10

답 ①

풀이 (i) $x<-2$일 때

$x^2+4x-8 \le |x+2|$는 $x^2+4x-8 \le -(x+2)$

$x^2+5x-6 \le 0$, $(x+6)(x-1) \le 0$에서

$-6 \le x \le 1$이고 $x<-2$이므로

부등식의 해는 $-6 \le x < -2$

(ii) $x \ge -2$일 때

$x^2+4x-8 \le |x+2|$는 $x^2+4x-8 \le x+2$

$x^2+3x-10 \le 0$, $(x+5)(x-2) \le 0$에서

$-5 \le x \le 2$이고 $x \ge -2$이므로

부등식의 해는 $-2 \le x \le 2$

(i), (ii)에 의하여 주어진 부등식의 해는

$-6 \le x \le 2$이므로 $a=-6$, $b=2$

이차부등식 $2x^2+6x-20<0$을 풀면

$x^2+3x-10<0$, $(x+5)(x-2)<0$에서

$-5<x<2$이므로 이차부등식 $bx^2-ax-20<0$을 만족시키는 정수 x의 개수는 -4, -3, -2, -1, 0, 1로 6이다.

11   ▶ 24639-0251

이차부등식 $4x^2+2(a-1)x+a+2 \le 0$이 해를 갖지 않도록 하는 정수 a의 최댓값을 구하시오.

답 6

풀이 이차부등식이 해를 갖지 않으려면 이차방정식 $4x^2+2(a-1)x+a+2=0$의 판별식을 D라 할 때,

$\dfrac{D}{4}=(a-1)^2-4 \times (a+2)<0$

$a^2-6a-7<0$, $(a+1)(a-7)<0$

따라서 이차부등식이 해를 갖지 않도록 하는 a의 값의 범위는 $-1<a<7$이므로 정수 a의 최댓값은 6이다.

12   ▶ 24639-0252

그림과 같이 최고차항의 계수가 1인 이차함수 $y=f(x)$의 그래프가 두 점 $A(-2, 0)$, $C(5, 0)$을 지나고, 최고차항의 계수가 -1인 이차함수 $y=g(x)$의 그래프가 두 점 $B(2, 0)$, $C(5, 0)$을 지난다. 이차부등식 $f(x)-g(x) \le 12$를 만족시키는 정수 x의 개수는?

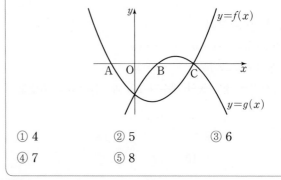

① 4   ② 5   ③ 6
④ 7   ⑤ 8

답 ⑤

풀이 $f(x)=(x+2)(x-5)$, $g(x)=-(x-2)(x-5)$이므로

이차부등식 $f(x)-g(x) \le 12$, 즉

$(x+2)(x-5)-\{-(x-2)(x-5)\} \le 12$, $x^2-5x-6 \le 0$,

$(x+1)(x-6) \le 0$이므로 이차부등식의 해는 $-1 \le x \le 6$이다.

따라서 부등식을 만족시키는 정수 x의 값은 -1, 0, 1, 2, 3, 4, 5, 6으로 그 개수는 8이다.

13 ▶ 24639-0253

$0 \leq x \leq 2k$인 실수 x에 대하여 부등식

$x^2 - 2kx + 6k - 9 \geq 0$

이 항상 성립하도록 하는 양수 k의 값은?

① 1　　　　② 2　　　　③ 3

④ 4　　　　⑤ 5

답 ③

풀이 $f(x) = x^2 - 2kx + 6k - 9$라 하면

$f(x) = (x-k)^2 - k^2 + 6k - 9$

이차함수 $y = f(x)$의 그래프의 꼭짓점의 x좌표 k가 $0 \leq x \leq 2k$에 속하므로 $0 \leq x \leq 2k$에서 $f(x) \geq 0$이 항상 성립하려면 함수 $y = f(x)$의 최솟값이 0보다 크거나 같아야 한다.

$0 \leq x \leq 2k$에서 함수 $f(x)$의 최솟값은 $f(k)$이므로

$f(k) = -k^2 + 6k - 9 \geq 0$, $(k-3)^2 \leq 0$

따라서 양수 k의 값은 3이다.

14 ▶ 24639-0254

그림과 같이 가로의 길이가 150 m이고 세로의 길이가 100 m인 직사각형 모양의 논의 둘레에 폭이 x m인 농로를 만들려고 한다. 농로의 넓이가 504 m² 이상 1016 m² 이하가 되도록 하는 x의 값의 범위는?

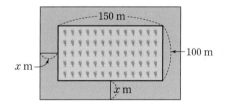

① $0 < x \leq 1$　　　　② $1 \leq x \leq 2$

③ $2 \leq x \leq 3$　　　　④ $3 \leq x \leq 4$

⑤ $4 \leq x \leq 5$

답 ②

풀이 농로의 넓이를 구하면

$(150 + 2x)(100 + 2x) - 150 \times 100 = 4x^2 + 500x \, (\text{m}^2)$

농로의 넓이가 504 m² 이상 1016 m² 이하이므로

$504 \leq 4x^2 + 500x \leq 1016$

이차부등식 $4x^2 + 500x \geq 504$를 풀면

$x^2 + 125x - 126 \geq 0$, $(x+126)(x-1) \geq 0$에서

$x \leq -126$ 또는 $x \geq 1$

폭 x는 $x > 0$이므로 $x \geq 1$　　……㉠

한편 이차부등식 $4x^2 + 500x \leq 1016$을 풀면

$x^2 + 125x - 254 \leq 0$, $(x+127)(x-2) \leq 0$에서

$-127 \leq x \leq 2$

폭 x는 $x > 0$이므로 $0 < x \leq 2$　　……㉡

㉠, ㉡을 동시에 만족시키는 x의 값의 범위는

$1 \leq x \leq 2$

15 | 2022학년도 3월 고2 학력평가 15번 | ▶ 24639-0255

연립부등식

$\begin{cases} |x-k| \leq 5 \\ x^2 - x - 12 > 0 \end{cases}$

을 만족시키는 모든 정수 x의 값의 합이 7이 되도록 하는 정수 k의 값은?

① -2　　　　② -1　　　　③ 0

④ 1　　　　⑤ 2

답 ④

풀이 $|x-k| \leq 5$에서 $-5 \leq x - k \leq 5$

$k - 5 \leq x \leq k + 5$　　……㉠

$x^2 - x - 12 > 0$에서 $(x+3)(x-4) > 0$

$x < -3$ 또는 $x > 4$　　……㉡

(ⅰ) $k + 5 \leq 4$, 즉 $k \leq -1$일 때

$k - 5 \leq -6$이므로

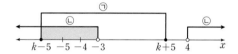

㉠, ㉡을 모두 만족시키는 정수 x는 모두 -3보다 작으므로 그 합은 7보다 작게 되어 조건을 만족시키지 않는다.

(ⅱ) $k - 5 < -3$이고 $k + 5 > 4$, 즉 $-1 < k < 2$일 때

$k = 0$이면 ㉠, ㉡을 모두 만족시키는 정수 x는 -5, -4, 5이고 그 합은 -4가 되어 조건을 만족시키지 않는다.

$k = 1$이면 ㉠, ㉡을 모두 만족시키는 정수 x는 -4, 5, 6이고 그 합은 7이 되어 조건을 만족시킨다.

(ⅲ) $k - 5 \geq -3$, 즉 $k \geq 2$일 때

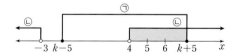

$k + 5 \geq 7$이므로 ㉠, ㉡을 모두 만족시키는 정수 x의 합은 7보다 크게 되어 조건을 만족시키지 않는다.

(ⅰ), (ⅱ), (ⅲ)에 의하여 $k = 1$이다.

서술형

16 ▸ 24639-0256

방정식 $(x^2-|x|)^2-4(x^2-|x|)+4=0$의 모든 실근의 곱을 구하시오.

답 -4

풀이 $x^2-|x|=t$라 하면

$t^2-4t+4=0$, $(t-2)^2=0$

이므로 $t=2$, 즉 $x^2-|x|=2$ ······ ❶

이때 $x^2=|x|^2$이므로 $|x|=s$라 하면

$s^2-s-2=0$, $(s+1)(s-2)=0$

$s=-1$ 또는 $s=2$

(ⅰ) $s=-1$인 경우

$\quad$ $|x|=-1$이고 모든 실수 x에 대하여 $|x|\geq 0$이므로 조건을
$\quad$ 만족시키는 실수 x는 존재하지 않는다. ······ ❷

(ⅱ) $s=2$인 경우

$\quad$ $|x|=2$이고 $x=2$ 또는 $x=-2$ ······ ❸

(ⅰ), (ⅱ)에 의하여 조건을 만족시키는 실수 x는 2와 -2뿐이므로
모든 실근의 곱은 -4이다. ······ ❹

채점 기준	배점
❶ t로 치환하여 t의 값 구하기	40 %
❷ $s=-1$인 경우 x의 값 구하기	20 %
❸ $s=2$인 경우 x의 값 구하기	20 %
❹ 모든 실근의 곱 구하기	20 %

17 ▸ 24639-0257

x에 대한 연립부등식

$$\begin{cases} x^2-2kx+2k+8\geq 0 & \cdots\cdots \ \text{㉠} \\ x^2-(k-3)x+k-3>0 & \cdots\cdots \ \text{㉡} \end{cases}$$

의 해가 모든 실수일 때, 자연수 k의 값을 구하시오.

답 4

풀이 연립부등식의 해는 각 부등식의 해를 동시에 만족시켜야 하
므로 연립부등식의 해가 모든 실수이기 위해서는 각 부등식의 해도
모든 실수이어야 한다.

(ⅰ) ㉠에서 이차방정식 $x^2-2kx+2k+8=0$의 판별식을 D_1이라
$\quad$ 하면 ㉠의 해가 모든 실수이기 위해서는 $D_1\leq 0$이어야 한다.
$\quad$ 즉,

$\quad$ $\dfrac{D_1}{4}=(-k)^2-(2k+8)\leq 0$, $k^2-2k-8\leq 0$

$\quad$ $(k+2)(k-4)\leq 0$

$\quad$ 에서 $-2\leq k\leq 4$이다. ······ ❶

(ⅱ) ㉡에서 이차방정식 $x^2-(k-3)x+k-3=0$의 판별식을 D_2
$\quad$ 라 하면 ㉡의 해가 모든 실수이기 위해서는 $D_2<0$이어야 한다.
$\quad$ 즉,

$\quad$ $D_2=(k-3)^2-4(k-3)<0$, $k^2-10k+21<0$

$\quad$ $(k-3)(k-7)<0$

$\quad$ 에서 $3<k<7$이다. ······ ❷

(ⅰ), (ⅱ)에 의하여 조건을 만족시키는 k의 값의 범위는 $3<k\leq 4$이
므로 자연수 k의 값은 4이다. ······ ❸

채점 기준	배점
❶ 부등식 ㉠에서 k의 값의 범위 구하기	40 %
❷ 부등식 ㉡에서 k의 값의 범위 구하기	40 %
❸ 자연수 k의 값 구하기	20 %

III 경우의 수

07 경우의 수, 순열과 조합

개념 CHECK 본문 92~96쪽

1. 합의 법칙

1 ▸ 24639-0258

> 1부터 10까지의 자연수 중에서 하나를 택할 때 다음의 경우의 수를 구하시오.
>
> (1) 3의 배수이거나 4의 배수인 경우
> (2) 4 이상의 짝수이거나 소수인 경우

(1) 1부터 10까지의 자연수 중 3의 배수는 3, 6, 9이고 4의 배수는 4, 8이므로 3의 배수이거나 4의 배수인 경우의 수는
$3+2=5$

(2) 1부터 10까지의 자연수 중 4 이상의 짝수는 4, 6, 8, 10이고 소수는 2, 3, 5, 7이므로 4 이상의 짝수이거나 소수인 경우의 수는
$4+4=8$

🖪 (1) 5 (2) 8

2 ▸ 24639-0259

> 자연수 a, b에 대하여 $\dfrac{a}{4}+\dfrac{b}{4}<1$을 만족시키는 모든 순서쌍 (a, b)의 개수를 구하시오.

$\dfrac{a}{4}+\dfrac{b}{4}<1$에서 $a+b<4$

이때 a, b는 자연수이므로 $a+b \geq 2$에서
$2 \leq a+b < 4$

(ⅰ) $a+b=2$인 경우는 $a=1$, $b=1$인 경우뿐이므로 순서쌍 (a, b)의 개수는 $(1, 1)$의 1

(ⅱ) $a+b=3$인 경우는 $a=1$, $b=2$인 경우와 $a=2$, $b=1$인 경우이므로 순서쌍 (a, b)의 개수는 $(1, 2)$, $(2, 1)$의 2

(ⅰ), (ⅱ)에 의하여 구하는 순서쌍 (a, b)의 개수는
$1+2=3$

🖪 3

2. 곱의 법칙

3 ▸ 24639-0260

> 두 자리의 자연수 중에서 일의 자리의 수가 3의 배수인 것의 개수를 구하시오.

일의 자리에 올 수 있는 자연수는 3, 6, 9이고 십의 자리에 올 수 있는 자연수는 1부터 9까지이므로 구하는 경우의 수는
$3 \times 9 = 27$

🖪 27

4 ▸ 24639-0261

> 수학에서 선택할 수 있는 4과목과 과학에서 선택할 수 있는 3과목 중에서 수학 1과목과 과학 1과목을 선택하는 경우의 수를 구하시오.

수학 1과목을 선택하는 경우의 수는 4이고,
과학 1과목을 선택하는 경우의 수는 3이므로
구하는 경우의 수는
$4 \times 3 = 12$

🖪 12

3. 순열

5
▶ 24639-0262

다음을 계산하시오.

(1) $_7\mathrm{P}_2$ (2) $_4\mathrm{P}_4$

(3) $_3\mathrm{P}_0$ (4) $5!$

(1) $_7\mathrm{P}_2 = 7 \times 6 = 42$

(2) $_4\mathrm{P}_4 = 4 \times 3 \times 2 \times 1 = 24$

(3) $_3\mathrm{P}_0 = 1$

(4) $5! = 5 \times 4 \times 3 \times 2 \times 1 = 120$

답 (1) 42   (2) 24   (3) 1   (4) 120

6
▶ 24639-0263

등식 $_n\mathrm{P}_2 = 56$을 만족시키는 자연수 n의 값을 구하시오.

(단, $n \geq 2$)

$_n\mathrm{P}_2 = n(n-1)$이므로 $n^2 - n = 56$에서

$n^2 - n - 56 = 0$, $(n+7)(n-8) = 0$

n은 자연수이므로 $n = 8$

답 8

4. 조합

7
▶ 24639-0264

다음을 계산하시오.

(1) $_5\mathrm{C}_2$ (2) $_4\mathrm{C}_0$

(1) $_5\mathrm{C}_2 = \dfrac{5 \times 4}{2 \times 1} = 10$

(2) $_4\mathrm{C}_0 = 1$

답 (1) 10   (2) 1

8
▶ 24639-0265

등식 $_n\mathrm{C}_2 = 15$를 만족시키는 자연수 n의 값을 구하시오.

(단, $n \geq 2$)

$_n\mathrm{C}_2 = \dfrac{n(n-1)}{2 \times 1} = 15$에서 $n(n-1) = 30$

$n^2 - n - 30 = 0$, $(n+5)(n-6) = 0$

이므로 자연수 n의 값은 6이다.

답 6

9
▶ 24639-0266

등식 $_6\mathrm{C}_3 \times 3! = {_6\mathrm{P}_r}$을 만족시키는 자연수 r의 값을 구하시오.

$_6\mathrm{C}_3 \times 3! = {_6\mathrm{P}_3}$이므로 $r = 3$

답 3

5. 조합의 수의 성질

10
▶ 24639-0267

$_8\mathrm{C}_6$의 값을 구하시오.

$_8\mathrm{C}_6 = {_8\mathrm{C}_2} = \dfrac{8 \times 7}{2} = 28$

답 28

11
▶ 24639-0268

$_{10}\mathrm{C}_4 + {_{10}\mathrm{C}_5}$의 값을 구하시오.

$_{10}\mathrm{C}_4 + {_{10}\mathrm{C}_5} = {_{11}\mathrm{C}_5}$이므로

$_{11}\mathrm{C}_5 = \dfrac{11 \times 10 \times 9 \times 8 \times 7}{5 \times 4 \times 3 \times 2 \times 1} = 11 \times 6 \times 7 = 462$

답 462

대표유형 01 합의 법칙
▶ 24639-0269

한 개의 주사위를 두 번 던질 때, 나온 두 눈의 수의 합이 5의 배수인 경우의 수를 구하시오.

MD의 한마디!

> 두 눈의 수를 각각 x, y라 할 때, $x+y$의 값이 5의 배수인 경우는 5, 10으로 두 가지이고, 각 경우는 동시에 일어나지 않으므로 합의 법칙을 이용하여 경우의 수를 구합니다.

MD's Solution

두 눈의 수를 각각 x, y라 하면

$2 \le x+y \le 12$이므로 $x+y$가 5의 배수인 경우는 5, 10이다.

→ $x+y$의 값의 범위가 결정되었기에 5의 배수 중 5, 10에 대해서만 생각하면 돼.

→ 두 눈의 수의 합은 (1, 1)일 때 최소이고, (6, 6)일 때 최대이므로 두 눈의 수의 합의 범위를 먼저 정해주어야 해.

각 경우에 대응되는 x, y의 값을 (x, y)의 순서쌍으로 나타내면

$x+y=5$인 경우는 (1, 4), (2, 3), (3, 2), (4, 1)로 4가지,

$x+y=10$인 경우는 (4, 6), (5, 5), (6, 4)로 3가지이다.

따라서 합의 법칙에 의하여 구하는 경우의 수는

$4+3=7$

→ $x+y$의 값이 5, 10인 각 경우는 동시에 일어나지 않으므로 합의 법칙을 이용하면 돼.

답 7

유제

01-1
▶ 24639-0270

부등식 $x+5y \le 11$을 만족시키는 자연수 x, y의 모든 순서쌍 (x, y)의 개수를 구하시오.

(ⅰ) $y=1$인 경우

$x+5 \le 11$에서 $x \le 6$이므로

(1, 1), (2, 1), $\cdots$, (6, 1)로 6개이다.

(ⅱ) $y=2$인 경우

$x+10 \le 11$에서 $x \le 1$이므로

(1, 2)로 1개이다.

(ⅰ)의 경우와 (ⅱ)의 경우는 동시에 일어날 수 없으므로 합의 법칙에 의하여 구하는 모든 순서쌍의 개수는

$6+1=7$

답 7

01-2
▶ 24639-0271

30 이하의 자연수 중에서 5의 배수 또는 7의 배수의 개수를 구하시오.

30 이하의 자연수 중에서 5의 배수는

5, 10, 15, 20, 25, 30

으로 6개이고,

30 이하의 자연수 중에서 7의 배수는

7, 14, 21, 28

로 4개이다.

이때 30 이하의 자연수 중에서 5의 배수이면서 7의 배수인 자연수는 없으므로 합의 법칙에 의하여 구하는 경우의 수는

$6+4=10$

답 10

대표유형 02 곱의 법칙

▶ 24639-0272

두 자리의 자연수 중에서 십의 자리의 수는 6의 약수이고, 일의 자리의 수는 홀수인 자연수의 개수를 구하시오.

 MD의 한마디!

각 자리의 수가 될 수 있는 경우의 수를 구한 후 곱의 법칙을 이용하여 자연수의 개수를 구합니다.

MD's Solution

십의 자리의 수가 될 수 있는 경우는 1, 2, 3, 6으로 4가지
↳ 6의 약수 모두가 십의 자리에 올 수 있어.

일의 자리의 수가 될 수 있는 경우는 1, 3, 5, 7, 9로 5가지
↳ 홀수 중에서 한 자리인 수만이 일의 자리의 수가 될 수 있어.

이다.

따라서 곱의 법칙에 의하여 구하는 자연수의 개수는 4×5=20
↳ 십의 자리의 수 각각에 대하여 모두 일의 자리의 수는 1, 3, 5, 7, 9가 올 수 있기 때문에 곱의 법칙을 이용해서 자연수의 개수를 구해야 해.

답 20

유제

02-1
▶ 24639-0273

세 자리의 자연수 중에서 백의 자리의 수는 4의 약수이고 십의 자리의 수는 8의 약수이며 일의 자리의 수는 어떤 자연수의 제곱수인 자연수의 개수를 구하시오.

백의 자리에 올 수 있는 수는
1, 2, 4로 3가지이고,
십의 자리에 올 수 있는 수는
1, 2, 4, 8로 4가지이며
일의 자리에 올 수 있는 수는
$1^2=1$, $2^2=4$, $3^2=9$로 3가지이다.
따라서 곱의 법칙에 의하여 구하는 자연수의 개수는
$3 \times 4 \times 3 = 36$

답 36

02-2
▶ 24639-0274

$(a+b)(x+y+w+z)$의 전개식에서 서로 다른 항의 개수를 구하시오.

주어진 식을 전개하면 a, b 각각에 대하여 x, y, w, z의 4가지 문자가 곱해져 항이 만들어진다.
따라서 곱의 법칙에 의하여 구하는 경우의 수는 $2 \times 4 = 8$이다.

답 8

[다른 풀이]
주어진 식을 전개하면
$a(x+y+w+z)+b(x+y+w+z)$
$=ax+ay+aw+az+bx+by+bw+bz$
이고 모든 항들이 서로 다르므로 서로 다른 항의 개수는 8이다.

대표유형 03 수형도를 이용한 경우의 수 ▸ 24639-0275

숫자 1, 2, 3 중 두 개 또는 세 개의 수를 사용하여 같은 숫자가 이웃하지 않도록 다섯 자리 자연수를 만들 때, 만의 자리의 수와 일의 자리의 수가 같은 경우의 수를 구하시오.

톡톡 MD의 한마디! 만의 자리의 수와 일의 자리의 수가 같을 때를 기준으로 경우를 나누고, 같은 숫자가 이웃하지 않도록 수형도를 이용하여 경우의 수를 구합니다.

MD's Solution

만의 자리의 수와 일의 자리의 수가 모두 1인 경우에 대하여 수형도를 그리면 다음과 같다.
↳ 조건을 만족시키는 모든 경우를 나뭇가지 모양의 그림으로 나타내는 방법이야.

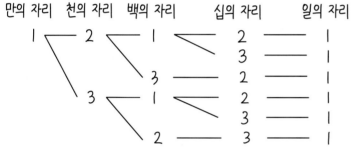

만의 자리   천의 자리   백의 자리   십의 자리   일의 자리

이때 경우의 수는 6이고, 만의 자리의 수와 일의 자리의 수가 2 또는 3인 경우의 수도 각각 6이므로 구하는 경우의 수
↳ 수형도를 이용해 직접 확인해도 되지만 수가 바뀌어도 규칙이 바뀌지 않으므로
2 또는 3에 대해서는 동일한 경우의 수가 나오는 거야.
$3 \times 6 = 18$

⊜ 18

유제

03-1 ▸ 24639-0276

다섯 개의 숫자 1, 1, 2, 2, 3을 일렬로 나열할 때, 같은 숫자끼리는 서로 이웃하지 않게 나열하는 경우의 수를 구하시오.

수형도를 그려보면

```
1 ─ 2 ─ 1 ─ 2 ─ 3
            3 ─ 2
        3 ─ 1 ─ 2
            2 ─ 1
    3 ─ 2 ─ 1 ─ 2
2 ─ 1 ─ 2 ─ 1 ─ 3
            3 ─ 1
        3 ─ 1 ─ 2
            2 ─ 1
    3 ─ 1 ─ 2 ─ 1
3 ─ 1 ─ 2 ─ 1 ─ 2
    2 ─ 1 ─ 2 ─ 1
```

따라서 구하는 경우의 수는 12이다.

⊜ 12

03-2 ▸ 24639-0277

한 개의 주사위를 세 번 던져 나온 눈의 수를 차례로 a, b, c라 할 때, x에 대한 이차방정식 $ax^2+2bx+c=0$이 중근을 갖는 경우의 수를 구하시오.

x에 대한 이차방정식 $ax^2+2bx+c=0$의 판별식을 D라 하면
$\dfrac{D}{4}=b^2-ac=0$, 즉 $b^2=ac$를 만족시키도록 수형도를 그려보면

```
b ─ a ─ c
1 ─ 1 ─ 1
2 ─ 1 ─ 4
    2 ─ 2
    4 ─ 1
3 ─ 3 ─ 3
4 ─ 4 ─ 4
5 ─ 5 ─ 5
6 ─ 6 ─ 6
```

따라서 구하는 경우의 수는 8이다.

⊜ 8

대표유형 **04** 순열의 수 $_n\mathrm{P}_r$ ▶ 24639-0278

등식 $_n\mathrm{P}_2+{}_5\mathrm{P}_3=102$를 만족시키는 자연수 n의 값을 구하시오. (단, $n\geq2$)

MD의 한마디! 순열의 수는 $_n\mathrm{P}_r=n(n-1)(n-2)\cdots\{n-(r-1)\}$임을 이용하여 주어진 등식을 n에 대한 식으로 표현합니다.

MD's Solution

$_n\mathrm{P}_2=n(n-1)$이고, $_5\mathrm{P}_3=5\times4\times3$ 이므로

$\qquad\qquad \dfrac{5!}{(5-3)!}=\dfrac{5\times4\times3\times2\times1}{2\times1}$

$_n\mathrm{P}_2+{}_5\mathrm{P}_3=n(n-1)+5\times4\times3=102$에서

$n^2-n-42=0,\ (n+6)(n-7)=0$

$\quad\hookrightarrow n$은 자연수이므로 $n(n-1)=42=7\times6$이라 생각해도 돼.

$n=-6$ 또는 $n=7$

$n\geq2$이므로 $n=7$

답 7

유제

04-1 ▶ 24639-0279

3 이상의 자연수 n에 대하여 $\dfrac{{}_{n+1}\mathrm{P}_4}{{}_n\mathrm{P}_2}=28$을 만족시키는 n의 값을 구하시오.

$\dfrac{{}_{n+1}\mathrm{P}_4}{{}_n\mathrm{P}_2}=\dfrac{(n+1)\times n\times(n-1)\times(n-2)}{n\times(n-1)}=(n+1)(n-2)$

이므로

$(n+1)(n-2)=28$에서

$n^2-n-30=0,\ (n+5)(n-6)=0$

따라서 구하는 자연수 n의 값은 6이다.

답 6

04-2 ▶ 24639-0280

등식 $3\times{}_8\mathrm{P}_3\times{}_n\mathrm{P}_2={}_8\mathrm{P}_6$을 만족시키는 자연수 n의 값을 구하시오. (단, $n\geq2$)

$_8\mathrm{P}_3=8\times7\times6$

$_n\mathrm{P}_2=n(n-1)$

이므로

$3\times{}_8\mathrm{P}_3\times{}_n\mathrm{P}_2=3\times8\times7\times6\times n(n-1)$

이때 $_8\mathrm{P}_6=8\times7\times6\times5\times4\times3$이므로 $n(n-1)=5\times4$이고 자연수 n의 값은 5이다.

답 5

대표유형 **05** 순열　　　　　　　　　　　　　　　　　　　　　　　　▶ 24639-0281

남학생 4명과 여학생 4명 중 6명을 선택하여 일렬로 줄을 세울 때, 왼쪽에서부터 남학생은 모두 홀수번째에 서고 여학생은 모두 짝수번째에 서게 되는 경우의 수를 구하시오.

톡톡
MD의 한마디!

6명의 학생들을 선택하여 줄을 세울 때 왼쪽에서부터 남학생이 홀수번째, 여학생이 짝수번째에 서기 위해서는 똑같이 3명씩 선택해서 일렬로 줄을 세워야 하므로 남학생과 여학생 각각에 대하여 순열의 수를 이용하여 구합니다.

MD's Solution

→ 특별한 상황임을 이해하고 접근하는 것이 필요해.

왼쪽에서부터 남학생이 홀수번째, 여학생이 짝수번째에 서기 위해서는 <u>똑같이 3명씩 선택한 후</u> '남여남여남여'의 순서로 줄을 세워야 한다.
먼저 남학생 4명 중 3명을 선택하여 일렬로 줄을 세우는 경우의 수는 $_4P_3=4\times3\times2=24$

남학생이 설 수 있는 곳은 그림과 같이 세 곳이고 각 자리에 남학생을 세우는 경우의 수 서로 다른 ←
4개에서 3개를 선택하여 일렬로 나열하는 <u>순열의 수</u>와 같아.　 ㉠_ ㉠_ ㉠_
$4\times3\times2$

이후 여학생 4명 중 3명을 선택하여 일렬로 줄을 세우는 경우의 수는 $_4P_3=4\times3\times2=24$

여학생이 설 수 있는 곳은 그림과 같이 세 곳이고 각 자리에 여학생을 세우는 경우의 수 역시 ←
서로 다른 4개에서 3개를 선택하여 일렬로 나열하는 <u>순열의 수</u>와 같아.　 _㉡_㉡_㉡
$4\times3\times2$

따라서 곱의 법칙에 의하여 구하는 경우의 수는 $24\times24=576$

답 576

유제

05-1　　　　　　　　　　　　　▶ 24639-0282

4개의 문자 a, b, c, d와 4개의 수 1, 2, 3, 4 중 문자와 수를 각각 2개씩 선택하여 일렬로 나열할 때, 문자와 수가 교대로 나열되는 경우의 수를 구하시오.

2개의 문자와 2개의 수가 교대로 나타나는 경우는 문자를 왼쪽에서부터 홀수번째에 나열하는 경우와 짝수번째에 나열하는 경우로 나누어 생각할 수 있다.
2개의 문자를 왼쪽에서부터 홀수번째에 나열하는 경우의 수는
$_4P_2=4\times3=12$
이후 2개의 수를 왼쪽에서부터 짝수번째에 나열하는 경우의 수도
$_4P_2=4\times3=12$
이므로 문자를 왼쪽에서부터 홀수번째에 나열한 후 수를 왼쪽에서부터 짝수번째에 나열하는 경우의 수는 12×12이다.
마찬가지로 문자를 왼쪽에서부터 짝수번째에 나열한 후 수를 왼쪽에서부터 홀수번째에 나열하는 경우의 수도 12×12이다.
따라서 구하는 경우의 수는 $12\times12\times2=288$

답 288

05-2　　　　　　　　　　　　　▶ 24639-0283

7개의 자연수 1, 2, 3, 4, 5, 6, 7을 일렬로 나열할 때, 양 끝에 홀수가 오는 경우의 수가 $k\times6!$이다. 이때 자연수 k의 값은?

① 1　　　　　　② 2　　　　　　③ 3
④ 4　　　　　　⑤ 5

양 끝에 나열할 홀수를 정하는 경우의 수는
$_4P_2=4\times3=12$
이후 양 끝에 나열한 2개의 홀수를 제외한 나머지 5개의 수를 사이에 일렬로 나열하는 경우의 수는 $5!$
곱의 법칙에 의하여 구하는 경우의 수는
$12\times5!=(2\times6)\times5!=2\times6!$이므로
$k=2$

답 ②

대표유형 06 이웃하거나 이웃하지 않는 경우의 수
▶ 24639-0284

남학생 3명과 여학생 2명을 일렬로 배열하려고 한다. 남학생끼리 모두 이웃하는 경우의 수를 m, 여학생끼리 이웃하지 않는 경우의 수를 n이라 할 때, $m+n$의 값을 구하시오.

MD의 한마디!

① 이웃하는 경우의 수는 이웃하는 것들을 한 개로 생각하고 나열한 후 이웃한 것들끼리 일렬로 나열하는 경우의 수를 곱합니다.

② 이웃하지 않는 경우는 이웃해도 되는 것만을 먼저 일렬로 나열한 후 나열한 것 사이사이와 양 끝에 해당하는 부분에 이웃하지 않는 것들을 나열하여 구합니다.

MD's Solution

┌→ 이웃해야 하는 대상은 (한 묶음)으로 보고 시작하자.

남학생 3명을 한 묶음으로 생각하고 여학생 2명과 함께 3명을 일렬로 배열하는 경우의 수는 3! 이고

남학생 3명을 한 묶음 안에서 배열하는 경우의 수가 3! 이므로

└→ 한 묶음 안에서 배열하는 경우의 수를 놓치지 말자.

$m = 3! \times 3! = 6 \times 6 = 36$

남학생 3명을 일렬로 배열하는 경우의 수는 3! 이고

이후 남학생 사이사이와 양 끝을 포함한 4개의 자리에 여학생 2명을 일렬로 배열하는 경우의 수는 $_4P_2$ 이므로

$n = 3! \times _4P_2 = 6 \times 12 = 72$

└→ 4개의 자리 중 2개를 선택하여 일렬로 나열하는 경우의 수와 같아.

따라서 $m+n = 36 + 72 = 108$

답 108

유제

06-1
▶ 24639-0285

그림과 같이 6장의 카드를 일렬로 나열할 때, 알파벳이 적힌 카드끼리 모두 이웃하는 경우의 수를 구하시오.

알파벳이 적힌 카드 3장을 한 묶음으로 생각하고 한글이 적힌 카드 3장과 함께 4장의 카드를 일렬로 나열하는 경우의 수는 4!

한편 알파벳이 적힌 카드 한 묶음 안에서 나열하는 경우의 수는 3!

따라서 구하는 경우의 수는

$4! \times 3! = 24 \times 6 = 144$

답 144

06-2
▶ 24639-0286

남자 어린이 2명과 여자 어린이 3명 그리고 어른 3명이 한 명씩 순서대로 놀이공원에 입장하려고 한다. 여자 어린이끼리 모두 이웃하고 어른끼리 이웃하지 않도록 입장 순서를 정하는 경우의 수를 구하시오.

여자 어린이 3명을 한 묶음으로 생각하고 남자 어린이 2명과 함께 3명이 입장하는 순서를 정하는 경우의 수는 3!

3명 사이사이와 양 끝을 포함하여 4개의 자리에 어른 3명을 일렬로 배열하는 경우의 수는 $_4P_3$

여자 어린이 3명이 한 묶음 안에서 입장 순서를 정하는 경우의 수는 3!

따라서 구하는 경우의 수는

$3! \times _4P_3 \times 3! = 6 \times 24 \times 6 = 864$

답 864

대표유형 **07** 조합의 수 $_nC_r$ ▸ 24639-0287

등식 $6 \times {}_{10}C_8 + {}_{10}P_3 = 6 \times {}_nC_3$을 만족시키는 자연수 n의 값을 구하시오. (단, $n \geq 3$)

MD의 한마디!

조합의 수 $_nC_r = \dfrac{n!}{r!(n-r)!}$과 조합의 수의 성질 $_nC_r = {}_nC_{n-r}$을 이용하여 n에 대한 식으로 정리합니다.

MD's Solution

→ 자주 쓰이는 조합의 수의 성질이므로 꼭 기억해야 해.

$_{10}C_8 = {}_{10}C_2 = \dfrac{10 \times 9}{2 \times 1}$, $_{10}P_3 = 10 \times 9 \times 8$, $_nC_3 = \dfrac{n(n-1)(n-2)}{3 \times 2 \times 1}$ 이므로

$\quad$ → $_nC_3 = \dfrac{n!}{(n-3)!\,3!}$ 이지만 $r=3$일 때처럼 r의 값이 문자가 아닌 수로 주어진 경우는 약분하여 정리한 식을 사용하는 것이 편리해.

$6 \times {}_{10}C_8 + {}_{10}P_3 = 6 \times {}_nC_3$ 에서

$6 \times \dfrac{10 \times 9}{2 \times 1} + 10 \times 9 \times 8 = 6 \times \dfrac{n(n-1)(n-2)}{3 \times 2 \times 1}$

$11 \times 10 \times 9 = n(n-1)(n-2)$

이때 n은 3 이상의 자연수이므로 n의 값은 11이다.

[다른 풀이]

$_{10}C_8 = {}_{10}C_2$ 이고, $_{10}P_3 = {}_{10}C_3 \times 3!$ 이므로

$6 \times {}_{10}C_8 + {}_{10}P_3 = 6 \times {}_nC_3$ 에서 → 순열의 수와 조합의 수 사이의 관계이므로 꼭 기억해야 해.

$6 \times {}_{10}C_2 + 6 \times {}_{10}C_3 = 6 \times {}_nC_3$

$_{10}C_2 + {}_{10}C_3 = {}_nC_3$

$\quad$ → $_{n-1}C_{r-1} + {}_{n-1}C_r = {}_nC_r$ (단, $n \geq 2$, $1 \leq r \leq n-1$)이기 때문이야.
11명 중 3명을 택할 때, 특정한 1명을 택하는 경우와 택하지 않는 경우로 나누어 생각할 수 있다고 이해하면 식을 해석하는 데 도움이 될 거야.

이때 조합의 수의 성질에 의하여 $_{10}C_2 + {}_{10}C_3 = {}_{11}C_3$ 이므로 자연수 n의 값은 11이다.

탑 11

유제

07-1 ▸ 24639-0288

등식 $_nC_2 + {}_nC_3 = 35$를 만족시키는 자연수 n의 값을 구하시오.
(단, $n \geq 3$)

$_nC_2 = \dfrac{n(n-1)}{2 \times 1}$, $_nC_3 = \dfrac{n(n-1)(n-2)}{3 \times 2 \times 1}$ 이므로

$\dfrac{n(n-1)}{2 \times 1} + \dfrac{n(n-1)(n-2)}{3 \times 2 \times 1} = 35$ 에서

$3n(n-1) + n(n-1)(n-2) = 35 \times 6$

$n(n-1)(n+1) = 35 \times 6$

$(n-1)n(n+1) = 5 \times 6 \times 7$

따라서 $n = 6$

답 6

[참고] $_nC_2 + {}_nC_3 = {}_{n+1}C_3$임을 이용하여도 된다.

07-2 ▸ 24639-0289

등식 $_{12}C_r = {}_{12}C_{r^2}$을 만족시키는 모든 자연수 r의 값의 합을 구하시오.

(i) $r = r^2$일 때, r은 자연수이므로 $r = 1$

(ii) $12 - r = r^2$일 때,
$\quad r^2 + r - 12 = 0$, $(r-3)(r+4) = 0$
$\quad r$은 자연수이므로 $r = 3$

(i), (ii)에 의하여 모든 자연수 r의 값의 합은
$1 + 3 = 4$

답 4

대표유형 **08** 조합 ▶ 24639-0290

A, B를 포함한 8명의 학생 중 4명의 대표를 선출하려고 한다. A, B 중 한 명만 대표에 포함되는 경우의 수를 m, A, B 모두 대표에 포함되는 경우의 수를 n이라 할 때, $m+n$의 값을 구하시오.

MD의 한마디! 4명의 대표에 A, B가 포함되는지의 여부에 따라 다음과 같이 경우를 나누어 계산합니다.
① A, B 중 한 명만 대표에 포함시키고 A, B를 제외한 학생들 중 3명을 선출하는 경우
② A, B를 모두 대표에 포함시키고 남은 학생들 중 2명을 선출하는 경우

MD's Solution

(i) A, B 중 한 명만 대표에 포함되는 경우
　A, B 중 한 명을 대표로 선출하는 경우의 수는 $_2C_1$
　A, B를 제외한 나머지 6명 중 3명의 대표를 선출하는 경우의 수는 $_6C_3$
　　　└→ 이미 한 명을 선출했으니 나머지 대표 3명만 더 선출하면 되니까 남은 6명 중 3명을 선택하는 거야.

　따라서 $m = {_2}C_1 \times {_6}C_3 = 2 \times \dfrac{6 \times 5 \times 4}{3 \times 2 \times 1} = 40$

(ii) A, B 둘 다 대표에 포함되는 경우
　A, B를 제외한 나머지 6명 중 2명의 대표를 선출하는 경우의 수는 $_6C_2$
　　　└→ 이미 두 명을 선출했으니 나머지 대표 2명만 더 선출하면 되니까 남은 6명 중 2명을 선택하는 거야.

　따라서 $n = {_6}C_2 = \dfrac{6 \times 5}{2} = 15$

(i), (ii)에 의하여 $m+n = 40+15 = 55$

답 55

유제

08-1 ▶ 24639-0291

1부터 10까지의 자연수가 각각 하나씩 적혀 있는 10장의 카드 중에서 동시에 5장의 카드를 선택하려고 한다. 선택한 5장의 카드에 적혀 있는 수 중 짝수가 적혀 있는 카드가 2장이고 3의 배수가 적혀 있는 카드는 하나도 없는 경우의 수를 구하시오.

선택한 5장의 카드에 3의 배수는 포함되지 않으므로 3의 배수인 3, 6, 9를 제외한 7장의 카드 중에서 선택하면 된다.
7장의 카드 중 짝수는 2, 4, 8, 10이고 이 중에서 2장을 선택하는 경우의 수는 $_4C_2$
남은 1, 5, 7이 적힌 3장의 카드 중에서 3장을 선택하는 경우의 수는 $_3C_3$
따라서 구하는 경우의 수는
$${_4}C_2 \times {_3}C_3 = \dfrac{4 \times 3}{2} \times 1 = 6$$

답 6

08-2 ▶ 24639-0292

18의 양의 약수 중 서로 다른 두 수를 선택할 때, 합이 짝수인 경우의 수를 구하시오.

18의 양의 약수는 1, 2, 3, 6, 9, 18이다.
두 수의 합이 짝수인 경우는 선택한 두 수가 모두 짝수이거나 모두 홀수인 경우이므로 다음과 같이 나누어 생각할 수 있다.
(i) 홀수 2개를 선택하는 경우
　홀수는 1, 3, 9이므로 이 중 2개의 홀수를 선택하는 경우의 수는 $_3C_2$
(ii) 짝수 2개를 선택하는 경우
　짝수는 2, 6, 18이므로 이 중 2개의 짝수를 선택하는 경우의 수는 $_3C_2$
(i), (ii)에 의하여 구하는 경우의 수는
$${_3}C_2 + {_3}C_2 = 3+3 = 6$$

답 6

그림과 같이 2개, 3개, 4개의 평행한 직선이 서로 만나고 있다. 이 평행선들을 이용하여 만들 수 있는 평행사변형의 개수를 구하시오.

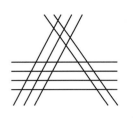

MD의 한마디!

m개의 평행한 직선과 n개의 평행한 직선이 만날 때, 이 평행한 직선으로 만들 수 있는 평행사변형의 개수는 m개의 평행한 직선과 n개의 평행한 직선 중에서 각각 2개를 택하면 됩니다.

MD's Solution

주어진 평행한 직선들로 평행사변형을 만들 수 있는 경우는 다음과 같이 나누어 생각할 수 있다.

(i) ─ 방향의 직선 4개 중에서 2개를 선택하고, \ 방향의 직선 2개 중에서 2개를 선택하는 경우의 수는

$_4C_2 \times _2C_2 = 6 \times 1 = 6$ → 4개의 직선을 선택하면 하나의 평행사변형이 만들어지기 때문에 4개의 직선을 선택하는 경우의 수가 곧 평행사변형의 개수와 같아지게 돼!

(ii) ─ 방향의 직선 4개 중에서 2개를 선택하고, / 방향의 직선 3개 중에서 2개를 선택하는 경우의 수는

$_4C_2 \times _3C_2 = 6 \times 3 = 18$

(iii) / 방향의 직선 3개 중에서 2개를 선택하고, \ 방향의 직선 2개 중에서 2개를 선택하는 경우의 수는

$_3C_2 \times _2C_2 = 3 \times 1 = 3$

(i), (ii), (iii)에 의하여 구하는 경우의 수는 $6 + 18 + 3 = 27$　　　답 27

▷ **유제**

09-1　　　　　▶ 24639-0294

그림과 같이 원 위에 같은 간격으로 놓인 9개의 점 중에서 3개의 점을 꼭짓점으로 하는 삼각형의 개수를 구하시오.

하나의 삼각형을 만들기 위해서는 3개의 꼭짓점이 필요하다.

주어진 그림에서 어느 세 점도 일직선 위에 있지 않으므로 주어진 9개의 점 중에서 3개를 선택하면 하나의 삼각형이 만들어 진다.

따라서 구하는 경우의 수는

$_9C_3 = \dfrac{9 \times 8 \times 7}{3 \times 2 \times 1} = 84$

답 84

09-2　　　　　▶ 24639-0295

여섯 개의 숫자 1, 2, 3, 4, 5, 6 중에서 서로 다른 두 개의 숫자를 택하고, 세 개의 숫자 7, 8, 9 중에서 서로 다른 두 개의 숫자를 택하여 나열할 때, 작은 수부터 크기순으로 나열하는 경우의 수를 구하시오.

여섯 개의 숫자 1, 2, 3, 4, 5, 6 중에서 서로 다른 두 개의 숫자를 택하는 경우의 수는 $_6C_2 = 15$

세 개의 숫자 7, 8, 9 중에서 서로 다른 두 개의 숫자를 택하는 경우의 수는 $_3C_2 = 3$

여섯 개의 숫자 1, 2, 3, 4, 5, 6 중에서 택한 서로 다른 두 수 중 작은 수를 a, 큰 수를 b라 하고, 세 개의 숫자 7, 8, 9 중에서 택한 서로 다른 두 수 중 작은 수를 c, 큰 수를 d라 하면 $a < b < c < d$가 성립한다. 즉, 선택된 네 개의 수를 작은 수부터 크기순으로 나열하는 경우는 a, b, c, d뿐이므로 작은 수부터 크기순으로 나열하는 경우의 수는 여섯 개의 숫자 1, 2, 3, 4, 5, 6 중에서 서로 다른 두 개의 숫자를 택하고, 세 개의 숫자 7, 8, 9 중에서 서로 다른 두 개의 숫자를 택하는 경우의 수와 같다.

따라서 구하는 경우의 수는 $_6C_2 \times _3C_2 = 15 \times 3 = 45$

답 45

1

▶ 24639-0296

1부터 6까지의 자연수가 각각 하나씩 적힌 카드 6장이 들어 있는 주머니에서 한 장씩 두 번에 걸쳐 차례로 카드를 뽑는다. 이때 뽑힌 카드에 적힌 수를 각각 a, b라 할 때, $|a-b| \geq 4$를 만족시키는 경우의 수는?

① 2   ② 3   ③ 4
④ 5   ⑤ 6

답 ⑤

풀이 $|a-b|$의 최댓값이 5이므로 $|a-b| \geq 4$를 만족시키는 경우는 다음과 같다.

(i) $|a-b| = 4$를 만족시키는 a, b를 순서쌍 (a, b)로 나타내면 $(1, 5)$, $(2, 6)$, $(5, 1)$, $(6, 2)$로 경우의 수는 4이다.

(ii) $|a-b| = 5$를 만족시키는 a, b를 순서쌍 (a, b)로 나타내면 $(1, 6)$, $(6, 1)$로 경우의 수는 2이다.

$|a-b| = 4$와 $|a-b| = 5$인 경우는 동시에 일어나지 않으므로 합의 법칙에 의하여 구하는 경우의 수는 $4 + 2 = 6$

2

▶ 24639-0297

어느 분식점에서는 김밥 3종류, 라면 2종류, 튀김 4종류를 판매하고 있다. 형서가 이 분식점에서 김밥, 라면, 튀김 중 2가지를 선택하여 각각 1종류씩 주문하는 경우의 수는?

① 18   ② 22   ③ 26
④ 30   ⑤ 34

답 ③

풀이 김밥, 라면, 튀김 중 2가지를 선택하는 경우는 김밥과 라면, 김밥과 튀김, 라면과 튀김으로 세 가지 경우가 있다.

(i) 김밥과 라면을 각각 1종류씩 주문하는 경우
    김밥은 3종류이고 라면은 2종류이므로 각각 1종류씩 주문하는 경우의 수는 곱의 법칙에 의하여
    $3 \times 2 = 6$

(ii) 김밥과 튀김을 각각 1종류씩 주문하는 경우
    김밥은 3종류이고 튀김은 4종류이므로 각각 1종류씩 주문하는 경우의 수는 곱의 법칙에 의하여
    $3 \times 4 = 12$

(iii) 라면과 튀김을 각각 1종류씩 주문하는 경우
    라면은 2종류이고 튀김은 4종류이므로 각각 1종류씩 주문하는 경우의 수는 곱의 법칙에 의하여
    $2 \times 4 = 8$

(i), (ii), (iii)에서 합의 법칙에 의하여 구하는 경우의 수는
$6 + 12 + 8 = 26$

3

▶ 24639-0298

1학년 학생 2명과 2학년 학생 2명이 일렬로 설 때, 양 끝에 같은 학년의 학생이 서거나 같은 학년의 학생끼리는 서로 이웃하지 않도록 서는 경우의 수는?

① 10   ② 12   ③ 14
④ 16   ⑤ 18

답 ④

풀이 (i) 양 끝에 같은 학년의 학생이 서는 경우는 1221, 2112의 두 가지 경우이고, 각 학년별로 2명의 학생의 위치를 바꿀 수 있으므로
$2 \times 2 \times 2 = 8$

(ii) 같은 학년의 학생끼리는 서로 이웃하지 않고 서는 경우는 1212, 2121의 두 가지 경우이고, 각 학년별로 2명의 학생의 위치를 바꿀 수 있으므로
$2 \times 2 \times 2 = 8$

(i)과 (ii)의 경우는 동시에 일어날 수 없으므로 합의 법칙에 의하여 구하는 경우의 수는
$8 + 8 = 16$

4

▶ 24639-0299

144의 양의 약수의 개수는?

① 6   ② 9   ③ 12
④ 15   ⑤ 18

답 ④

풀이 144를 소인수분해하면 $144 = 2^4 \times 3^2$

2^4의 약수는 1, 2, 2^2, 2^3, 2^4으로 5개

3^2의 약수는 1, 3, 3^2으로 3개

2^4의 약수와 3^2의 약수 중 각각 하나씩 택하여 곱한 수는 모두 144의 약수이다.

따라서 곱의 법칙에 의하여 144의 약수의 개수는 $5 \times 3 = 15$

5

▶ 24639-0300

1, 2, 3, 4를 일렬로 나열할 때 왼쪽에서부터 n ($n=1$, 2, 3, 4)번째 자리에 n이 오지 않도록 네 개의 자연수를 나열하는 경우의 수를 구하시오.

답 9

풀이 문제에서 주어진 조건에 의하여
왼쪽에서부터 첫 번째 자리에는 1이 오지 않고,
두 번째 자리에는 2가 오지 않고,
세 번째 자리에는 3이 오지 않고,
네 번째 자리에는 4가 오지 않는 경우를 구하면 된다.

조건을 만족시키도록 수형도를 그리면 다음과 같다.

첫 번째　　두 번째　　세 번째　　네 번째

```
2      1 — 4 — 3
       3 — 4 — 1
       4 — 1 — 3
3      1 — 4 — 2
       4 — 1 — 2
           2 — 1
4      1 — 2 — 3
       3 — 1 — 2
           2 — 1
```

따라서 구하는 경우의 수는 9이다.

6
▶ 24639-0301

등식 $2 \times {}_{n+1}\mathrm{P}_2 - 3 \times {}_{n}\mathrm{P}_2 = {}_{n}\mathrm{P}_3$을 만족시키는 자연수 n의 값을 구하시오. (단, $n \geq 3$)

답 3

풀이 ${}_{n+1}\mathrm{P}_2 = (n+1)n$, ${}_{n}\mathrm{P}_2 = n(n-1)$, ${}_{n}\mathrm{P}_3 = n(n-1)(n-2)$
이므로
$$2(n+1)n - 3n(n-1) = n(n-1)(n-2)$$
$n \geq 3$이므로 양변을 n으로 나누면
$$2(n+1) - 3(n-1) = (n-1)(n-2)$$
$$-n+5 = n^2 - 3n + 2, \quad n^2 - 2n - 3 = 0$$
$$(n+1)(n-3) = 0$$
따라서 $n = 3$

7
▶ 24639-0302

아버지, 어머니, 아들, 딸로 구성된 4명의 가족이 있다. 이 가족이 그림과 같이 번호가 적힌 7개의 의자 중 4개의 의자에 모두 앉을 때, 아들, 딸이 모두 짝수 번호가 적힌 의자에 앉는 경우의 수는?

① 100　　② 120　　③ 140
④ 160　　⑤ 180

답 ②

풀이 짝수 번호가 적힌 3개의 의자 중에서 2개의 의자를 택하여 아들, 딸이 앉는 경우의 수는
$${}_3\mathrm{P}_2 = 3 \times 2 = 6$$
나머지 5개의 의자 중에서 2개의 의자를 택하여 아버지, 어머니가 앉는 경우의 수는
$${}_5\mathrm{P}_2 = 5 \times 4 = 20$$
따라서 구하는 경우의 수는
$$6 \times 20 = 120$$

8
▶ 24639-0303

7개의 문자 n, u, m, b, e, r, s를 일렬로 나열할 때, 모음 사이에 2개의 자음이 오도록 나열하는 경우의 수는?

① 888　　② 912　　③ 936
④ 960　　⑤ 984

답 ④

풀이 두 개의 모음 u, e를 일렬로 나열하는 경우의 수는
$${}_2\mathrm{P}_2 = 2 \times 1 = 2$$
다섯 개의 자음 중 두 개의 모음 u와 e 사이에 두 개의 자음을 나열하는 경우의 수는
$${}_5\mathrm{P}_2 = 5 \times 4 = 20$$
두 개의 모음 u, e와 모음 사이에 나열한 자음 2개를 묶어 이를 G라 하면 G와 나머지 자음 3개를 일렬로 나열하는 경우의 수는
$$4! = 4 \times 3 \times 2 \times 1 = 24$$
따라서 곱의 법칙에 의하여 구하는 경우의 수는
$$2 \times 20 \times 24 = 960$$

9
▶ 24639-0304

그림과 같이 3인용 의자와 4인용 의자가 하나씩 있다. 여학생 2명과 남학생 3명이 다음 조건을 만족시키면서 모두 의자에 앉는 경우의 수는?

(가) 여학생은 이웃하여 앉는다.
(나) 남학생은 각 줄의 양 끝 자리에만 앉는다.

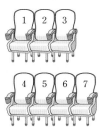

① 92　　② 94　　③ 96
④ 98　　⑤ 100

답 ③

풀이 그림과 같이 3인용 의자의 왼쪽부터 1, 2, 3, 4인용 의자의 왼쪽부터 4, 5, 6, 7의 번호를 부여하자.

```
1  2  3
4  5  6  7
```

(ⅰ) 양 끝 자리 중 한 자리를 포함하여 여학생 두 명이 이웃하여 앉는 경우

여학생 2명이 이웃하여 앉을 수 있는 자리는

$(1, 2), (2, 3), (4, 5), (6, 7)$

로 4가지이고, 각 경우마다 여학생 2명이 자리를 바꾸는 경우의 수는 $2!$이다. 또한, 양 끝 자리 중 남은 세 자리에 남학생 3명이 앉는 경우의 수는 $3!$이므로

$(4 \times 2!) \times 3! = (4 \times 2 \times 1) \times 3 \times 2 \times 1 = 48$

(ⅱ) 양 끝 자리에 여학생이 앉지 않는 경우

여학생 2명이 이웃하여 앉을 수 있는 자리는

$(5, 6)$

으로 1가지이고, 이때 여학생 2명이 자리를 바꾸는 경우의 수는 $2!$이다. 또한, 양 끝 자리인 네 자리 중 남학생 3명이 앉는 경우의 수는 $_4\mathrm{P}_3$이므로

$(1 \times 2!) \times _4\mathrm{P}_3 = (1 \times 2) \times 4 \times 3 \times 2 = 48$

(ⅰ), (ⅱ)에 의하여 구하는 경우의 수는

$48 + 48 = 96$

10

▸ 24639-0305

등식 $4 \times _5\mathrm{P}_3 + 24 \times _5\mathrm{C}_4 = _n\mathrm{P}_4$를 만족시키는 자연수 n의 값은? (단, $n \geq 4$)

① 4　　　　　② 5　　　　　③ 6

④ 7　　　　　⑤ 8

답 ③

풀이 $_5\mathrm{P}_3 = _5\mathrm{C}_3 \times 3!$, $_n\mathrm{P}_4 = _n\mathrm{C}_4 \times 4!$이므로

$4 \times _5\mathrm{C}_3 \times 3! + 24 \times _5\mathrm{C}_4 = _n\mathrm{P}_4$에서

$_5\mathrm{C}_3 \times 4! + _5\mathrm{C}_4 \times 4! = _n\mathrm{C}_4 \times 4!$

$_5\mathrm{C}_3 + _5\mathrm{C}_4 = _n\mathrm{C}_4$

따라서 자연수 n의 값은 6이다.

11

▸ 24639-0306

$c < b < a < 10$인 세 자연수 a, b, c가 있다. 백의 자리의 수가 a, 십의 자리의 수가 b, 일의 자리의 수가 c인 세 자리의 자연수 중 700보다 큰 자연수의 개수를 구하시오.

답 64

풀이 구하는 자연수가 700보다 크므로 $7 \leq a < 10$

(ⅰ) $a = 7$일 때

$c < b < a = 7$을 만족시키는 b, c를 정하는 경우의 수는 1부터 6까지의 자연수 중에서 2개의 자연수를 선택하는 조합의 수와 같으므로

$_6\mathrm{C}_2 = \dfrac{6 \times 5}{2} = 15$

(ⅱ) $a = 8$일 때

$c < b < a = 8$을 만족시키는 b, c를 정하는 경우의 수는 1부터 7까지의 자연수 중에서 2개의 자연수를 선택하는 조합의 수와 같으므로

$_7\mathrm{C}_2 = \dfrac{7 \times 6}{2} = 21$

(ⅱ) $a = 9$일 때

$c < b < a = 9$를 만족시키는 b, c를 정하는 경우의 수는 1부터 8까지의 자연수 중에서 2개의 자연수를 선택하는 조합의 수와 같으므로

$_8\mathrm{C}_2 = \dfrac{8 \times 7}{2} = 28$

(ⅰ), (ⅱ), (ⅲ)에서 구하는 경우의 수는 합의 법칙에 의하여

$15 + 21 + 28 = 64$

12

▸ 24639-0307

빨간색, 파란색, 노란색을 포함한 서로 다른 색의 8개의 구슬 가운데 5개의 구슬을 선택하려고 한다. 이때 빨간색과 파란색 구슬을 모두 포함하여 선택하는 경우의 수를 m, 노란색 구슬을 제외하고 선택하는 경우의 수를 n이라 하자. $m+n$의 값은? (단, 모든 구슬은 한 가지 색으로만 칠해져 있다.)

① 38　　　　② 39　　　　③ 40

④ 41　　　　⑤ 42

답 ④

풀이 서로 다른 색의 8개의 구슬 중 5개를 선택할 때 빨간색과 파란색을 모두 포함하여 선택하는 경우의 수는 빨간색과 파란색을 제외한 서로 다른 6개의 구슬 중 3개를 선택하는 경우의 수와 같으므로

$m = _6\mathrm{C}_3 = \dfrac{6 \times 5 \times 4}{3 \times 2 \times 1} = 20$

한편 노란색 구슬을 제외하고 선택하는 경우의 수는 노란색 구슬을 제외한 7개의 구슬 중 5개를 선택하는 경우의 수와 같으므로

$n = _7\mathrm{C}_5 = _7\mathrm{C}_2 = \dfrac{7 \times 6}{2 \times 1} = 21$

따라서 $m + n = 20 + 21 = 41$

삼각형 ABC에서 꼭짓점 A와 선분 BC 위의 네 점을 연결하는 4개의 선분을 그리고, 선분 AB 위의 세 점과 선분 AC 위의 세 점을 연결하는 3개의 선분을 그려 그림과 같은 도형을 만들었다. 이 도형의 선들로 만들 수 있는 삼각형의 개수는?

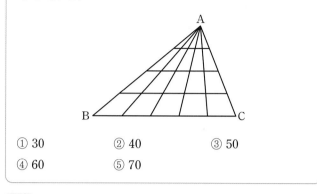

① 30   ② 40   ③ 50
④ 60   ⑤ 70

답 ④

풀이

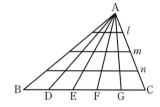

위의 그림과 같이 선분 BC 위의 네 점을 점 B에 가까운 쪽부터 D, E, F, G라 하고, 선분 AB 위의 세 점과 선분 AC 위의 세 점을 연결한 3개의 선분을 점 A에 가까운 쪽부터 l, m, n이라 하자. 6개의 직선 AB, AD, AE, AF, AG, AC 중 서로 다른 2개의 직선을 택하고, 4개의 직선 l, m, n, BC 중 1개의 직선을 택하면 세 개의 직선으로 둘러싸인 삼각형이 1개 만들어진다.

따라서 이 도형의 선들로 만들 수 있는 삼각형의 개수는

$${}_6C_2 \times {}_4C_1 = \frac{6 \times 5}{2 \times 1} \times 4 = 60$$

14 ▶ 24639-0309

남학생 5명과 여학생 4명으로 구성된 어느 동아리에서 동아리 발표대회에 참가할 4명의 대표를 선발하려고 한다. 4명의 대표 중에서 남학생과 여학생을 적어도 1명씩 포함하여 선발하는 경우의 수는?

① 108   ② 120   ③ 132
④ 144   ⑤ 156

답 ②

풀이 동아리 전체에서 4명의 대표를 선발하는 경우의 수는

$${}_9C_4 = \frac{9 \times 8 \times 7 \times 6}{4 \times 3 \times 2 \times 1} = 126$$

이 중에서 동아리 대표로 남학생만 4명이 선발되는 경우의 수와 여학생만 4명이 선발되는 경우의 수를 제외하면 된다.

남학생 4명만 선발하는 경우의 수는 ${}_5C_4 = 5$

여학생 4명만 선발하는 경우의 수는 1

따라서 구하는 경우의 수는

$126 - 5 - 1 = 120$

15 ▶ 24639-0310

그림과 같은 A, B, C, D, E, F의 영역에 4가지 색의 일부 또는 전부를 이용하여 색칠하려고 한다. 같은 색을 중복하여 사용해도 좋으나 인접한 영역에는 서로 다른 색을 칠할 때, 모든 영역을 색칠하는 방법의 수를 구하시오.

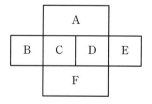

답 432

풀이 A, C, D, F, B, E의 순서로 색칠한다고 할 때,

A를 색칠하는 경우의 수는 4,

C는 A와 다른 색을 칠해야 하므로 C를 색칠하는 경우의 수는 3,

D는 A, C와 다른 색을 칠해야 하므로 D를 색칠하는 경우의 수는 2,

F는 C, D와 다른 색을 칠해야 하므로 F를 색칠하는 경우의 수는 2,

B는 C와 다른 색을 칠해야 하므로 B를 색칠하는 경우의 수는 3,

E는 D와 다른 색을 칠해야 하므로 E를 색칠하는 경우의 수는 3

따라서 구하는 방법의 수는

$4 \times 3 \times 2 \times 2 \times 3 \times 3 = 432$

▶ 24639-0311

서술형

16

0부터 9까지의 서로 다른 네 정수 a, b, c, d에 대하여 다음 조건을 만족시키는 네 자리의 자연수

$$N = a \times 10^3 + b \times 10^2 + c \times 10 + d$$

의 개수를 구하시오.

> (가) N은 5의 배수이다.
> (나) $a < b < c$이고 $d < c$이다.

답 136

풀이 조건 (가)에 의하여 $d = 0$ 또는 $d = 5$이다. ······ ❶

N이 네 자리의 자연수이므로 $a > 0$이다.

(i) $d = 0$인 경우

조건 (나)에 의하여 $0 < a < b < c$이므로 $c > d$는 항상 성립한다.
따라서 조건을 만족시키는 자연수 N의 개수는 1부터 9까지의 정수 중 3개를 선택하는 경우의 수와 같다.
따라서 $_9\mathrm{C}_3 = \dfrac{9 \times 8 \times 7}{3 \times 2 \times 1} = 84$ ······ ❷

(ii) $d = 5$인 경우

조건 (나)에 의하여 $c > 5$이므로
$c = 6$일 때 $a < b < c$를 만족시키는 세 정수 a, b, c의 순서쌍의 개수는 1부터 4까지의 정수 중 2개를 선택하는 경우의 수와 같으므로 $_4\mathrm{C}_2 = \dfrac{4 \times 3}{2} = 6$

$c = 7$일 때 $a < b < c$를 만족시키는 세 정수 a, b, c의 순서쌍의 개수는 1, 2, 3, 4, 6 중 2개를 선택하는 경우의 수와 같으므로 $_5\mathrm{C}_2 = \dfrac{5 \times 4}{2} = 10$

$c = 8$일 때 $a < b < c$를 만족시키는 세 정수 a, b, c의 순서쌍의 개수는 1, 2, 3, 4, 6, 7 중 2개를 선택하는 경우의 수와 같으므로 $_6\mathrm{C}_2 = \dfrac{6 \times 5}{2} = 15$

$c = 9$일 때 $a < b < c$를 만족시키는 세 정수 a, b, c의 순서쌍의 개수는 1, 2, 3, 4, 6, 7, 8 중 2개를 선택하는 경우의 수와 같으므로 $_7\mathrm{C}_2 = \dfrac{7 \times 6}{2} = 21$ ······ ❸

따라서 합의 법칙에 의하여 구하는 경우의 수는
$84 + (6 + 10 + 15 + 21) = 136$ ······ ❹

채점 기준	배점
❶ $d = 0$ 또는 $d = 5$임을 구분하기	10 %
❷ $d = 0$인 경우의 수 구하기	30 %
❸ $d = 5$인 경우의 수 구하기	50 %
❹ 정답 구하기	10 %

17

▶ 24639-0312

서로 다른 종류의 사탕 3개와 같은 종류의 초콜릿 2개를 4명의 학생에게 남김없이 나누어 주려고 한다. 아무것도 받지 못하는 학생이 없도록 사탕과 초콜릿을 나누어 주는 경우의 수를 구하시오.

답 132

풀이 사탕과 초콜릿을 합하면 5개이고 이를 4명의 학생에게 남김없이 나누어 주면 반드시 1명은 2개를 받아야 한다.

(i) 1명의 학생이 사탕 2개를 받는 경우

서로 다른 사탕 3개 중 2개의 사탕을 고르는 경우의 수는 $_3\mathrm{C}_2$이고, 이 2개의 사탕을 받는 학생을 고르는 경우의 수는 4, 남은 사탕 1개를 받는 학생을 정하는 경우의 수는 3, 사탕을 받지 못한 2명의 학생에게는 초콜릿을 1개씩 나누어 주면 되므로 1명의 학생이 사탕 2개를 받는 경우의 수는
$_3\mathrm{C}_2 \times 4 \times 3 = 36$ ······ ❶

(ii) 1명의 학생이 초콜릿 2개를 받는 경우

초콜릿 2개를 받는 학생을 정하는 경우의 수는 4이고, 나머지 3명의 학생에게 서로 다른 사탕 3개를 하나씩 나누어 주는 경우의 수는 3!이므로 1명의 학생이 초콜릿 2개를 받는 경우의 수는
$4 \times 3! = 24$ ······ ❷

(iii) 1명의 학생이 사탕 1개와 초콜릿 1개를 받는 경우

서로 다른 사탕 3개 중 1개의 사탕을 고르는 경우의 수는 $_3\mathrm{C}_1$이고, 이 1개의 사탕과 초콜릿 1개를 받는 학생을 고르는 경우의 수는 4, 나머지 3명의 학생에게 남은 초콜릿 1개와 사탕 2개를 받는 학생을 정하는 경우의 수는 3!이므로 1명의 학생이 사탕 1개와 초콜릿 1개를 받는 경우의 수는
$_3\mathrm{C}_1 \times 4 \times 3! = 72$ ······ ❸

(i), (ii), (iii)에 의하여 구하는 경우의 수는
$36 + 24 + 72 = 132$ ······ ❹

채점 기준	배점
❶ 1명의 학생이 사탕 2개를 받는 경우의 수 구하기	30 %
❷ 1명의 학생이 초콜릿 2개를 받는 경우의 수 구하기	30 %
❸ 1명의 학생이 사탕 1개와 초콜릿 1개를 받는 경우의 수 구하기	30 %
❹ 정답 구하기	10 %

IV 행렬

08 행렬과 그 연산

개념 CHECK 본문 110~116쪽

1. 행렬의 뜻

1 ▶ 24639-0313

다음 $m \times n$ 행렬에 대하여 m, n의 값을 구하시오.

(1) $\begin{pmatrix} 3 \\ -1 \end{pmatrix}$ (2) $\begin{pmatrix} 2 & 5 \\ 1 & 8 \end{pmatrix}$ (3) $\begin{pmatrix} -1 & 4 \\ 0 & 2 \\ 1 & -3 \end{pmatrix}$

(1) 2×1 행렬이므로 $m=2$, $n=1$
(2) 2×2 행렬이므로 $m=2$, $n=2$
(3) 3×2 행렬이므로 $m=3$, $n=2$

目 (1) $m=2$, $n=1$ (2) $m=2$, $n=2$ (3) $m=3$, $n=2$

2 ▶ 24639-0314

행렬 $A = \begin{pmatrix} 1 & -1 & 2 \\ 4 & 3 & 1 \\ 0 & -5 & 3 \end{pmatrix}$에 대하여 다음을 구하시오.

(1) $(1, 3)$ 성분 (2) $(2, 2)$ 성분 (3) $(3, 2)$ 성분

(1) $(1, 3)$ 성분은 제1행과 제3열이 만나는 위치의 성분이므로 2
(2) $(2, 2)$ 성분은 제2행과 제2열이 만나는 위치의 성분이므로 3
(3) $(3, 2)$ 성분은 제3행과 제2열이 만나는 위치의 성분이므로 -5

目 (1) 2 (2) 3 (3) -5

2. 두 행렬이 같을 조건

3 ▶ 24639-0315

다음 등식을 만족시키는 실수 x, y의 값을 구하시오.

(1) $\begin{pmatrix} x+1 \\ 2y-3 \end{pmatrix} = \begin{pmatrix} 4 \\ -1 \end{pmatrix}$
(2) $(x-y \quad 2x+y) = (-3 \quad 9)$
(3) $\begin{pmatrix} 3x+1 & -4 \\ -6 & 4 \end{pmatrix} = \begin{pmatrix} 7 & -4 \\ -6 & y+6 \end{pmatrix}$
(4) $\begin{pmatrix} 2x-3y & 3 \\ -6 & 2 \end{pmatrix} = \begin{pmatrix} -8 & 3 \\ 2x-2y & 2 \end{pmatrix}$

(1) 두 행렬의 대응하는 성분이 각각 같으므로
$x+1=4$ ...... ㉠
$2y-3=-1$ ...... ㉡
㉠, ㉡에서 $x=3$, $y=1$
(2) 두 행렬의 대응하는 성분이 각각 같으므로
$x-y=-3$ ...... ㉠
$2x+y=9$ ...... ㉡
㉠, ㉡을 연립하여 풀면 $x=2$, $y=5$
(3) 두 행렬의 대응하는 성분이 각각 같으므로
$3x+1=7$ ...... ㉠
$4=y+6$ ...... ㉡
㉠, ㉡에서 $x=2$, $y=-2$
(4) 두 행렬의 대응하는 성분이 각각 같으므로
$2x-3y=-8$ ...... ㉠
$-6=2x-2y$ ...... ㉡
㉠, ㉡을 연립하여 풀면 $x=-1$, $y=2$

目 (1) $x=3$, $y=1$ (2) $x=2$, $y=5$
(3) $x=2$, $y=-2$ (4) $x=-1$, $y=2$

3. 행렬의 덧셈, 뺄셈과 실수배

4 ▶ 24639-0316

다음을 계산하시오.

(1) $\begin{pmatrix} 5 \\ -2 \end{pmatrix} + \begin{pmatrix} 1 \\ 4 \end{pmatrix}$ (2) $\begin{pmatrix} -1 & 3 \\ 6 & 1 \end{pmatrix} - \begin{pmatrix} 3 & -1 \\ 2 & -2 \end{pmatrix}$
(3) $\begin{pmatrix} 1 & 5 \\ -1 & 3 \\ 1 & -4 \end{pmatrix} - \begin{pmatrix} 4 & 1 \\ -2 & 0 \\ 1 & 3 \end{pmatrix}$

(1) $\begin{pmatrix} 5 \\ -2 \end{pmatrix} + \begin{pmatrix} 1 \\ 4 \end{pmatrix} = \begin{pmatrix} 5+1 \\ -2+4 \end{pmatrix} = \begin{pmatrix} 6 \\ 2 \end{pmatrix}$
(2) $\begin{pmatrix} -1 & 3 \\ 6 & 1 \end{pmatrix} - \begin{pmatrix} 3 & -1 \\ 2 & -2 \end{pmatrix} = \begin{pmatrix} -1-3 & 3-(-1) \\ 6-2 & 1-(-2) \end{pmatrix}$
$= \begin{pmatrix} -4 & 4 \\ 4 & 3 \end{pmatrix}$
(3) $\begin{pmatrix} 1 & 5 \\ -1 & 3 \\ 1 & -4 \end{pmatrix} - \begin{pmatrix} 4 & 1 \\ -2 & 0 \\ 1 & 3 \end{pmatrix} = \begin{pmatrix} 1-4 & 5-1 \\ -1-(-2) & 3-0 \\ 1-1 & -4-3 \end{pmatrix}$
$= \begin{pmatrix} -3 & 4 \\ 1 & 3 \\ 0 & -7 \end{pmatrix}$

目 (1) $\begin{pmatrix} 6 \\ 2 \end{pmatrix}$ (2) $\begin{pmatrix} -4 & 4 \\ 4 & 3 \end{pmatrix}$ (3) $\begin{pmatrix} -3 & 4 \\ 1 & 3 \\ 0 & -7 \end{pmatrix}$

5 ▶ 24639-0317

두 행렬 $A=\begin{pmatrix} 2 & 1 \\ -3 & 2 \end{pmatrix}$, $B=\begin{pmatrix} 1 & 4 \\ 0 & 3 \end{pmatrix}$에 대하여 다음 행렬을 구하시오.

(1) $A+B$ (2) $2B-A$ (3) $3A+2B$

(1) $A+B=\begin{pmatrix} 2 & 1 \\ -3 & 2 \end{pmatrix}+\begin{pmatrix} 1 & 4 \\ 0 & 3 \end{pmatrix}$

$=\begin{pmatrix} 2+1 & 1+4 \\ -3+0 & 2+3 \end{pmatrix}=\begin{pmatrix} 3 & 5 \\ -3 & 5 \end{pmatrix}$

(2) $2B-A=2\begin{pmatrix} 1 & 4 \\ 0 & 3 \end{pmatrix}-\begin{pmatrix} 2 & 1 \\ -3 & 2 \end{pmatrix}$

$=\begin{pmatrix} 2\times1-2 & 2\times4-1 \\ 2\times0-(-3) & 2\times3-2 \end{pmatrix}=\begin{pmatrix} 0 & 7 \\ 3 & 4 \end{pmatrix}$

(3) $3A+2B=3\begin{pmatrix} 2 & 1 \\ -3 & 2 \end{pmatrix}+2\begin{pmatrix} 1 & 4 \\ 0 & 3 \end{pmatrix}$

$=\begin{pmatrix} 3\times2+2\times1 & 3\times1+2\times4 \\ 3\times(-3)+2\times0 & 3\times2+2\times3 \end{pmatrix}=\begin{pmatrix} 8 & 11 \\ -9 & 12 \end{pmatrix}$

답 (1) $\begin{pmatrix} 3 & 5 \\ -3 & 5 \end{pmatrix}$ (2) $\begin{pmatrix} 0 & 7 \\ 3 & 4 \end{pmatrix}$ (3) $\begin{pmatrix} 8 & 11 \\ -9 & 12 \end{pmatrix}$

4. 행렬의 덧셈과 실수배의 성질

6 ▶ 24639-0318

다음 등식을 만족시키는 행렬 X를 구하시오.

(1) $\begin{pmatrix} -2 & -1 \\ 3 & 1 \end{pmatrix}+X=\begin{pmatrix} 4 & 2 \\ -1 & 1 \end{pmatrix}$

(2) $X-\begin{pmatrix} 1 & 8 \\ 7 & -3 \end{pmatrix}=\begin{pmatrix} 2 & 5 \\ -1 & 5 \end{pmatrix}$

(1) $\begin{pmatrix} -2 & -1 \\ 3 & 1 \end{pmatrix}+X=\begin{pmatrix} 4 & 2 \\ -1 & 1 \end{pmatrix}$에서

$X=\begin{pmatrix} 4 & 2 \\ -1 & 1 \end{pmatrix}-\begin{pmatrix} -2 & -1 \\ 3 & 1 \end{pmatrix}=\begin{pmatrix} 6 & 3 \\ -4 & 0 \end{pmatrix}$

(2) $X-\begin{pmatrix} 1 & 8 \\ 7 & -3 \end{pmatrix}=\begin{pmatrix} 2 & 5 \\ -1 & 5 \end{pmatrix}$에서

$X=\begin{pmatrix} 2 & 5 \\ -1 & 5 \end{pmatrix}+\begin{pmatrix} 1 & 8 \\ 7 & -3 \end{pmatrix}=\begin{pmatrix} 3 & 13 \\ 6 & 2 \end{pmatrix}$

답 (1) $\begin{pmatrix} 6 & 3 \\ -4 & 0 \end{pmatrix}$ (2) $\begin{pmatrix} 3 & 13 \\ 6 & 2 \end{pmatrix}$

7 ▶ 24639-0319

두 행렬 $A=\begin{pmatrix} 2 & 1 \\ -3 & 2 \end{pmatrix}$, $B=\begin{pmatrix} 1 & 4 \\ 0 & 3 \end{pmatrix}$, $C=\begin{pmatrix} -2 & 3 \\ 1 & 4 \end{pmatrix}$에 대하여 다음 행렬을 구하시오.

(1) $A+B-(A-B)$ (2) $2(B+A)-2(B-C)$
(3) $A-2(B-C)$

(1) $A+B-(A-B)=A+B-A+B=2B$

$=2\begin{pmatrix} 1 & 4 \\ 0 & 3 \end{pmatrix}=\begin{pmatrix} 2 & 8 \\ 0 & 6 \end{pmatrix}$

(2) $2(B+A)-2(B-C)=2B+2A-2B+2C$

$=2A+2C$

$=2\begin{pmatrix} 2 & 1 \\ -3 & 2 \end{pmatrix}+2\begin{pmatrix} -2 & 3 \\ 1 & 4 \end{pmatrix}$

$=\begin{pmatrix} 2\times2+2\times(-2) & 2\times1+2\times3 \\ 2\times(-3)+2\times1 & 2\times2+2\times4 \end{pmatrix}$

$=\begin{pmatrix} 0 & 8 \\ -4 & 12 \end{pmatrix}$

(3) $A-2(B-C)=A-2B+2C$

$=\begin{pmatrix} 2 & 1 \\ -3 & 2 \end{pmatrix}-2\begin{pmatrix} 1 & 4 \\ 0 & 3 \end{pmatrix}+2\begin{pmatrix} -2 & 3 \\ 1 & 4 \end{pmatrix}$

$=\begin{pmatrix} 2-2\times1+2\times(-2) & 1-2\times4+2\times3 \\ -3-2\times0+2\times1 & 2-2\times3+2\times4 \end{pmatrix}$

$=\begin{pmatrix} -4 & -1 \\ -1 & 4 \end{pmatrix}$

답 (1) $\begin{pmatrix} 2 & 8 \\ 0 & 6 \end{pmatrix}$ (2) $\begin{pmatrix} 0 & 8 \\ -4 & 12 \end{pmatrix}$ (3) $\begin{pmatrix} -4 & -1 \\ -1 & 4 \end{pmatrix}$

5. 행렬의 곱셈(1)

8 ▶ 24639-0320

다음을 계산하시오.

(1) $(1 \quad 2)\begin{pmatrix} -2 \\ 3 \end{pmatrix}$ (2) $(3 \quad -1)\begin{pmatrix} 5 & 1 \\ 3 & 2 \end{pmatrix}$

(3) $\begin{pmatrix} -2 \\ 5 \end{pmatrix}(3 \quad 2)$ (4) $\begin{pmatrix} 1 & 3 \\ 4 & 2 \end{pmatrix}\begin{pmatrix} -1 \\ 4 \end{pmatrix}$

(5) $\begin{pmatrix} 2 & 0 \\ 3 & 1 \end{pmatrix}\begin{pmatrix} 2 & 1 \\ 3 & -2 \end{pmatrix}$ (6) $\begin{pmatrix} 3 & 1 \\ 0 & 2 \end{pmatrix}\begin{pmatrix} 2 & 2 \\ 4 & 1 \end{pmatrix}$

(1) $(1 \quad 2)\begin{pmatrix} -2 \\ 3 \end{pmatrix}=(1\times(-2)+2\times3)=(4)$

(2) $(3 \quad -1)\begin{pmatrix} 5 & 1 \\ 3 & 2 \end{pmatrix}$

$=(3\times5+(-1)\times3 \quad 3\times1+(-1)\times2)=(12 \quad 1)$

(3) $\begin{pmatrix} -2 \\ 5 \end{pmatrix}(3 \quad 2)=\begin{pmatrix} -2\times3 & -2\times2 \\ 5\times3 & 5\times2 \end{pmatrix}=\begin{pmatrix} -6 & -4 \\ 15 & 10 \end{pmatrix}$

(4) $\begin{pmatrix} 1 & 3 \\ 4 & 2 \end{pmatrix}\begin{pmatrix} -1 \\ 4 \end{pmatrix}=\begin{pmatrix} 1\times(-1)+3\times4 \\ 4\times(-1)+2\times4 \end{pmatrix}=\begin{pmatrix} 11 \\ 4 \end{pmatrix}$

(5) $\begin{pmatrix} 2 & 0 \\ 3 & 1 \end{pmatrix}\begin{pmatrix} 2 & 1 \\ 3 & -2 \end{pmatrix} = \begin{pmatrix} 2\times2+0\times3 & 2\times1+0\times(-2) \\ 3\times2+1\times3 & 3\times1+1\times(-2) \end{pmatrix}$

$\qquad\qquad\qquad\quad = \begin{pmatrix} 4 & 2 \\ 9 & 1 \end{pmatrix}$

(6) $\begin{pmatrix} 3 & 1 \\ 0 & 2 \end{pmatrix}\begin{pmatrix} 2 & 2 \\ 4 & 1 \end{pmatrix} = \begin{pmatrix} 3\times2+1\times4 & 3\times2+1\times1 \\ 0\times2+2\times4 & 0\times2+2\times1 \end{pmatrix}$

$\qquad\qquad\qquad\quad = \begin{pmatrix} 10 & 7 \\ 8 & 2 \end{pmatrix}$

🔚 $(1)\ (4)$ $(2)\ (12 \ \ 1)$ $(3) \begin{pmatrix} -6 & -4 \\ 15 & 10 \end{pmatrix}$ $(4) \begin{pmatrix} 11 \\ 4 \end{pmatrix}$ $(5) \begin{pmatrix} 4 & 2 \\ 9 & 1 \end{pmatrix}$ $(6) \begin{pmatrix} 10 & 7 \\ 8 & 2 \end{pmatrix}$

6. 행렬의 곱셈(2)

9 ▸ 24639-0321

행렬 $A = \begin{pmatrix} 1 & 1 \\ 0 & -1 \end{pmatrix}$ 에 대하여 다음 행렬을 구하시오.

(1) A^2 (2) A^3

(1) $A^2 = \begin{pmatrix} 1 & 1 \\ 0 & -1 \end{pmatrix}\begin{pmatrix} 1 & 1 \\ 0 & -1 \end{pmatrix} = \begin{pmatrix} 1 & 0 \\ 0 & 1 \end{pmatrix}$

(2) $A^3 = A^2A = \begin{pmatrix} 1 & 0 \\ 0 & 1 \end{pmatrix}\begin{pmatrix} 1 & 1 \\ 0 & -1 \end{pmatrix} = \begin{pmatrix} 1 & 1 \\ 0 & -1 \end{pmatrix}$

🔚 $(1) \begin{pmatrix} 1 & 0 \\ 0 & 1 \end{pmatrix}$ $(2) \begin{pmatrix} 1 & 1 \\ 0 & -1 \end{pmatrix}$

10 ▸ 24639-0322

두 행렬 $A = \begin{pmatrix} -1 & 1 \\ 2 & 0 \end{pmatrix}$, $E = \begin{pmatrix} 1 & 0 \\ 0 & 1 \end{pmatrix}$ 에 대하여 다음 행렬을 구하시오.

(1) E^{10} (2) $E^{20}+(-E)^{20}$

(3) AE (4) EA

(1) $E^{10} = E = \begin{pmatrix} 1 & 0 \\ 0 & 1 \end{pmatrix}$

(2) $E^{20}+(-E)^{20} = E^{20}+\{(-E)^2\}^{10} = E^{20}+E^{20}$

$\qquad\qquad\qquad\quad = E+E = 2E = \begin{pmatrix} 2 & 0 \\ 0 & 2 \end{pmatrix}$

(3) $AE = A = \begin{pmatrix} -1 & 1 \\ 2 & 0 \end{pmatrix}$

(4) $EA = A = \begin{pmatrix} -1 & 1 \\ 2 & 0 \end{pmatrix}$

🔚 $(1) \begin{pmatrix} 1 & 0 \\ 0 & 1 \end{pmatrix}$ $(2) \begin{pmatrix} 2 & 0 \\ 0 & 2 \end{pmatrix}$ $(3) \begin{pmatrix} -1 & 1 \\ 2 & 0 \end{pmatrix}$ $(4) \begin{pmatrix} -1 & 1 \\ 2 & 0 \end{pmatrix}$

7. 행렬의 곱셈의 성질

11 ▸ 24639-0323

세 행렬 $A = \begin{pmatrix} -1 & -1 \\ 0 & 1 \end{pmatrix}$, $B = \begin{pmatrix} 1 & 2 \\ 1 & -1 \end{pmatrix}$, $C = \begin{pmatrix} 2 & 1 \\ -1 & 0 \end{pmatrix}$에 대하여 $(AB)C = A(BC)$가 성립함을 확인하시오.

$(AB)C = \left\{\begin{pmatrix} -1 & -1 \\ 0 & 1 \end{pmatrix}\begin{pmatrix} 1 & 2 \\ 1 & -1 \end{pmatrix}\right\}\begin{pmatrix} 2 & 1 \\ -1 & 0 \end{pmatrix}$

$\qquad = \begin{pmatrix} -2 & -1 \\ 1 & -1 \end{pmatrix}\begin{pmatrix} 2 & 1 \\ -1 & 0 \end{pmatrix} = \begin{pmatrix} -3 & -2 \\ 3 & 1 \end{pmatrix}$

$A(BC) = \begin{pmatrix} -1 & -1 \\ 0 & 1 \end{pmatrix}\left\{\begin{pmatrix} 1 & 2 \\ 1 & -1 \end{pmatrix}\begin{pmatrix} 2 & 1 \\ -1 & 0 \end{pmatrix}\right\}$

$\qquad = \begin{pmatrix} -1 & -1 \\ 0 & 1 \end{pmatrix}\begin{pmatrix} 0 & 1 \\ 3 & 1 \end{pmatrix} = \begin{pmatrix} -3 & -2 \\ 3 & 1 \end{pmatrix}$

이므로 $(AB)C = A(BC)$이다.

🔚 풀이 참조

12 ▸ 24639-0324

세 행렬 $A = \begin{pmatrix} 1 & -1 \\ -1 & 1 \end{pmatrix}$, $B = \begin{pmatrix} 2 & 1 \\ -1 & 2 \end{pmatrix}$, $C = \begin{pmatrix} 1 & 1 \\ 2 & 0 \end{pmatrix}$에 대하여 $A(B+C) = AB+AC$가 성립함을 확인하시오.

$A(B+C) = \begin{pmatrix} 1 & -1 \\ -1 & 1 \end{pmatrix}\left\{\begin{pmatrix} 2 & 1 \\ -1 & 2 \end{pmatrix}+\begin{pmatrix} 1 & 1 \\ 2 & 0 \end{pmatrix}\right\}$

$\qquad\quad = \begin{pmatrix} 1 & -1 \\ -1 & 1 \end{pmatrix}\begin{pmatrix} 3 & 2 \\ 1 & 2 \end{pmatrix} = \begin{pmatrix} 2 & 0 \\ -2 & 0 \end{pmatrix}$

$AB+AC = \begin{pmatrix} 1 & -1 \\ -1 & 1 \end{pmatrix}\begin{pmatrix} 2 & 1 \\ -1 & 2 \end{pmatrix}+\begin{pmatrix} 1 & -1 \\ -1 & 1 \end{pmatrix}\begin{pmatrix} 1 & 1 \\ 2 & 0 \end{pmatrix}$

$\qquad\quad = \begin{pmatrix} 3 & -1 \\ -3 & 1 \end{pmatrix}+\begin{pmatrix} -1 & 1 \\ 1 & -1 \end{pmatrix} = \begin{pmatrix} 2 & 0 \\ -2 & 0 \end{pmatrix}$

이므로 $A(B+C) = AB+AC$이다.

🔚 풀이 참조

대표유형 01 행렬의 성분

▶ 24639-0325

2×3 행렬 A의 (i, j) 성분 a_{ij}가

$$a_{ij} = i^2 - 2j$$

일 때, 행렬 A의 모든 성분의 합은?

① -10 ② -9 ③ -8 ④ -7 ⑤ -6

MD의 한마디!

행렬 A의 (i, j) 성분 a_{ij}의 식이 주어진 경우

① 행렬의 행의 개수와 열의 개수에 따라 i, j에 차례로 수를 대입하여 각 a_{ij}의 값을 구합니다.

② ①에서 구한 a_{ij}로 행렬 A의 모든 성분의 합을 구합니다.

MD's Solution

행렬 A가 2×3 행렬이므로 $a_{ij} = i^2 - 2j$에 $i = 1, 2$, $j = 1, 2, 3$을 차례로 대입하면

$a_{11} = 1^2 - 2 \times 1 = -1$

→ a_{11}은 a_{ij}에서 $i = 1$, $j = 1$을 대입하면 돼.

→ 먼저 i에 1을 대입한 후 j에 1, 2, 3을 차례로 대입하고, i에 2를 대입한 후 j에 1, 2, 3을 차례로 대입해보자.

$a_{12} = 1^2 - 2 \times 2 = -3$ $a_{13} = 1^2 - 2 \times 3 = -5$

$a_{21} = 2^2 - 2 \times 1 = 2$ $a_{22} = 2^2 - 2 \times 2 = 0$

$a_{23} = 2^2 - 2 \times 3 = -2$

$A = \begin{pmatrix} a_{11} & a_{12} & a_{13} \\ a_{21} & a_{22} & a_{23} \end{pmatrix} = \begin{pmatrix} -1 & -3 & -5 \\ 2 & 0 & -2 \end{pmatrix}$ 이므로

→ 행렬 A는 행의 개수가 2, 열의 개수가 3이므로 이렇게 나타낼 수 있어.

행렬 A의 모든 성분의 합은 $-1 + (-3) + (-5) + 2 + 0 + (-2) = -9$

답 ②

유제

01-1

▶ 24639-0326

이차정사각행렬 A의 (i, j) 성분 a_{ij}가

$$a_{ij} = \begin{cases} i^2 + j & (i = j) \\ 3ij - 2 & (i \neq j) \end{cases}$$

일 때, 행렬 A의 모든 성분의 곱을 구하시오.

$i = j$인 경우

$a_{11} = 1^2 + 1 = 2$

$a_{22} = 2^2 + 2 = 6$

$i \neq j$인 경우

$a_{12} = 3 \times 1 \times 2 - 2 = 4$

$a_{21} = 3 \times 2 \times 1 - 2 = 4$

$A = \begin{pmatrix} 2 & 4 \\ 4 & 6 \end{pmatrix}$

이므로 행렬 A의 모든 성분의 곱은

$2 \times 4 \times 4 \times 6 = 192$

답 192

01-2

▶ 24639-0327

행렬 $A = \begin{pmatrix} 5 & x \\ y & 6 \end{pmatrix}$의 (i, j) 성분 a_{ij}가

$$a_{ij} = 4i - j^2 + k$$

일 때, $x + y$의 값을 구하시오. (단, x, y, k는 상수이다.)

$a_{11} = 4 \times 1 - 1^2 + k = 3 + k = 5$에서

$k = 5 - 3 = 2$

$a_{12} = 4 \times 1 - 2^2 + 2 = x$에서

$x = 2$

$a_{21} = 4 \times 2 - 1^2 + 2 = y$에서

$y = 9$

따라서

$x + y = 2 + 9 = 11$

답 11

두 행렬 $A=\begin{pmatrix} 5 & a-b \\ 4 & 7 \end{pmatrix}$, $B=\begin{pmatrix} a+2 & -1 \\ 4 & 2b+c \end{pmatrix}$에 대하여 $A=B$일 때, $a+b+c$의 값을 구하시오.

(단, a, b, c는 상수이다.)

MD의 한마디!

같은 꼴의 두 행렬 A, B가 서로 같은 행렬이면
① 행렬 A의 (i, j) 성분과 행렬 B의 (i, j) 성분이 각각 같습니다.
② ①을 이용하여 미지수 개수만큼 방정식을 만들고 연립하여 해를 찾습니다.

MD's Solution

<u>두 행렬 A, B의 대응하는 성분이 각각 같으므로</u>

$5=a+2$ ····· ㉠ → 2×2 행렬은 성분이 네 개 있으므로 최대 네 개의 방정식이 나올 수 있어.
$a-b=-1$ ····· ㉡   행렬 A, B의 (2, 1)성분은 미지수가 없으므로 여기서 활용되지 않아.
$7=2b+c$ ····· ㉢
 └→ ㉠을 이용하여 a의 값을 먼저 구한 후 ㉡, ㉢을 이용하여 b, c의 값을 구하면 계산과정이 간단해져.
㉠에서 $a=3$
㉡에서 $b=a+1=4$
㉢에서 $c=7-2b=-1$
따라서 $a+b+c=3+4+(-1)=6$

답 6

유제

02-1 ▸ 24639-0329

등식 $\begin{pmatrix} x^2+9 & 1 \\ 2y & 3 \end{pmatrix}=\begin{pmatrix} 6x & y+z \\ 4-z & 3 \end{pmatrix}$을 만족시키는 세 상수 x, y, z에 대하여 $x+y-z$의 값은?

① 4 ② 5 ③ 6
④ 7 ⑤ 8

두 행렬의 대응하는 성분이 각각 같으므로
$x^2+9=6x$ ····· ㉠
$1=y+z$ ····· ㉡
$2y=4-z$ ····· ㉢
㉠에서 $x^2-6x+9=0$, $(x-3)^2=0$
$x=3$
㉡, ㉢을 연립하여 풀면 $y=3$, $z=-2$
따라서 $x+y-z=3+3-(-2)=8$

답 ⑤

02-2 ▸ 24639-0330

두 행렬 $A=\begin{pmatrix} xy & 6 \\ -v & 2u \end{pmatrix}$, $B=\begin{pmatrix} 8 & x+y \\ 2u^2 & v+4 \end{pmatrix}$에 대하여 $A=B$일 때, $x-y+u-v$의 최댓값을 구하시오.

(단, x, y, u, v는 상수이다.)

두 행렬 A, B의 대응하는 성분이 각각 같으므로
$xy=8$ ····· ㉠, $x+y=6$ ····· ㉡
㉡에서 $y=6-x$ ····· ㉢
㉢을 ㉠에 대입하면 $x(6-x)=8$, $x^2-6x+8=0$
$(x-2)(x-4)=0$에서 $x=2$ 또는 $x=4$
이 값을 ㉢에 대입하면 $x=2$인 경우 $y=4$, $x=4$인 경우 $y=2$
$-v=2u^2$에서 $v=-2u^2$ ····· ㉣, $2u=v+4$ ····· ㉤
㉣을 ㉤에 대입하면 $2u=-2u^2+4$, $2u^2+2u-4=0$
$2(u+2)(u-1)=0$에서 $u=-2$ 또는 $u=1$
이 값을 ㉣에 대입하면
$u=-2$인 경우 $v=-8$, $u=1$인 경우 $v=-2$
따라서 $x=4$, $y=2$, $u=-2$, $v=-8$일 때, $x-y+u-v$가 최대이고 최댓값은 $4-2-2-(-8)=8$

답 8

대표유형 **03** **행렬의 덧셈, 뺄셈과 실수배(1)** ▶ 24639-0331

두 행렬 $A=\begin{pmatrix} 6 & -10 \\ 2 & 6 \end{pmatrix}$, $B=\begin{pmatrix} 0 & 6 \\ 4 & -4 \end{pmatrix}$에 대하여 $2(A+B)-\dfrac{1}{2}(A-B)$의 모든 성분의 합을 구하시오.

MD의 한마디!

행렬의 복잡한 계산에서
① 행렬의 덧셈, 뺄셈, 실수배를 이용하여 구하는 식을 간단하게 정리합니다.
② ①에서 정리한 식에 두 행렬 A, B를 대입합니다.

MD's Solution

$2(A+B)-\dfrac{1}{2}(A-B)$
→ 행렬의 실수배의 성질을 이용해서 식을 정리해.

$= 2A+2B-\dfrac{1}{2}A+\dfrac{1}{2}B = \left(2-\dfrac{1}{2}\right)A+\left(2+\dfrac{1}{2}\right)B$
→ 동류항끼리 식을 정리해.

$= \dfrac{3}{2}A+\dfrac{5}{2}B$
→ 식을 정리한 다음 A, B를 대입하는 것이 계산과정이 더 간단해져.

$\dfrac{3}{2}\begin{pmatrix} 6 & -10 \\ 2 & 6 \end{pmatrix}+\dfrac{5}{2}\begin{pmatrix} 0 & 6 \\ 4 & -4 \end{pmatrix}$

$=\begin{pmatrix} 9 & -15 \\ 3 & 9 \end{pmatrix}+\begin{pmatrix} 0 & 15 \\ 10 & -10 \end{pmatrix}=\begin{pmatrix} 9 & 0 \\ 13 & -1 \end{pmatrix}$

따라서 구하는 모든 성분의 합은
$9+0+13+(-1)=21$

🔑 **답** 21

유제

03-1 ▶ 24639-0332

두 행렬 $A=\begin{pmatrix} -1 & 1 \\ -4 & 2 \end{pmatrix}$, $B=\begin{pmatrix} 5 & 7 \\ 0 & -2 \end{pmatrix}$에 대하여
$3(X+A)=B-X$를 만족시키는 행렬 X의 모든 성분의 곱을 구하시오.

$3(X+A)=B-X$에서
$3X+3A=B-X$
$4X=B-3A$
$X=\dfrac{1}{4}(B-3A)=\dfrac{1}{4}\left\{\begin{pmatrix} 5 & 7 \\ 0 & -2 \end{pmatrix}-3\begin{pmatrix} -1 & 1 \\ -4 & 2 \end{pmatrix}\right\}$

$=\dfrac{1}{4}\left\{\begin{pmatrix} 5 & 7 \\ 0 & -2 \end{pmatrix}-\begin{pmatrix} -3 & 3 \\ -12 & 6 \end{pmatrix}\right\}=\dfrac{1}{4}\begin{pmatrix} 8 & 4 \\ 12 & -8 \end{pmatrix}$

$=\begin{pmatrix} 2 & 1 \\ 3 & -2 \end{pmatrix}$

따라서 구하는 모든 성분의 곱은
$2\times1\times3\times(-2)=-12$

🔑 **답** -12

03-2 ▶ 24639-0333

두 행렬 $A=\begin{pmatrix} 1 & -2 \\ 2 & 1 \end{pmatrix}$, $B=\begin{pmatrix} 2 & 0 \\ -4 & 8 \end{pmatrix}$에 대하여
$A-2B+X=3(X-A-B)$를 만족시키는 행렬 X의 $(1, 2)$ 성분과 $(2, 1)$ 성분의 합은?

① -5 ② -4 ③ -3
④ -2 ⑤ -1

$A-2B+X=3(X-A-B)$에서
$A-2B+X=3X-3A-3B$
$2X=4A+B$
$X=2A+\dfrac{1}{2}B=2\begin{pmatrix} 1 & -2 \\ 2 & 1 \end{pmatrix}+\dfrac{1}{2}\begin{pmatrix} 2 & 0 \\ -4 & 8 \end{pmatrix}$

$=\begin{pmatrix} 2 & -4 \\ 4 & 2 \end{pmatrix}+\begin{pmatrix} 1 & 0 \\ -2 & 4 \end{pmatrix}=\begin{pmatrix} 3 & -4 \\ 2 & 6 \end{pmatrix}$

따라서 행렬 X의 $(1, 2)$ 성분은 -4, $(2, 1)$ 성분은 2이므로
$-4+2=-2$

🔑 **답** ④

두 행렬 A, B에 대하여

$$2A-3B=\begin{pmatrix} 5 & 4 \\ 5 & 2 \end{pmatrix}, A-2B=\begin{pmatrix} 2 & 3 \\ 4 & 1 \end{pmatrix}$$

일 때, 행렬 $A+B$의 모든 성분의 곱을 구하시오.

MD의 한마디!

두 행렬 A, B의 합과 차로 조건이 주어진 경우
① 행렬의 실수배와 덧셈, 뺄셈을 이용하여 행렬 A, B 중 하나에 대하여 식을 정리합니다.
② ①에서 정리한 행렬을 주어진 식에 대입하여 행렬 A, B 중 나머지 한 행렬을 구합니다.

MD's Solution

$2A-3B=\begin{pmatrix} 5 & 4 \\ 5 & 2 \end{pmatrix}$ ····· ㉠, $A-2B=\begin{pmatrix} 2 & 3 \\ 4 & 1 \end{pmatrix}$ ····· ㉡

㉠$-2×$㉡을 하면 $B=\begin{pmatrix} 1 & -2 \\ -3 & 0 \end{pmatrix}$ → 행렬의 덧셈, 뺄셈, 실수배를 이용하여 두 행렬 A, B 중 하나를 소거해.

→ 좌변에서 A가 아닌 항을 우변으로 이항하면 A를 구할 수 있어.

$B=\begin{pmatrix} 1 & -2 \\ -3 & 0 \end{pmatrix}$을 ㉡에 대입하면 $A-2\begin{pmatrix} 1 & -2 \\ -3 & 0 \end{pmatrix}=\begin{pmatrix} 2 & 3 \\ 4 & 1 \end{pmatrix}$ → 행렬 B를 ㉠에 대입해서 A를 구할 수도 있지만, ㉡에 대입하는 것이 계산과정이 더 간단해져.

$A=2\begin{pmatrix} 1 & -2 \\ -3 & 0 \end{pmatrix}+\begin{pmatrix} 2 & 3 \\ 4 & 1 \end{pmatrix}=\begin{pmatrix} 2 & -4 \\ -6 & 0 \end{pmatrix}+\begin{pmatrix} 2 & 3 \\ 4 & 1 \end{pmatrix}=\begin{pmatrix} 4 & -1 \\ -2 & 1 \end{pmatrix}$

$A+B=\begin{pmatrix} 4 & -1 \\ -2 & 1 \end{pmatrix}+\begin{pmatrix} 1 & -2 \\ -3 & 0 \end{pmatrix}=\begin{pmatrix} 5 & -3 \\ -5 & 1 \end{pmatrix}$

따라서 행렬 $A+B$의 모든 성분의 곱은 $5×(-3)×(-5)×1=75$

답 75

유제

04-1 ▶ 24639-0335

두 이차정사각행렬 A, B에 대하여 행렬 $A+B$의 (i, j) 성분 x_{ij}가 $x_{ij}=2i-j+3$이고 $A-B=\begin{pmatrix} 0 & 5 \\ 1 & 8 \end{pmatrix}$일 때, 행렬 $2A-4B$의 모든 성분의 합을 구하시오.

$x_{11}=2×1-1+3=4$, $x_{12}=2×1-2+3=3$
$x_{21}=2×2-1+3=6$, $x_{22}=2×2-2+3=5$
이므로 $A+B=\begin{pmatrix} 4 & 3 \\ 6 & 5 \end{pmatrix}$ ······ ㉠, $A-B=\begin{pmatrix} 0 & 5 \\ 1 & 8 \end{pmatrix}$ ······ ㉡
㉠$+$㉡을 하면 $2A=\begin{pmatrix} 4 & 8 \\ 7 & 13 \end{pmatrix}$, ㉠$-$㉡을 하면 $2B=\begin{pmatrix} 4 & -2 \\ 5 & -3 \end{pmatrix}$

$2A-4B=2A-2(2B)=\begin{pmatrix} 4 & 8 \\ 7 & 13 \end{pmatrix}-2\begin{pmatrix} 4 & -2 \\ 5 & -3 \end{pmatrix}=\begin{pmatrix} -4 & 12 \\ -3 & 19 \end{pmatrix}$
이므로 행렬 $2A-4B$의 모든 성분의 합은
$-4+12+(-3)+19=24$

답 24

04-2 ▶ 24639-0336

두 행렬 $A=\begin{pmatrix} 3 & -1 \\ 7 & -4 \end{pmatrix}$, $B=\begin{pmatrix} -3 & 1 \\ 5 & 6 \end{pmatrix}$에 대하여

$$X+Y=2A, 3X-Y=A+B$$

를 만족시키는 두 행렬 X, Y에 대하여 행렬 $X-Y$의 $(1, 1)$ 성분과 $(2, 2)$ 성분의 합을 구하시오.

$X+Y=2A$ ······ ㉠
$3X-Y=A+B$ ······ ㉡
㉡$-$㉠을 하면
$2X-2Y=(A+B)-2A=-A+B$
$=-\begin{pmatrix} 3 & -1 \\ 7 & -4 \end{pmatrix}+\begin{pmatrix} -3 & 1 \\ 5 & 6 \end{pmatrix}=\begin{pmatrix} -6 & 2 \\ -2 & 10 \end{pmatrix}$
$X-Y=\frac{1}{2}(2X-2Y)=\frac{1}{2}\begin{pmatrix} -6 & 2 \\ -2 & 10 \end{pmatrix}=\begin{pmatrix} -3 & 1 \\ -1 & 5 \end{pmatrix}$

행렬 $X-Y$의 $(1, 1)$ 성분은 -3, $(2, 2)$ 성분은 5이므로 두 성분의 합은 $-3+5=2$

답 2

대표유형 **05** 행렬의 곱셈 ▶ 24639-0337

등식 $\begin{pmatrix} x+2 & 1 \\ 2 & y-2 \end{pmatrix}\begin{pmatrix} x-2 & 2 \\ -1 & 1-y \end{pmatrix}=\begin{pmatrix} -4 & 4 \\ -3 & 2 \end{pmatrix}$가 성립하도록 하는 두 상수 x, y에 대하여 $x+y$의 값은?

① 1　　　　② 2　　　　③ 3　　　　④ 4　　　　⑤ 5

MD의 한마디! | 행렬의 곱셈이 포함된 등식에서
① 행렬의 곱셈을 이용하여 좌변의 식을 간단하게 정리합니다.
② 두 행렬이 서로 같은 조건을 이용하여 각 성분마다 방정식을 세운 후 연립하여 해를 구합니다.

MD's Solution

$\begin{pmatrix} x+2 & 1 \\ 2 & y-2 \end{pmatrix}\begin{pmatrix} x-2 & 2 \\ -1 & 1-y \end{pmatrix}=\begin{pmatrix} x^2-5 & 2x-y+5 \\ 2x-y-2 & -y^2+3y+2 \end{pmatrix}$ 에서

$\begin{pmatrix} x^2-5 & 2x-y+5 \\ 2x-y-2 & -y^2+3y+2 \end{pmatrix}=\begin{pmatrix} -4 & 4 \\ -3 & 2 \end{pmatrix}$

→ 등식 좌변에 있는 행렬의 곱을 먼저 계산해서 식을 간단하게 정리해.

두 행렬의 대응하는 성분이 각각 같으므로

$x^2-5=-4$ ······ ㉠, $2x-y+5=4$ ······ ㉡
$2x-y-2=-3$ → 이 등식은 ㉡과 같은 식이므로 사용되지 않아.
$-y^2+3y+2=2$ ······ ㉢ → 미지수는 x, y 두 개이지만 ㉠, ㉡ 두 개의 식으로 미지수의 값이 결정되지 않으므로 ㉢식이 필요해.

㉠에서 $x^2-1=0$, $(x+1)(x-1)=0$
$x=-1$ 또는 $x=1$
㉡에서 $y=2x+1$
$x=-1$인 경우 $y=-1$, $x=1$인 경우 $y=3$ ······ ㉣
㉢에서 $y^2-3y=0$, $y(y-3)=0$
$y=0$ 또는 $y=3$ → 두 개의 y의 값 중에 ㉣을 만족시키는 y의 값을 찾아야 해.
㉣에서 $x=1$, $y=3$이므로 $x+y=1+3=4$　　답 ④

유제

05-1 ▶ 24639-0338

이차방정식 $x^2+5x+3=0$의 두 실근을 각각 α, β라 할 때, $\begin{pmatrix} \alpha & 1 \\ 1 & \beta \end{pmatrix}\begin{pmatrix} \alpha & 2\beta \\ 2\alpha & \beta \end{pmatrix}$의 모든 성분의 합을 구하시오.

이차방정식 $x^2+5x+3=0$의 근과 계수의 관계에 의하여
$\alpha+\beta=-5$, $\alpha\beta=3$
$\begin{pmatrix} \alpha & 1 \\ 1 & \beta \end{pmatrix}\begin{pmatrix} \alpha & 2\beta \\ 2\alpha & \beta \end{pmatrix}=\begin{pmatrix} \alpha^2+2\alpha & 2\alpha\beta+\beta \\ \alpha+2\alpha\beta & 2\beta+\beta^2 \end{pmatrix}$
따라서 구하는 행렬의 모든 성분의 합은
$(\alpha^2+2\alpha)+(2\alpha\beta+\beta)+(\alpha+2\alpha\beta)+(2\beta+\beta^2)$
$=\alpha^2+\beta^2+3(\alpha+\beta)+4\alpha\beta$
$=(\alpha+\beta)^2+3(\alpha+\beta)+2\alpha\beta$
$=(-5)^2+3\times(-5)+2\times3=16$　　답 16

05-2 ▶ 24639-0339

등식 $\begin{pmatrix} x^2 & y^2 \\ 3 & 3 \end{pmatrix}\begin{pmatrix} x \\ y \end{pmatrix}=\begin{pmatrix} 20 \\ 6 \end{pmatrix}$을 만족시키는 상수 x, y에 대하여 xy의 값을 구하시오.

$\begin{pmatrix} x^2 & y^2 \\ 3 & 3 \end{pmatrix}\begin{pmatrix} x \\ y \end{pmatrix}=\begin{pmatrix} x^3+y^3 \\ 3x+3y \end{pmatrix}$에서 $\begin{pmatrix} x^3+y^3 \\ 3x+3y \end{pmatrix}=\begin{pmatrix} 20 \\ 6 \end{pmatrix}$
두 행렬의 대응하는 성분이 각각 같으므로
$x^3+y^3=20$ ······ ㉠
$3x+3y=6$ ······ ㉡
㉡에서 $x+y=2$ ······ ㉢
$(x+y)^3=x^3+y^3+3xy(x+y)$에 ㉠, ㉢을 대입하면
$2^3=20+3xy\times2$
$6xy=-12$
따라서 $xy=-2$　　답 -2

행렬 $A=\begin{pmatrix} 1 & 2 \\ 0 & 1 \end{pmatrix}$에 대하여 $A^n=\begin{pmatrix} 1 & 16 \\ 0 & 1 \end{pmatrix}$을 만족시키는 자연수 n의 값을 구하시오.

MD의 한마디!

행렬 A의 거듭제곱 A^n을 구하는 경우

① A^2, A^3, A^4, ⋯을 구해보며 A^n의 규칙을 찾습니다.

② ①에서 찾은 규칙을 이용하여 A^n의 성분이 특정한 값을 갖는 자연수 n을 구합니다.

MD's Solution

→ A^2만으로는 A^n의 규칙을 찾을 수 없으므로 A^3도 구해봐야 해.

$A^2 = \begin{pmatrix} 1 & 2 \\ 0 & 1 \end{pmatrix}\begin{pmatrix} 1 & 2 \\ 0 & 1 \end{pmatrix} = \begin{pmatrix} 1 & 2+2 \\ 0 & 1 \end{pmatrix}$ → 2+2를 4로 계산하는 것보다 그대로 두는 것이 규칙을 찾기 편리해.

$A^3 = A^2 A = \begin{pmatrix} 1 & 2+2 \\ 0 & 1 \end{pmatrix}\begin{pmatrix} 1 & 2 \\ 0 & 1 \end{pmatrix} = \begin{pmatrix} 1 & 2+2+2 \\ 0 & 1 \end{pmatrix}$

⋮ → A^2, A^3으로 A^n의 규칙을 찾을 수 있으므로 더 이상 곱하지 않아도 돼.

$A^n = \begin{pmatrix} 1 & 2n \\ 0 & 1 \end{pmatrix}$ → A^n의 규칙을 찾으면 $(1, 2)$ 성분이 16이 되는 자연수 n을 구할 수 있어.

따라서 $A^8 = \begin{pmatrix} 1 & 2\times 8 \\ 0 & 1 \end{pmatrix} = \begin{pmatrix} 1 & 16 \\ 0 & 1 \end{pmatrix}$이므로 $n=8$

달 8

유제

06-1 ▶ 24639-0341

행렬 $A=\begin{pmatrix} -1 & 2 \\ -1 & 2 \end{pmatrix}$에 대하여 행렬 A^7+A^9의 모든 성분의 합은?

① 0   ② 2   ③ 4

④ 6   ⑤ 8

$A=\begin{pmatrix} -1 & 2 \\ -1 & 2 \end{pmatrix}$에서

$A^2=\begin{pmatrix} -1 & 2 \\ -1 & 2 \end{pmatrix}\begin{pmatrix} -1 & 2 \\ -1 & 2 \end{pmatrix}=\begin{pmatrix} -1 & 2 \\ -1 & 2 \end{pmatrix}$이므로

$A=A^2=A^3=\cdots=A^n$

$A^7+A^9=\begin{pmatrix} -1 & 2 \\ -1 & 2 \end{pmatrix}+\begin{pmatrix} -1 & 2 \\ -1 & 2 \end{pmatrix}=\begin{pmatrix} -2 & 4 \\ -2 & 4 \end{pmatrix}$

따라서 행렬 A^7+A^9의 모든 성분의 합은

$-2+4+(-2)+4=4$

달 ③

06-2 ▶ 24639-0342

행렬 $A=\begin{pmatrix} 1 & 0 \\ 3 & 1 \end{pmatrix}$에 대하여 행렬 A^n의 모든 성분의 합이 23이 되도록 하는 자연수 n의 값을 구하시오.

$A=\begin{pmatrix} 1 & 0 \\ 3 & 1 \end{pmatrix}$에서

$A^2=\begin{pmatrix} 1 & 0 \\ 3 & 1 \end{pmatrix}\begin{pmatrix} 1 & 0 \\ 3 & 1 \end{pmatrix}=\begin{pmatrix} 1 & 0 \\ 3+3 & 1 \end{pmatrix}$

$A^3=A^2 A=\begin{pmatrix} 1 & 0 \\ 3+3 & 1 \end{pmatrix}\begin{pmatrix} 1 & 0 \\ 3 & 1 \end{pmatrix}=\begin{pmatrix} 1 & 0 \\ 3+3+3 & 1 \end{pmatrix}$

⋮

$A^n=\begin{pmatrix} 1 & 0 \\ 3n & 1 \end{pmatrix}$

행렬 A^n의 모든 성분의 합이 23이므로

$1+0+3n+1=23$

$3n=21$

따라서 $n=7$

달 7

대표유형 **07** 단위행렬의 활용

▶ 24639-0343

행렬 $A=\begin{pmatrix} 0 & 1 \\ -1 & 0 \end{pmatrix}$에 대하여 $A^n=E$가 되도록 하는 자연수 n의 최솟값을 구하시오.

MD의 한마디!

행렬 A의 거듭제곱 A^n이 단위행렬 E가 되는 자연수 n을 찾는 경우

① A^2, A^3, A^4, $\cdots$을 구해보며 단위행렬 E가 되는 자연수 n을 찾습니다.

② A^2, A^3, A^4, $\cdots$을 구하는 과정에서 $A^k=-E$인 경우 $A^{2k}=E$임을 이용합니다.

MD's Solution

$A^2=\begin{pmatrix} 0 & 1 \\ -1 & 0 \end{pmatrix}\begin{pmatrix} 0 & 1 \\ -1 & 0 \end{pmatrix}=\begin{pmatrix} -1 & 0 \\ 0 & -1 \end{pmatrix}=-E$

↳ $A^2=-E$이므로 $A^4=(A^2)^2=(-E)^2=E$를 알 수 있지만 $A^n=E$인 n의 최솟값을 찾기 위해서는 A^3도 확인해보는 것이 좋아.

$A^3=A^2A=(-E)A=-A$

$A^4=A^3A=(-A)A=-A^2=-(-E)=E$

↳ $A^4=E$이므로 $A^{4n}=(A^4)^n=E^n=E$인 것을 알 수 있어.

따라서 $A^n=E$가 되도록 하는 자연수 n의 최솟값은 4이다.

답 4

유제

07-1

▶ 24639-0344

행렬 $A=\begin{pmatrix} -1 & -1 \\ 1 & 0 \end{pmatrix}$에 대하여 행렬 A^{20}의 제2행의 모든 성분의 곱은?

① -2 ② -1 ③ 0

④ 1 ⑤ 2

$A=\begin{pmatrix} -1 & -1 \\ 1 & 0 \end{pmatrix}$에서

$A^2=AA=\begin{pmatrix} -1 & -1 \\ 1 & 0 \end{pmatrix}\begin{pmatrix} -1 & -1 \\ 1 & 0 \end{pmatrix}=\begin{pmatrix} 0 & 1 \\ -1 & -1 \end{pmatrix}$

$A^3=A^2A=\begin{pmatrix} 0 & 1 \\ -1 & -1 \end{pmatrix}\begin{pmatrix} -1 & -1 \\ 1 & 0 \end{pmatrix}=\begin{pmatrix} 1 & 0 \\ 0 & 1 \end{pmatrix}=E$

이므로

$A^{20}=(A^3)^6A^2=E^6A^2=EA^2=A^2=\begin{pmatrix} 0 & 1 \\ -1 & -1 \end{pmatrix}$

따라서 행렬 A^{20}의 제2행의 모든 성분의 곱은

$(-1)\times(-1)=1$

답 ④

07-2

▶ 24639-0345

행렬 $A=\begin{pmatrix} -1 & 2 \\ -2 & 1 \end{pmatrix}$에 대하여 행렬 $A+A^2+A^3+\cdots+A^6$의 모든 성분의 합을 구하시오.

$A=\begin{pmatrix} -1 & 2 \\ -2 & 1 \end{pmatrix}$에서

$A^2=AA=\begin{pmatrix} -1 & 2 \\ -2 & 1 \end{pmatrix}\begin{pmatrix} -1 & 2 \\ -2 & 1 \end{pmatrix}=\begin{pmatrix} -3 & 0 \\ 0 & -3 \end{pmatrix}=-3E$

$A^3=A^2A=(-3E)A=-3EA=-3A$

$A^4=A^3A=(-3A)A=-3A^2=-3(-3E)=9E$

$A^5=A^4A=(9E)A=9(EA)=9A$

$A^6=A^5A=(9A)A=9A^2=9(-3E)=-27E$

이므로

$A+A^2+A^3+A^4+A^5+A^6$

$=A+(-3E)+(-3A)+9E+9A+(-27E)$

$=7A-21E$

$=7\begin{pmatrix} -1 & 2 \\ -2 & 1 \end{pmatrix}-21\begin{pmatrix} 1 & 0 \\ 0 & 1 \end{pmatrix}$

$=\begin{pmatrix} -7 & 14 \\ -14 & 7 \end{pmatrix}-\begin{pmatrix} 21 & 0 \\ 0 & 21 \end{pmatrix}$

$=\begin{pmatrix} -28 & 14 \\ -14 & -14 \end{pmatrix}$

따라서 구하는 행렬의 모든 성분의 합은

$-28+14+(-14)+(-14)=-42$

답 -42

대표유형 **08** 행렬의 곱셈에 대한 성질 ▸ 24639-0346

두 행렬 $A=\begin{pmatrix} 2 & 1 \\ x & -1 \end{pmatrix}$, $B=\begin{pmatrix} 1 & -1 \\ 3 & y \end{pmatrix}$에 대하여 등식 $AB=BA$가 성립할 때, x^2+y^2의 값을 구하시오.

(단, x, y는 상수이다.)

MD의 한마디!

두 행렬 A, B에 대하여 $AB=BA$인 조건을 구하는 경우
① 두 행렬 A, B의 곱 AB, BA를 각각 구합니다.
② ①에서 구한 두 행렬이 서로 같을 조건을 이용하여 x, y의 값을 구합니다.

MD's Solution

행렬의 곱셈에서 일반적으로 AB는 BA와 같지 않아.
즉, 특정조건에서만 AB=BA 이므로 이 조건을 찾기 위해서는 AB와 BA를 직접 구해봐야 해.

AB=BA에서 $\begin{pmatrix} 2 & 1 \\ x & -1 \end{pmatrix}\begin{pmatrix} 1 & -1 \\ 3 & y \end{pmatrix}=\begin{pmatrix} 1 & -1 \\ 3 & y \end{pmatrix}\begin{pmatrix} 2 & 1 \\ x & -1 \end{pmatrix}$, $\begin{pmatrix} 5 & -2+y \\ x-3 & -x-y \end{pmatrix}=\begin{pmatrix} 2-x & 2 \\ 6+xy & 3-y \end{pmatrix}$

→ 등식 좌변과 우변에 있는 행렬의 곱을 먼저 계산해서 식을 간단하게 정리해.

두 행렬의 대응하는 성분이 각각 같으므로
$5=2-x$ ······ ㉠ $-2+y=2$ ······ ㉡
$x-3=6+xy$ ······ ㉢ $-x-y=3-y$ ······ ㉣
㉠에서 $x=-3$, ㉡에서 $y=4$
$x=-3$, $y=4$를 ㉢, ㉣에 대입하면 두 등식 ㉢, ㉣이 성립한다.
따라서 $x^2+y^2=(-3)^2+4^2=25$

답 25

유제

08-1 ▸ 24639-0347

등식 $(A+B)^2=A^2+2AB+B^2$이 성립하도록 하는 두 행렬 $A=\begin{pmatrix} x & 2 \\ -1 & 1 \end{pmatrix}$, $B=\begin{pmatrix} 1 & y \\ -2 & 3 \end{pmatrix}$에 대하여 행렬 $A+B$의 모든 성분의 합을 구하시오. (단, x, y는 상수이다.)

$(A+B)^2=A^2+2AB+B^2$에서
$A^2+AB+BA+B^2=A^2+2AB+B^2$이므로 $AB=BA$
즉, $\begin{pmatrix} x & 2 \\ -1 & 1 \end{pmatrix}\begin{pmatrix} 1 & y \\ -2 & 3 \end{pmatrix}=\begin{pmatrix} 1 & y \\ -2 & 3 \end{pmatrix}\begin{pmatrix} x & 2 \\ -1 & 1 \end{pmatrix}$
$\begin{pmatrix} x-4 & xy+6 \\ -3 & -y+3 \end{pmatrix}=\begin{pmatrix} x-y & 2+y \\ -2x-3 & -1 \end{pmatrix}$
두 행렬의 대응하는 성분이 각각 같으므로
$x-4=x-y$ ······ ㉠, $xy+6=2+y$ ······ ㉡
$-3=-2x-3$ ······ ㉢, $-y+3=-1$ ······ ㉣
㉢, ㉣에서 $x=0$, $y=4$이고 이 값을 ㉠, ㉡에 대입하면 등식이 성립한다.
$A=\begin{pmatrix} 0 & 2 \\ -1 & 1 \end{pmatrix}$, $B=\begin{pmatrix} 1 & 4 \\ -2 & 3 \end{pmatrix}$이므로 $A+B=\begin{pmatrix} 1 & 6 \\ -3 & 4 \end{pmatrix}$
따라서 행렬 $A+B$의 모든 성분의 합은
$1+6+(-3)+4=8$
답 8

08-2 ▸ 24639-0348

두 행렬 $A=\begin{pmatrix} x & 2 \\ 2 & y \end{pmatrix}$, $B=\begin{pmatrix} 2 & 3 \\ 4 & z \end{pmatrix}$가 있다. $AB=O$가 되도록 하는 세 상수 x, y, z에 대하여 $x+y+z$의 값은?

① 1 ② 2 ③ 3
④ 4 ⑤ 5

$AB=O$에서 $\begin{pmatrix} x & 2 \\ 2 & y \end{pmatrix}\begin{pmatrix} 2 & 3 \\ 4 & z \end{pmatrix}=\begin{pmatrix} 0 & 0 \\ 0 & 0 \end{pmatrix}$
$\begin{pmatrix} 2x+8 & 3x+2z \\ 4+4y & 6+yz \end{pmatrix}=\begin{pmatrix} 0 & 0 \\ 0 & 0 \end{pmatrix}$
두 행렬의 대응하는 성분이 각각 같으므로
$2x+8=0$ ······ ㉠
$3x+2z=0$ ······ ㉡
$4+4y=0$ ······ ㉢
$6+yz=0$ ······ ㉣
㉠에서 $x=-4$
㉡에서 $z=-\dfrac{3}{2}x=6$
㉢에서 $y=-1$
$y=-1$, $z=6$을 ㉣에 대입하면 등식 ㉣이 성립한다.
따라서 $x+y+z=-4+(-1)+6=1$
답 ①

대표유형 **09** **행렬의 곱셈의 활용** ▸ 24639-0349

다음 [표 1]은 두 가게 P, Q에서 판매하는 칫솔과 치약의 가격을, [표 2]는 두 학생 지선이와 영재가 구매하려는 칫솔과 치약의 개수를 나타낸 것이다.

(단위: 원)

	칫솔	치약
P가게	2000	3000
Q가게	1500	2500

[표 1]

(단위: 개)

	지선	영재
칫솔	3	5
치약	2	4

[표 2]

두 행렬 $A=\begin{pmatrix} 2000 & 3000 \\ 1500 & 2500 \end{pmatrix}$, $B=\begin{pmatrix} 3 & 5 \\ 2 & 4 \end{pmatrix}$에 대하여 행렬 AB의 $(2, 1)$ 성분이 의미하는 것은?

① 지선이가 P가게에서 칫솔과 치약을 구매할 경우 지불해야 하는 금액

② 지선이가 Q가게에서 칫솔과 치약을 구매할 경우 지불해야 하는 금액

③ 영재가 P가게에서 칫솔과 치약을 구매할 경우 지불해야 하는 금액

④ 영재가 Q가게에서 칫솔과 치약을 구매할 경우 지불해야 하는 금액

⑤ 지선이와 영재가 P가게에서 칫솔과 치약을 구매할 경우 지불해야 하는 금액

MD의 한마디!

행렬 AB의 $(2, 1)$ 성분은 행렬 A의 제2행의 각 성분과 B의 제1열의 각 성분을 차례로 곱하고 더한 것이므로 다음을 이용하여 이 성분이 의미하는 것을 찾습니다.

① 행렬 A의 제2행은 Q가게의 칫솔과 치약의 가격입니다.

② 행렬 B의 제1열은 지선이가 구매하려는 칫솔과 치약의 개수입니다.

MD's Solution

> 행렬 AB를 계산한 후 (2, 1) 성분의 의미를 찾아보자.
> 이때 (2, 1) 성분 3×1500+2×2500을 9500으로
> 계산하는 것보다 그대로 두는 것이 성분의 의미를 찾기 편리해.

$$AB=\begin{pmatrix} 2000 & 3000 \\ 1500 & 2500 \end{pmatrix}\begin{pmatrix} 3 & 5 \\ 2 & 4 \end{pmatrix}=\begin{pmatrix} 3\times2000+2\times3000 & 5\times2000+4\times3000 \\ 3\times1500+2\times2500 & 5\times1500+4\times2500 \end{pmatrix}$$

행렬 AB의 (2,1) 성분인 3×1500+2×2500은 지선이가 Q가게에서 칫솔 3개와 치약 2개를 구매할 경우 지불해야 하는 금액이다.

> 지선이는 칫솔 3개와 치약 2개를 구매하려고 하고, Q가게에서 칫솔의 가격은 1500원, 치약의 가격은 2500원이야.

답 ②

09-1

▶ 24639-0350

다음 [표 1]은 두 학교 A, B의 1학년과 2학년 학생 수를,
[표 2]는 두 학교의 1학년과 2학년 학생에서 자전거와 버스를
이용하여 등교하는 학생의 비율을 나타낸 것이다.

(단위: 명)

	1학년	2학년
A 학교	200	180
B 학교	300	240

[표 1]

	자전거	버스
1학년	0.2	0.5
2학년	0.4	0.3

[표 2]

두 행렬 $X=\begin{pmatrix} 200 & 180 \\ 300 & 240 \end{pmatrix}$, $Y=\begin{pmatrix} 0.2 & 0.5 \\ 0.4 & 0.3 \end{pmatrix}$에 대하여 A학교
1학년과 2학년 학생 중 버스를 이용하여 등교하는 학생 수가 행
렬 XY의 (a, b) 성분일 때, $a+2b$의 값을 구하시오.

$$XY=\begin{pmatrix} 200 & 180 \\ 300 & 240 \end{pmatrix}\begin{pmatrix} 0.2 & 0.5 \\ 0.4 & 0.3 \end{pmatrix}$$
$$=\begin{pmatrix} 200\times0.2+180\times0.4 & 200\times0.5+180\times0.3 \\ 300\times0.2+240\times0.4 & 300\times0.5+240\times0.3 \end{pmatrix}$$

A학교 1학년과 2학년 학생 중 버스를 이용하여 등교하는 학생 수
는

$200\times0.5+180\times0.3$

이므로 행렬 XY의 $(1, 2)$ 성분이다.

따라서 $a=1$, $b=2$이므로

$a+2b=1+2\times2=5$

답 5

09-2

▶ 24639-0351

두 물병 A, B에 각각 100 g, 200 g의 물이 들어있다. 물병 A
에 들어있는 물의 $\frac{1}{4}$을 물병 B로 옮긴 다음 다시 물병 B에 들
어있는 물의 $\frac{1}{3}$을 물병 A로 옮긴 후 두 물병 A, B에 들어있는
물의 양을 각각 x, y라 하자. 2×2 행렬 P에 대하여

$$\begin{pmatrix} x \\ y \end{pmatrix}=P\begin{pmatrix} 100 \\ 200 \end{pmatrix}$$

이 성립할 때, 행렬 P의 $(1, 1)$ 성분과 $(2, 2)$ 성분의 곱을 구
하시오.

물을 옮긴 후 두 물병 A, B에 들어있는 물의 양은

$x=\frac{3}{4}\times100+\frac{1}{3}\left(\frac{1}{4}\times100+200\right)=\frac{5}{6}\times100+\frac{1}{3}\times200$

$y=\frac{2}{3}\left(\frac{1}{4}\times100+200\right)=\frac{1}{6}\times100+\frac{2}{3}\times200$

$\begin{pmatrix} x \\ y \end{pmatrix}=\begin{pmatrix} \frac{5}{6} & \frac{1}{3} \\ \frac{1}{6} & \frac{2}{3} \end{pmatrix}\begin{pmatrix} 100 \\ 200 \end{pmatrix}$에서 $P=\begin{pmatrix} \frac{5}{6} & \frac{1}{3} \\ \frac{1}{6} & \frac{2}{3} \end{pmatrix}$

행렬 P의 $(1, 1)$ 성분은 $\frac{5}{6}$, $(2, 2)$ 성분은 $\frac{2}{3}$이므로 곱은

$\frac{5}{6}\times\frac{2}{3}=\frac{5}{9}$

답 $\frac{5}{9}$

본문 126~127쪽

1

▶ 24639-0352

두 삼차정사각행렬 A, B에 대하여 행렬 A의 (i, j) 성분 a_{ij}와 B의 (i, j) 성분 b_{ij}가

$$a_{ij}=3i+2j-1, \quad b_{ij}=-a_{ij}$$

일 때, 행렬 B의 제2행의 모든 성분의 합은?

① -29 ② -27 ③ -25

④ -23 ⑤ -21

답 ②

풀이 $a_{21}=3\times2+2\times1-1=7$

$a_{22}=3\times2+2\times2-1=9$

$a_{23}=3\times2+2\times3-1=11$

이므로

$b_{21}=-a_{21}=-7$

$b_{22}=-a_{22}=-9$

$b_{23}=-a_{23}=-11$

따라서 구하는 행렬 B의 제2행의 모든 성분의 합은

$-7+(-9)+(-11)=-27$

2

▶ 24639-0353

등식 $\begin{pmatrix} y-2 & x^2 \\ x^2+2x & y^3 \end{pmatrix}=\begin{pmatrix} -y^2 & x \\ 3 & 4y \end{pmatrix}$를 만족시키는 두 상수 x, y에 대하여 xy의 값은?

① -4 ② -2 ③ 0

④ 2 ⑤ 4

답 ②

풀이 두 행렬의 대응하는 성분이 각각 같으므로

$y-2=-y^2$ ······ ㉠

$x^2=x$ ······ ㉡

$x^2+2x=3$ ······ ㉢

$y^3=4y$ ······ ㉣

㉠에서 $y^2+y-2=0$, $(y+2)(y-1)=0$

$y=-2$ 또는 $y=1$

㉣에서 $y^3-4y=0$, $y(y+2)(y-2)=0$

$y=-2$ 또는 $y=0$ 또는 $y=2$

그러므로 $y=-2$

㉡에서 $x^2-x=0$, $x(x-1)=0$

$x=0$ 또는 $x=1$

㉢에서 $x^2+2x-3=0$, $(x+3)(x-1)=0$

$x=-3$ 또는 $x=1$

그러므로 $x=1$

따라서

$xy=1\times(-2)=-2$

3

▶ 24639-0354

세 행렬 $A=\begin{pmatrix} 2 & -2 \\ 1 & 4 \end{pmatrix}$, $B=\begin{pmatrix} 4 & 1 \\ 5 & -1 \end{pmatrix}$, $C=\begin{pmatrix} 2 & 3 \\ 4 & -5 \end{pmatrix}$ 에 대하여 $xA+yB=B-2C$를 만족시키는 두 상수 x, y 의 합 $x+y$의 값을 구하시오.

답 1

풀이 $xA+yB=B-2C$에서

$xA+(y-1)B=-2C$

$x\begin{pmatrix} 2 & -2 \\ 1 & 4 \end{pmatrix}+(y-1)\begin{pmatrix} 4 & 1 \\ 5 & -1 \end{pmatrix}=-2\begin{pmatrix} 2 & 3 \\ 4 & -5 \end{pmatrix}$

$\begin{pmatrix} 2x+4y-4 & -2x+y-1 \\ x+5y-5 & 4x-y+1 \end{pmatrix}=\begin{pmatrix} -4 & -6 \\ -8 & 10 \end{pmatrix}$

두 행렬의 대응하는 성분이 각각 같으므로

$2x+4y-4=-4$ ······ ㉠

$-2x+y-1=-6$ ······ ㉡

$x+5y-5=-8$ ······ ㉢

$4x-y+1=10$ ······ ㉣

㉠, ㉡을 연립하여 풀면

$x=2$, $y=-1$

$x=2$, $y=-1$을 ㉢, ㉣에 대입하면 두 등식 ㉢, ㉣이 성립한다.

따라서

$x+y=2+(-1)=1$

4

▶ 24639-0355

세 행렬 $A=\begin{pmatrix} 1 \\ 4 \end{pmatrix}$, $B=(3 \quad -1)$, $C=\begin{pmatrix} 0 & 8 \\ 1 & 4 \end{pmatrix}$에 대하여 곱이 정의되는 것을 다음 **보기** 중에서 있는 대로 고른 것은?

보기

ㄱ. AB ㄴ. AC

ㄷ. BC ㄹ. CB

① ㄱ, ㄴ   ② ㄱ, ㄷ   ③ ㄴ, ㄷ

④ ㄴ, ㄹ   ⑤ ㄷ, ㄹ

답 ②

풀이 A는 2×1 행렬, B는 1×2 행렬, C는 2×2 행렬이다.

ㄱ. 행렬 A의 열의 개수가 1, 행렬 B의 행의 개수가 1이므로 행렬 AB가 정의된다.

ㄴ. 행렬 A의 열의 개수가 1, 행렬 C의 행의 개수가 2이므로 행렬 AC가 정의되지 않는다.

ㄷ. 행렬 B의 열의 개수가 2, 행렬 C의 행의 개수가 2이므로 행렬 BC가 정의된다.

ㄹ. 행렬 C의 열의 개수가 2, 행렬 B의 행의 개수가 1이므로 행렬 CB가 정의되지 않는다.

따라서 곱이 정의되는 것은 ㄱ, ㄷ이다.

5

행렬 $A=\begin{pmatrix} 2 & 1 \\ -3 & -1 \end{pmatrix}$에 대하여

$$A+A^2+A^3+\cdots+A^9=\begin{pmatrix} p & q \\ r & s \end{pmatrix}$$

일 때, $p+q-r-s$의 값은? (단, p, q, r, s는 상수이다.)

① 10   ② 11   ③ 12

④ 13   ⑤ 14

답 ⑤

풀이 $A=\begin{pmatrix} 2 & 1 \\ -3 & -1 \end{pmatrix}$에서

$A^2=\begin{pmatrix} 2 & 1 \\ -3 & -1 \end{pmatrix}\begin{pmatrix} 2 & 1 \\ -3 & -1 \end{pmatrix}=\begin{pmatrix} 1 & 1 \\ -3 & -2 \end{pmatrix}$

$A^3=A^2A$

$\qquad=\begin{pmatrix} 1 & 1 \\ -3 & -2 \end{pmatrix}\begin{pmatrix} 2 & 1 \\ -3 & -1 \end{pmatrix}=\begin{pmatrix} -1 & 0 \\ 0 & -1 \end{pmatrix}=-E$

$A^4=A^3A=(-E)A=-(EA)=-A$

$A^5=A^4A=(-A)A=-A^2$

$A^6=(A^3)^2=(-E)^2=E$

$A+A^2+A^3+A^4+A^5+A^6$

$=A+A^2+(-E)+(-A)+(-A^2)+E=O$이므로

$A+A^2+A^3+\cdots+A^9$

$=(A+A^2+A^3+A^4+A^5+A^6)+A^6(A+A^2+A^3)$

$=A^6(A+A^2+A^3)$

$=E\{A+A^2+(-E)\}$

$=A+A^2-E$

$=\begin{pmatrix} 2 & 1 \\ -3 & -1 \end{pmatrix}+\begin{pmatrix} 1 & 1 \\ -3 & -2 \end{pmatrix}-\begin{pmatrix} 1 & 0 \\ 0 & 1 \end{pmatrix}$

$=\begin{pmatrix} 2 & 2 \\ -6 & -4 \end{pmatrix}$

따라서 $p=2$, $q=2$, $r=-6$, $s=-4$이므로

$p+q-r-s=2+2-(-6)-(-4)=14$

6

이차정사각행렬 A에 대하여

$$A\begin{pmatrix} a \\ b \end{pmatrix}=\begin{pmatrix} 3 \\ 7 \end{pmatrix},\ A\begin{pmatrix} 2c \\ 4d \end{pmatrix}=\begin{pmatrix} -6 \\ 2 \end{pmatrix}$$

일 때, 행렬 $A\begin{pmatrix} a+c \\ b+2d \end{pmatrix}$의 모든 성분의 합을 구하시오.

(단, a, b, c, d는 상수이다.)

답 8

풀이 $A\begin{pmatrix} a+c \\ b+2d \end{pmatrix}$

$=A\left\{\begin{pmatrix} a \\ b \end{pmatrix}+\begin{pmatrix} c \\ 2d \end{pmatrix}\right\}$

$=A\begin{pmatrix} a \\ b \end{pmatrix}+A\begin{pmatrix} c \\ 2d \end{pmatrix}$

$=A\begin{pmatrix} a \\ b \end{pmatrix}+\frac{1}{2}A\begin{pmatrix} 2c \\ 4d \end{pmatrix}$

$=\begin{pmatrix} 3 \\ 7 \end{pmatrix}+\frac{1}{2}\begin{pmatrix} -6 \\ 2 \end{pmatrix}=\begin{pmatrix} 0 \\ 8 \end{pmatrix}$

따라서 구하는 행렬의 모든 성분의 합은

$0+8=8$

7

두 이차정사각행렬 A, B에 대하여

$$A+B=\begin{pmatrix} 3 & -2 \\ -4 & 1 \end{pmatrix},\ AB+BA=\begin{pmatrix} 1 & 5 \\ 0 & 3 \end{pmatrix}$$

일 때, 행렬 A^2+B^2의 제2열의 모든 성분의 합은?

① -10 ② -9 ③ -8

④ -7 ⑤ -6

답 ④

풀이 $(A+B)^2=A^2+AB+BA+B^2$이므로

A^2+B^2

$=(A+B)^2-(AB+BA)$

$=\begin{pmatrix} 3 & -2 \\ -4 & 1 \end{pmatrix}^2-\begin{pmatrix} 1 & 5 \\ 0 & 3 \end{pmatrix}$

$=\begin{pmatrix} 17 & -8 \\ -16 & 9 \end{pmatrix}-\begin{pmatrix} 1 & 5 \\ 0 & 3 \end{pmatrix}$

$=\begin{pmatrix} 16 & -13 \\ -16 & 6 \end{pmatrix}$

따라서 행렬 A^2+B^2의 제2열의 성분은 -13, 6이므로 그 합은

$-13+6=-7$

8

▶ 24639-0359

영행렬이 아닌 두 이차정사각행렬 A, B에 대하여 $A^2-B^2=3E$, $AB=O$일 때, 행렬 A^8+B^8의 $(1, 1)$ 성분과 $(2, 2)$ 성분의 합을 구하시오.

답 162

풀이 $A^2-B^2=3E$의 양변의 왼쪽에 행렬 A를 곱하면
$A(A^2-B^2)=A(3E)$
$A^3-(AB)B=3AE$
$A^3+OB=3A$
$A^3=3A$
$A^2-B^2=3E$의 양변의 오른쪽에 행렬 B를 곱하면
$(A^2-B^2)B=(3E)B$
$A(AB)-B^3=3(EB)$
$AO-B^3=3B$
$B^3=-3B$
$$A^8+B^8=(A^3)^2A^2+(B^3)^2B^2$$
$$=(3A)^2A^2+(-3B)^2B^2$$
$$=9A^4+9B^4$$
$$=9A^3A+9B^3B$$
$$=9(3A)A+9(-3B)B$$
$$=27A^2-27B^2$$
$$=27(A^2-B^2)$$
$$=27(3E)$$
$$=81E=\begin{pmatrix}81 & 0 \\ 0 & 81\end{pmatrix}$$
따라서 행렬 A^8+B^8의 $(1, 1)$ 성분은 81, $(2, 2)$ 성분은 81 이므로 두 성분의 합은
$81+81=162$

9

▶ 24639-0360

어느 학교의 교사 10명과 학생 200명이 [표 1]과 같이 오전과 오후로 나누어 미술관 전시를 관람하려고 한다.

(단위: 명)

	교사	학생
오전	6	120
오후	4	80

[표 1]

관람 요금은 교사는 5000원, 학생은 2000원이고 오전에 관람하는 경우 요금의 20 %를 할인받을 때, 다음 중 이 학교의 교사 10명과 학생 200명의 관람 요금 총액을 나타낸 행렬은?

① $(0.8 \quad 1)\begin{pmatrix}4 & 80 \\ 6 & 120\end{pmatrix}\begin{pmatrix}5000 \\ 2000\end{pmatrix}$

② $(0.8 \quad 1)\begin{pmatrix}6 & 120 \\ 4 & 80\end{pmatrix}\begin{pmatrix}2000 \\ 5000\end{pmatrix}$

③ $(0.8 \quad 1)\begin{pmatrix}6 & 120 \\ 4 & 80\end{pmatrix}\begin{pmatrix}5000 \\ 2000\end{pmatrix}$

④ $(1 \quad 0.8)\begin{pmatrix}4 & 80 \\ 6 & 120\end{pmatrix}\begin{pmatrix}2000 \\ 5000\end{pmatrix}$

⑤ $(1 \quad 0.8)\begin{pmatrix}6 & 120 \\ 4 & 80\end{pmatrix}\begin{pmatrix}5000 \\ 2000\end{pmatrix}$

답 ③

풀이 오전 관람 요금은
$0.8(6\times5000+120\times2000)$
오후 관람 요금은
$4\times5000+80\times2000$
이므로 관람 요금 총액은
$0.8(6\times5000+120\times2000)+(4\times5000+80\times2000)$
$=(0.8 \quad 1)\begin{pmatrix}6\times5000+120\times2000 \\ 4\times5000+80\times2000\end{pmatrix}$
$=(0.8 \quad 1)\begin{pmatrix}6 & 120 \\ 4 & 80\end{pmatrix}\begin{pmatrix}5000 \\ 2000\end{pmatrix}$

10

▶ 24639-0361

등식 $\begin{pmatrix} 1 \\ 2 \end{pmatrix}A\begin{pmatrix} 2 & 0 \\ 1 & 1 \end{pmatrix}=\begin{pmatrix} 1 & -5 \\ 2 & -10 \end{pmatrix}$을 만족시키는 행렬 A의 모든 성분의 합을 구하시오.

답 -2

풀이 $\begin{pmatrix} 1 \\ 2 \end{pmatrix}$는 2×1행렬이므로 행렬 A의 행의 개수는 1

$\begin{pmatrix} 2 & 0 \\ 1 & 1 \end{pmatrix}$은 2×2행렬이므로 행렬 A의 열의 개수는 2

A는 1×2행렬이므로 $A=(a \quad b)$라 하자. ······ ❶

$\begin{pmatrix} 1 \\ 2 \end{pmatrix}A\begin{pmatrix} 2 & 0 \\ 1 & 1 \end{pmatrix}=\begin{pmatrix} 1 & -5 \\ 2 & -10 \end{pmatrix}$에서

$\begin{pmatrix} 1 \\ 2 \end{pmatrix}(a \quad b)\begin{pmatrix} 2 & 0 \\ 1 & 1 \end{pmatrix}=\begin{pmatrix} 1 & -5 \\ 2 & -10 \end{pmatrix}$

$\begin{pmatrix} a & b \\ 2a & 2b \end{pmatrix}\begin{pmatrix} 2 & 0 \\ 1 & 1 \end{pmatrix}=\begin{pmatrix} 1 & -5 \\ 2 & -10 \end{pmatrix}$

$\begin{pmatrix} 2a+b & b \\ 4a+2b & 2b \end{pmatrix}=\begin{pmatrix} 1 & -5 \\ 2 & -10 \end{pmatrix}$

두 행렬의 대응하는 성분이 각각 같으므로

$2a+b=1$ ······ ㉠

$b=-5$ ······ ㉡

$4a+2b=2$

$2b=-10$

㉡을 ㉠에 대입하면

$2a-5=1$

$a=3$

$A=(3 \quad -5)$ ······ ❷

따라서 행렬 A의 모든 성분의 합은

$3+(-5)=-2$ ······ ❸

채점 기준	배점
❶ 행렬 A의 꼴 구하기	30 %
❷ 행렬의 곱을 이용하여 행렬 A 구하기	50 %
❸ 행렬 A의 모든 성분의 합 구하기	20 %

11

▶ 24639-0362

행렬 $A=\begin{pmatrix} 3 & 1 \\ -2 & 1 \end{pmatrix}$에 대하여 행렬 $(A-E)(A^2+A+E)$의 제1행의 모든 성분의 합을 구하시오.

답 23

풀이 $(A-E)(A^2+A+E)$

$=A(A^2+A+E)-E(A^2+A+E)$

$=A^3+A^2+AE-EA^2-EA-E^2$

$=A^3+A^2+A-A^2-A-E$

$=A^3-E$ ······ ❶

$A=\begin{pmatrix} 3 & 1 \\ -2 & 1 \end{pmatrix}$에서

$A^2=\begin{pmatrix} 3 & 1 \\ -2 & 1 \end{pmatrix}\begin{pmatrix} 3 & 1 \\ -2 & 1 \end{pmatrix}=\begin{pmatrix} 7 & 4 \\ -8 & -1 \end{pmatrix}$

$A^3=A^2A=\begin{pmatrix} 7 & 4 \\ -8 & -1 \end{pmatrix}\begin{pmatrix} 3 & 1 \\ -2 & 1 \end{pmatrix}=\begin{pmatrix} 13 & 11 \\ -22 & -9 \end{pmatrix}$

$A^3-E=\begin{pmatrix} 13 & 11 \\ -22 & -9 \end{pmatrix}-\begin{pmatrix} 1 & 0 \\ 0 & 1 \end{pmatrix}=\begin{pmatrix} 12 & 11 \\ -22 & -10 \end{pmatrix}$ ······ ❷

따라서 구하는 행렬의 제1행의 모든 성분의 합은

$12+11=23$ ······ ❸

채점 기준	배점
❶ $(A-E)(A^2+A+E)=A^3-E$ 관계 구하기	40 %
❷ 행렬을 거듭제곱하여 A^3-E 구하기	40 %
❸ 행렬의 제1행의 모든 성분의 합 구하기	20 %

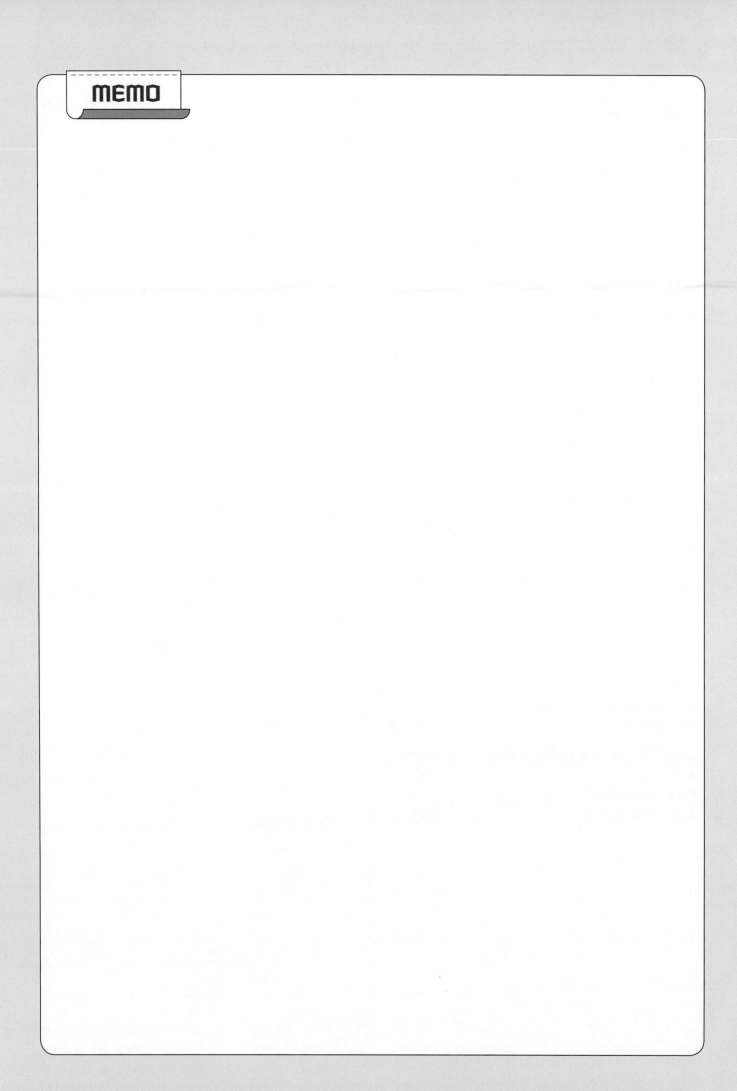

MEMO

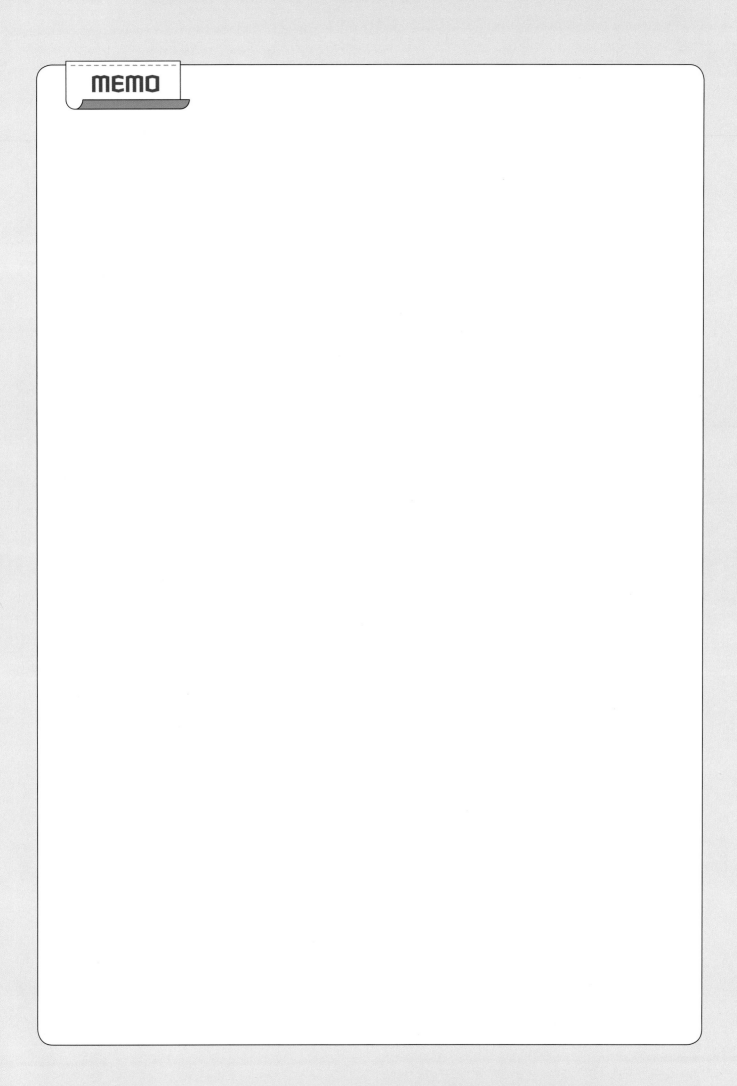

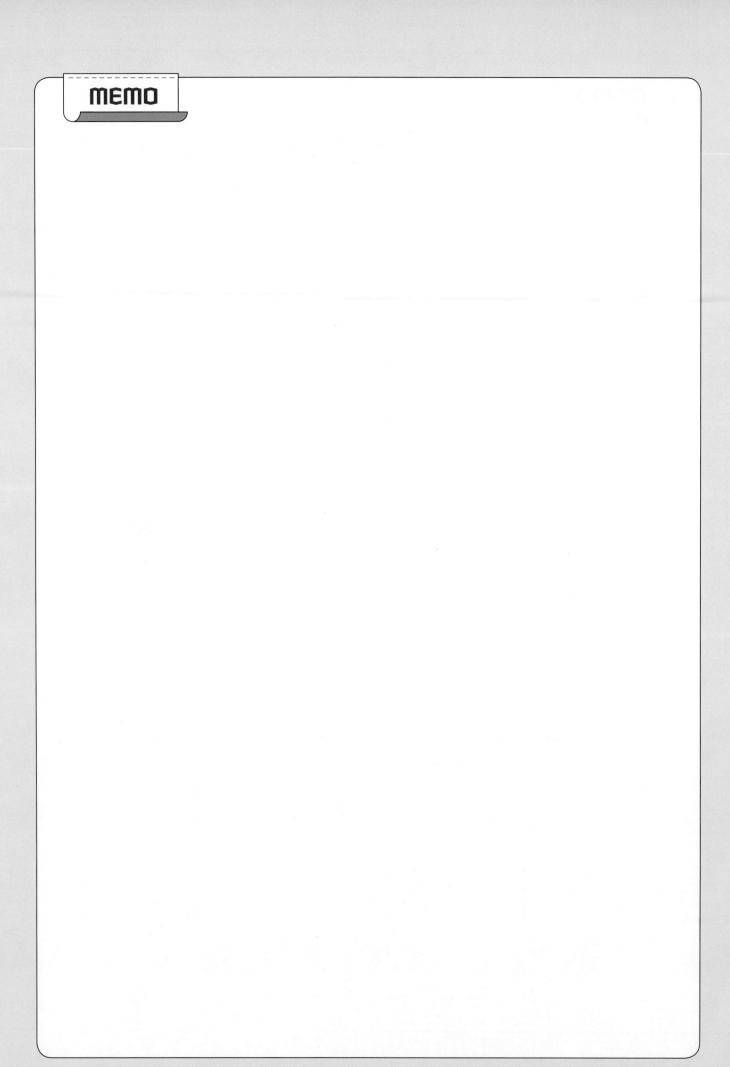